犬と猫の画像診断ブックBOOK

~X線・超音波・CT・MRI・内視鏡検査の基本~

監修 桃井康行

著 桃井康行・三浦直樹

ファームプレス

はじめに

　著者は、大学で画像診断の授業を担当することになったとき、学生諸君に勉強してもらうための適切な書籍がないことに気づきました。もちろん世の中には、立派な画像診断の書籍がすでに出版されており、著者もそのような書籍で勉強してきました。獣医療は日々発展しており、そのなかでも画像診断学の分野は装置の目覚ましい進歩により、獣医療の進歩を牽引しています。1世代前（著者が学生の頃）には画像診断といえばX線診断が中心でしたが、現在では、超音波はもちろんのことCTやMRIや内視鏡も実際の臨床現場で普及しており、それらについての基本的な知識も要求されるようになっています。

　本書は今から臨床獣医学を学ぼうとする学生諸君や獣医学を学び直そうとする獣医師の先生を対象に、実践的で幅広い知識が得られるように企画しました。また、まだ何も学んでいない学生諸君が獣医学の勉強を始めるにあたり、機器毎に高価な書籍を購入しなくてもすむように配慮したつもりです。

　検査を行う目的は昔から変わっていません。検査の目的は、診断機器を使用すること自体ではなく、またきれいな画像を得ることでもありません。動物とクライアントのために診断治療に有益な情報を得ることです。しかも、できるだけ患者に負担をかけず、リスクを負わせず行うように努めなくてはなりません。画像診断の発展により試験開腹を行う機会は大幅に減りました。今後もすばらしく進化していく画像診断装置を利用して獣医師は動物にとって優しい技術を開発していくことになるでしょう。

　そのためには現状の診断機器の特徴や得意とする領域をよく認識し、うまく使い分けることが大切です。例えば、心機能を調べたいとき、単純X線では心肥大くらいしかわかりません。最良でも僧帽弁逆流に一致した陰影が得られるだけです。一方、超音波検査ではリアルタイムに血流、心筋、弁の動きを観察でき、僧帽弁逆流そのものを捉えることが可能です。逆に、超音波検査では肺水腫を観察することは難しいですが、X線は肺野の評価に優れています。CTやMRIなどの機器は利用できる施設が限られていますが、CTを用いれば肺野の腫瘍の検出率は格段に向上しますし、脊髄疾患についてはMRIが圧倒的な診断精度を誇っています。獣医師は常に症例と飼い主にとって最善の検査を実施するように常に心がけるべきで、必要があれば他施設への紹介をためらうべきではありません。

　本書は画像診断を広くカバーする入門書であり、詳細な技術よりも広範な範囲をわかりやすく記載するようにしました。この本に記載されている内容をおおむね理解してから、それぞれの専門分野の知識を得るようにするとよいでしょう。

　本書が、獣医学を勉強する若い同僚たちの助けになれば幸いです。

2015年1月吉日

桃井康行

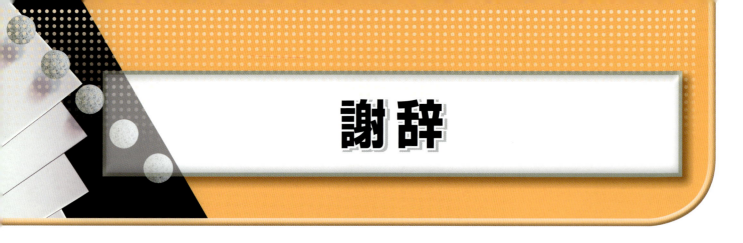

謝辞

　執筆するにあたって、すぐに実践に結びつくような内容にしたいと考えていました。そのために実症例の画像をできるだけ多く掲載するつもりでいました。しかし、実際書き始めてみると掲載したい症例がなかったり、あっても画質に問題があったりと、自分が診察した症例で網羅的な書籍をつくることはとても不可能なことに気づきました。そこで鹿児島大学で他の先生たちが診察していた症例の画像を使わせていただき、さらに不足する分については、他の大学、動物病院の先生から多くの貴重な画像を提供していただきました。また執筆についても著者が不得手とする分野について本書の共著者で一緒に授業を担当している三浦直樹先生に執筆をお願いしました。そしてようやく画像診断の書籍として体裁を整え、世に送り出すことができることになりました。それでもどうしても画像が準備できなかった疾患があり、また記述が不十分なところがあります。この出版がきっかけになって、画像診断について画像が蓄積され、将来、もっともっと優れた書籍が世に出てくることを望んでいます。

　本書にはたくさんの写真を掲載しています。繰り返しになりますが、多くの先生のご理解とご協力がなければ本書はできませんでした。

鹿児島大学で日々、共に伴侶診察をしてくれた、
川崎安亮 先生
遠藤泰之 先生
藤木 誠 先生
矢吹 映 先生
瀬戸口明日香 先生
岩永朋子 先生
徳永 暁 先生
新井 恒 先生（現ふくみつ動物病院）
写真掲載にご理解いただきありがとうございました。

　また下川孝子先生（現山口大学）には写真掲載の他、本書中のわかりやすく心温まるイラストをご提供いただきました。下川先生のイラストを見るために勉強が得意ではない学生諸君も本書のページをめくってくれるかもしれません。

本書には、他の大学、動物病院の先生からも本当にたくさんの画像をご提供していただきました。

画像キャプションにも記載させていただきましたが、
福島隆治 先生（東京農工大学）
鈴木史生 先生（甲南ペットクリニック）
林 慶 先生（コーネル大学）
野上理加 先生（元たいら動物病院）
諸角元二 先生（とがさき動物病院）
上村利也 先生（かみむら動物病院）
平川 篤 先生（ペットクリニックハレルヤ）
大野耕一 先生（東京大学）
福島建次郎 先生（東京大学）
金本英之 先生（東京大学）
中島 亘 先生（東京大学／現日本小動物医療センター）
都築圭子 先生（東京大学）
坂井 学 先生（日本大学）
井手香織 先生（東京農工大学）
（以上、本文初出順）
みなさまのおかげで、本書は多くの疾患について情報を提供することができるようになりました。本当にありがとうございます。

　最後に、本書の企画の段階からご担当いただいたファームプレスの編集担当の富田里美さまは、著者たちがいろいろと理由をつけて予定を先延ばしにしたにも関わらず、辛抱強く出版まで導いてくださいました。また画像の調整等、多くの注文にも可能なかぎりお応えいただきました。おかげで読者にとって読みやすい書籍にすることができたと思います。どうもありがとうございました。

桃井康行

目　次

はじめに iii
謝辞 iv
目次 vi

第 1 章　X 線検査　　1

軟部組織を中心に──頸部と胸部 X 線 2

1. 咽喉頭 2
2. 気管 3
3. 食道 9
4. 胸壁 13
5. 横隔膜 14
6. 縦隔 18
7. 胸腔 22
8. 心臓と大血管 26
9. 肺野 39

腹部 X 線 49

1. 腹腔 49
2. 腹壁の異常 54
3. 腹部の臓器 55
4. 胃 56
5. 小腸 62
6. 大腸 68
7. 肝臓 73
8. 脾臓 79
9. 副腎 81
10. 腎臓 82
11. 尿管 85
12. 膀胱 88
13. 尿道 92
14. 子宮 93
15. 卵巣 95
16. 前立腺 95
17. 精巣 98
18. 腹部腫瘤 99

骨・関節疾患の X 線検査 103

1. 成長期の骨格疾患 103
2. 骨の腫瘍と感染 111
3. 骨の腫瘍 112
4. 関節疾患のX線像 114

頭部の X 線像 121

1. 頭蓋の疾患 121
2. 中耳／内耳の疾患 122
3. 歯の疾患 123
4. 鼻の評価 125
5. 口腔や眼窩の評価 126

脊椎疾患の X 線像 127

1. 基本 127

コラム 1. X 線の撮影の原理 1 8
コラム 2. X 線撮影の原理 2 38
コラム 3. 撮影の方向、読影の方向 48
コラム 4. X 線の黒いところと白いところ ... 72
コラム 5. デジタル X 線 78
コラム 6. 脊髄造影法 131

第 2 章　超音波検査　　139

超音波の基本 140

1. 長所と短所 140
2. プローブ 140
3. 超音波装置の基本的事項 141
4. エコーの準備と基本 143
5. 注意したいアーチファクト 144

胸部の超音波 147

1. 心エコー検査 147
2. 心エコー検査の際の一般的な注意点 147
3. 心エコーの基本画像 148
4. 後天性の心疾患 160
5. 先天性の心疾患 168

腹部の超音波 177

1. 知っておくべき腹部超音波のイメージ .. 177
2. 肝臓と胆嚢 177
3. 脾臓 184

4. 膵臓 ……………………………………… 190
5. 腎臓と尿管 …………………………… 194
6. 膀胱 ……………………………………… 200
7. 尿道 ……………………………………… 203
8. 前立腺 …………………………………… 203
9. 雌性生殖器 …………………………… 206
10. 副腎 ……………………………………… 208
11. 消化管 …………………………………… 210

その他の超音波検査が有効な疾患・病態 …… 216

| コラム 7. ハーモニックとパワードプラ …… 146 |
| コラム 8. 超音波造影剤 ………………………… 189 |
| コラム 9. 膵炎の診断 …………………………… 193 |
| コラム 10. クッシング病の診断 ……………… 210 |

第3章　CT検査　219

1. はじめに ………………………………… 220
2. X線CT撮影装置の種類 …………… 220
3. CT検査画像の基本 ………………… 221
4. 造影CT検査 …………………………… 224
5. CT画像診断の長所と短所、ならびにアーチファクト … 225
6. 鼻 ………………………………………… 225
7. 耳 ………………………………………… 227
8. 口腔・歯牙 …………………………… 228
9. 頭部 ……………………………………… 229
10. 頸部 ……………………………………… 230
11. 胸腔・肺野 …………………………… 230
12. 腹腔 ……………………………………… 235
13. 肝臓 ……………………………………… 236
14. 脾臓 ……………………………………… 238
15. 膵臓 ……………………………………… 239
16. 副腎 ……………………………………… 239
17. 腎・泌尿器 …………………………… 240
18. 胃・消化器 …………………………… 242
19. その他の腹腔臓器 …………………… 243
20. 骨の疾患 ……………………………… 244
21. 神経の疾患 …………………………… 246
22. その他 …………………………………… 248

| コラム 11. きれいな撮像のためには ………… 223 |
| コラム 12. ヘリカルピッチ、ビームピッチ　245 |

第4章　MRI検査　249

1. はじめに ………………………………… 250
2. MRI検査とCT検査の特徴 ………… 251
3. MRI検査の際の注意点 …………… 251
4. MRIの適応症について …………… 251
5. MRIの基本シグナルパターン …… 254
6. MRIによる異常所見の読影法 …… 255
7. 頭部 ……………………………………… 256
8. 脊髄 ……………………………………… 266
9. MRIの神経系以外への応用 ……… 270

第5章　内視鏡検査　271

1. 消化器内視鏡の基本構成と機種を選択する際のポイント … 272
2. 消化管内視鏡を選択する際のポイント … 273
3. 麻酔と動物の体位 …………………… 273
4. 内視鏡の基本的な操作 ……………… 275

| コラム 13. 上部消化管内視鏡検査の適応 …… 274 |

索引 ………………………………………… 283

第1章　X線検査

　以前、獣医学領域での画像診断装置としてX線しかないような時代があった。そのような時代には、代替法がないため名人芸的な撮像や読影が要求されることも多かった。時代は進み、超音波検査をはじめ、さまざまな画像診断機器が利用できるようになっている。現在、心臓の機能評価、腹腔の実質臓器の観察などでは超音波検査の優位性は動かない。肺野の観察では3D表示が可能なCTが優れている。しかし、単純X線検査は、現在でも、さまざまな状況で迅速に実施されるスクリーニング検査として重要な地位を占めている。撮影は短時間かつ低侵襲で実施できるし、評価も短時間で行うことができる。超音波と異なり術者の技量への依存性が少なく客観的なデータが得られ、容易に記憶・保存できることも魅力である。以下の項では、単純X線検査で取得すべき情報を各部位ごとにまとめた。また、コラムでは診断には必要ないが、X線撮影において臨床獣医師が知っておくべき基本的な情報をまとめている。

桃井康行

軟部組織を中心に —— 頸部と胸部X線

1 咽喉頭：頸椎と重なるため、通常ラテラル方向から撮影を行う。

口腔、鼻腔、咽後頭など含気している部位について評価する。

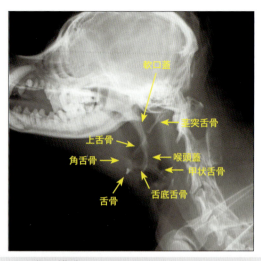

図 1-1　喉の構造
舌骨（舌底舌骨）が小さなX線不透過陰影として描出されている。異物と間違えないようにする。

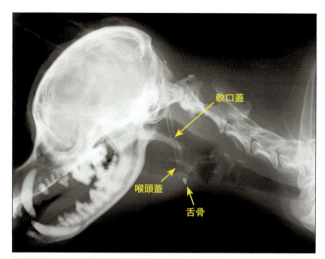

図 1-2　喉の構造
この症例では喉頭蓋は開いているが臨床的には問題のない所見である。

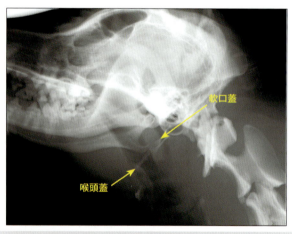

図 1-3　喉の構造や舌骨の構造
この症例では、軟口蓋が太く描出されている。喉頭蓋は腹側に開いているが、これだけでは異常な所見ではない。

■正常なX線像
- 軟口蓋や喉の構造が描出される（図1-1）が、太った動物や短頭種ではこの部位の軟部組織量が多くコントラストが悪い。
- 喉頭の構造（喉頭蓋等）は若齢の動物（2〜3歳より下）では石灰化が弱く確認しにくい。
- 舌骨の構造は比較的よく描出される（図1-1〜1-3）。頸を曲げて撮影すると周囲の含気が少なくなりコントラストが悪くなる。
- ラテラル像では、舌骨（特に舌底舌骨）がX線の投影方向と平行に描出される。異物と間違わないこと（図1-1〜1-3）。
- 喉頭蓋の位置は呼吸により軟口蓋の背側、腹側のどちらの場合もある（図1-1〜1-3）。嚥下障害の診断の指標にはならない。喉頭蓋が常に変位している場合は異常である。
- パンティングしている犬では、喉頭蓋は咽頭の腹側に寝そべっているか、またはその先端を軟口蓋のやや頭側、または腹側においている。

■疾患との関係
- 喉頭の空間は太り方や犬種によって異なる。喉頭の軟部組織の腫脹はラテラル像で評価するが、小型犬や太った動物では軟部組織がやや大きくみえることが多い（図1-3）。
- 軟口蓋過長はX線検査によって疑うことができる。しかし、確定のためには直接見た方が正確である。

X線検査

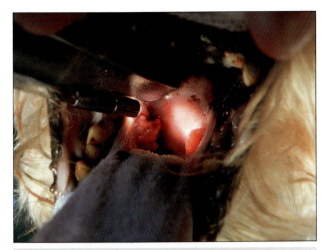

図1-4 咽喉頭部を喉頭鏡で観察している様子
喉の扁平上皮癌であった。犬の喉の扁平上皮癌は、予後が極めて厳しいことが多い。

- 喉頭の病変は直接観察できることもある（図1-4）。
- 頸部気道外の腫瘤はコントラストが少なく、描出されにくい。しかし、大きな腫瘍は軟部組織陰影として描出される（図1-5）。
- 輪状咽頭部の機能不全、喉頭麻痺などの機能的な嚥下障害は単純X線では診断できない。造影剤を加えた食べ物を食べさせながら透視を行ったり、麻酔下で観察したりする必要がある。

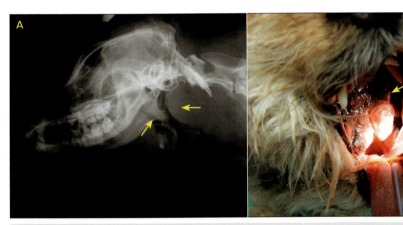

図1-5 軟口蓋付近にできた腫瘤
A：X線写真はラテラル像で、軟口蓋の肥厚（矢印）が認められる。咽喉頭部の背側にも軟部組織陰影がみられる（矢印）。
B：この症例の口腔内に黒色の腫瘤（矢印）がみられる。メラノーマであった。

② 気管：ラテラル方向からの読影を中心に行う。

■正常なX線像

- 頸部のラテラル像では椎体とほぼ平行に走行するが、胸腔入り口方向で少し椎体に近づく（図1-6）。
- 気管は正中で椎骨と平行に走行するのでVDまたはDV像では椎骨が重なってしまい評価が難しい（図1-7）。
- 気管の石灰化は加齢性にみられるが、若い動物でもみられることがあり、異常な所見ではない（図1-8）。
- 代謝性の石灰化の場合には、多臓器にも石灰化がみられるであろう。
- 胸腔では胸椎が反って走行するので気管は尾側へ行くほど椎体から離れる。椎体と気管が反る角度は10〜15°くらいである（図1-9）

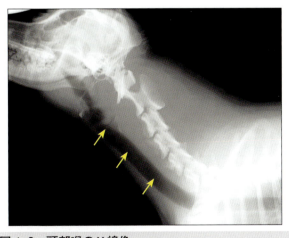

図1-6 頸部喉のX線像
気管は含気するのでX線上では黒く描出される（矢印）。走行は椎体とほぼ平行だが尾側では少しずつ椎体に近づいていく。

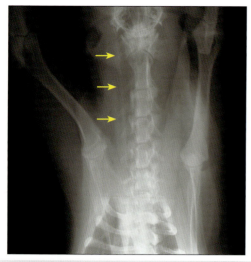

図 1-7　頸部気管のX線像
VD および DV 像では咽喉頭や気管（矢印）は椎骨と重なってしまい評価が困難である。

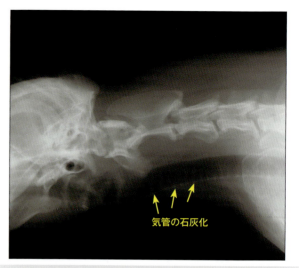

図 1-8　気管の石灰化
高齢の動物ではときどきみられる。異常な所見ではない。

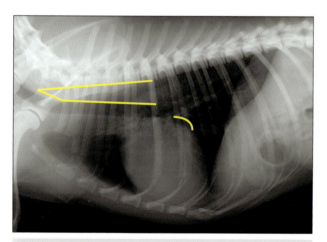

図 1-9　胸部の気管のラテラル像
胸部の気管は椎骨と 10 〜 15° くらいの角度を形成する。心基底部背側の気管分岐部付近で少し腹側へ曲がる。

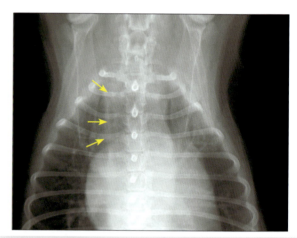

図 1-10　胸部の VD-DV 像（気管）
VD または DV 像では気管（矢印）は胸腔へ入った直後、右側へ変位する。縦隔の腫瘍による変位と間違えないこと。

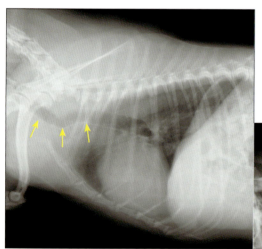
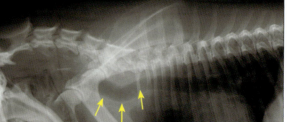

図 1-11　胸部の気管のラテラル像
図 1-10 と同じくラテラル像でも胸腔入り口付近で気管の変位がみられることがある（矢印）。右写真のように頸部を屈曲させた場合に顕著になる（矢印）。

- 気管は心臓の尾側、気管支が分岐するところで少し腹側へ曲がる（図 1-9）。
- 気管は胸腔に入ったところで右側に変位する（図 1-10）。短頭種ではこの変位が大きいことがある。縦隔腫瘤による占拠性変位と間違えないこと。
- この変位はラテラル像で撮影したときにもみられることがある。特に頸を曲げて撮影したとき、この部位での気管の蛇行がみられやすい（図 1-11）。
- 気管の太さはあまり変わらないが、胸腔内の方がやや狭い（図 1-12）。

■疾患との関係

- 喉頭部では甲状腺の腫瘍などにより気管が腹側へ変位することが多い（図 1-13, 1-14）。甲状腺癌では、気管が腫瘍に巻き込まれていることも多い。手術の適応を判断する場合にはCT撮影を行い、腫瘍と気管、頸部血管などとの位置関係を明確にした方がよいだろう。

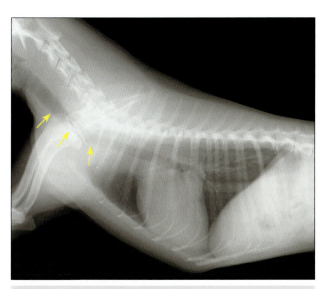

図 1-12　気管のラテラル像
頸部と胸部の気管を比べると胸腔内気管の方がやや狭い（矢印）。

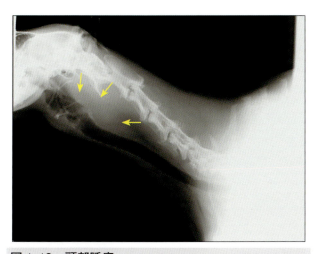

図 1-13　頸部腫瘤
気管の背側に軟部組織陰影（矢印）がみられる。頸部気管背側の腫瘤は触診等では気づきにくい場合もある。X線では気管の変異を評価すると発見しやすい。

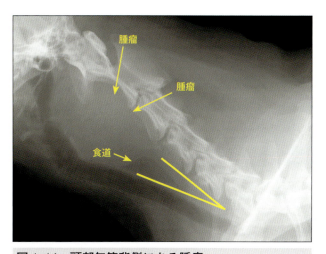

図 1-14　頸部気管背側にある腫瘤
この腫瘤ために気管が腹側へ変異している。頸椎と気管がつくる角度に注目。この腫瘍は組織球腫であった。

- 頸部咽頭部にできる腫瘍としては、犬では甲状腺癌、猫ではリンパ腫が多い。
- 胸部での気管の変位は、腫瘍性病変や著しい心肥大などにより生じる（後述）。
- 気管の膜性部がたるむと、気管背側の輪郭がわかりにくくなる（図1-15, 1-16）。気管が狭くなったようにみえる。
- 気管虚脱は、頸部気管では吸気時に、胸部気管では呼気時に起こりやすい（図1-17）。VD-DV像では描出しにくい。そのため、症状から気管虚脱が疑われる場合には、ラテラル像で吸気時と呼気時に撮影すべきである。
- 重度の虚脱の場合には、広範囲にわたって気管が狭窄している像が描出される（図1-18, 1-19）。

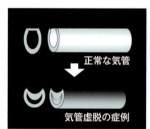

図1-15　気管虚脱の模式図
気管背側の膜性部がゆるむため、X線ではぼやけたイメージで描出される。

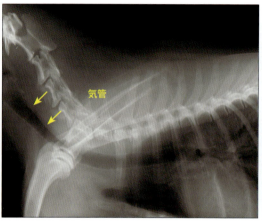

図1-16　頸部気管の下垂
膜性部が下垂している気管部分を矢印で示している。

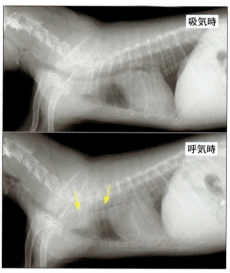

図1-17　気管虚脱の症例
吸気時には頸部の気管が虚脱しやすく、呼気時には胸部気管が虚脱しやすい（矢印）。

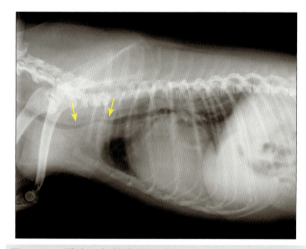

図1-18　重度の気管虚脱の症例
安静時にも発咳と呼吸困難がみられていた。X線では広範囲にわたって気管が虚脱（矢印）している。

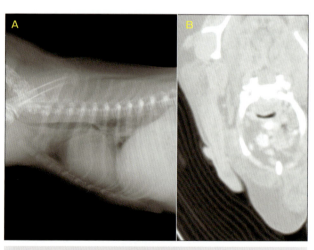

図1-19　重度の気管虚脱の症例
Aでは胸腔入り口付近で虚脱が明らかである。BのようにCT撮影を行うと気管虚脱がわかりやすい。

X線検査

- 肩甲骨が気管の上に映り込むことで誤診を起こしやすいので注意する（**図 1-20**）。
- 気管の腫瘍は粘膜面にみられるが、ポリープ等との鑑別はX線では難しい（**図 1-21, 1-22**）。
- 気道が膨らむような像は、通常はその部位から頭側での閉塞を示唆する。喉頭麻痺でみられることがある。
- 気管内に異物がみられることがある（**図 1-23**）。

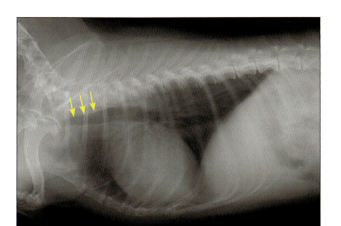

図 1-20　気管内の陰影
気管虚脱にみえるが、実際には肩甲骨の陰影（矢印）が気管に映り込んでいるだけである。

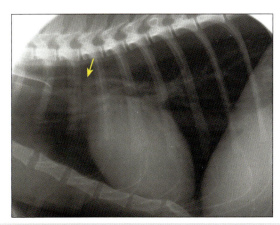

図 1-21　呼吸不全で来院した猫
緊急処置として挿管して、透視装置を利用して装置で撮影している。気管チューブが挿管されており、矢印の部分で気管が狭窄している。このまま呼吸不全で死亡し、原因は不明である。

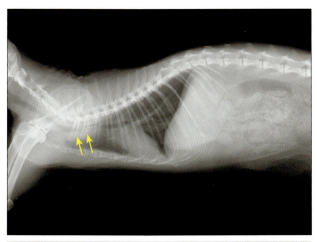

図 1-22　気管狭窄の症例
胸腔入り口（矢印）付近の気管に重なるように軟部組織陰影が描出されており、気管が狭窄している。腫瘍の気管への浸潤が疑われる。

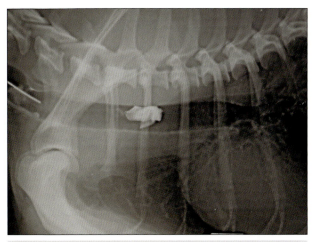

図 1-23　気管内異物
気管内に綿がはいってしまった例であり、挿管して処置をしているところ。少量のヨード系造影剤で描出している。内視鏡用の鉗子を利用して透視下での摘出可能であった。

よくある疾患と診療のポイントとピットホール

- 気管は胸腔入り口付近での変位は正常でもみられる。
- 気管虚脱が疑われる場合には、吸気時と呼気時のラテラル像を撮影する。
- 気管虚脱の治療としては、体重の減量、薬物療法、ステントの設置がある。薬物療法のみでコントロールすることは困難である。ステントの設置は、合併症のリスクもある。適応を慎重に判断し、インフォームドコンセントを得ること。

コラム 1　X線の撮影の原理1：mAs と kV に慣れよう

きれいなX線像を撮影するためにはX線について最低限の原理は理解しておきたい。

X線がどのようにして作られるのか？
管球の中では、電子を発生させて高電圧で加速し、陽極のターゲットに衝突させている。電子がターゲットに衝突するときに電子の速度が変わることにより、X線が発生する。このときターゲットに加える電圧（管電圧）が高いと電子がもつエネルギーが大きくなり、衝突したときに出るX線のエネルギーも高くなる。X線はエネルギーが高いほど生体を透過する性質が強くなる。そのため、大きな動物（体が厚い）を撮影する場合には管電圧を大きくするのが一般的である。

体の大きな動物を撮影する場合には管電圧（kV）を上げる
管電圧はX線の"性質"を決める。それに対してX線の量を決めることもできる。X線の量は管電流（単位 mA：ミリアンペア）の大きさとその電流を流す時間（単位 S：秒）の積で（mA × sec で mAs：マスと呼ばれる）と表現される。短い時間で撮影するほど動物の動きの影響、つまりブレが少ないシャープな像が得られるが、残念なことに流すことができる電流の上限は機械の性能上決まっている。

X線の量は mAs という単位で表される
X線がフィルムまで到達するとフィルムが反応して黒くなる。つまりX線が体を通過してきたところが黒くなり、X線が体内で吸収されてフィルムまで到達しないところが白くなるのである。例えば、肺は空気を含んでいてX線をよく通すので黒く写り、骨はX線を吸収するので白っぽくなる。体の臓器ごとに白黒の差（コントラスト）がはっきりとする条件がベストである。適切な黒化度にするには、kVを上げて通過するX線を増やすか、mAsを上げてX線の量そのものを増やせばよいが、体内臓器を適切なコントラストで描出するにはkVを変化させる方が一般的である（図 1-25）。犬や猫の動物のX線は、通常40〜120kV程度の管電圧で撮影される。適切な黒化度のX線像を得るためには被写体の厚みが1 cm増えるごとに2kVくらいの割合で管電圧を上げていくことが多い。

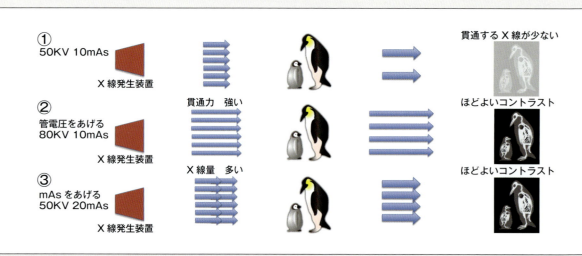

図 1-24
図中の①では、フィルム全体が白く、コントラストがついていない。これを改善するには、②のように電圧を上げる。そうするとX線の貫通力が上がるため、被写体を抜けてフィルムに到達する光が多くなる。また、③のようにX線の量（mAs）を増やすことでもフィルムに到達するX線量を増やすことができる。結果として、類似した黒化度の写真が得られるが、部位ごと（腹部、胸部など）に適切な mAs を設定し（肉厚な部位ほど mAs は高くなる：実質臓器に富む腹部は胸部より mAs を大きくする）、体の厚みに応じて管電圧を変化させて調整するのが一般的である。（イラスト：山口大学／下川孝子先生）

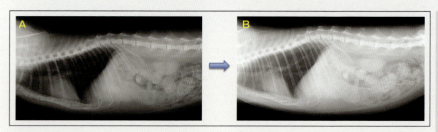

図 1-25
肺野の様子を観察したい。条件（A）で撮影したX線では、全体に黒くて肺野の血管などがみえない。Bのような写真を得るためには、どのような撮影条件に変更すればよいだろうか？ Aのように黒いX線写真は、X線がたくさんフィルムまで到達していることを示す。適切なコントラストにするためには、kVを下げるか、または mAs を小さくする。

3 食道：単純X線像では描出されにくい。拡張の所見を見落とさないこと。

■食道の単純X線像

- 食道は通常のX線ではみえないことが多い。
- 食道内の少量のガス貯留は正常でもみられる（図1-26）。
- 食道内の多量のガス貯留は何らかの食道疾患を示唆することが多い。
- ガス貯留がみられやすい場所：咽喉等のすぐ後ろ、胸腔入り口、心基底部の上（図1-27）。食道の描出には通常、硫酸バリウムが第一選択とされる。
- 5〜20mL/headの造影剤を投与する。
- ヨウ素系造影剤は、誤嚥の可能性が高いときや穿孔等が疑われる場合に使用する。
- 造影剤は速やかに流れるが、投与直後には食道の括約筋付近に少量が残ることがある。
- 犬の食道では長軸方向の造影剤のラインがみえることがあるが、これは正常である（図1-28）。
- 胸腔の入り口付近では気管の左を走るのでラインが乱れることがある。
- 猫では心基底部より尾側では食道粘膜にウロコ状の模様がみられる（図1-29）。正常な所見である。

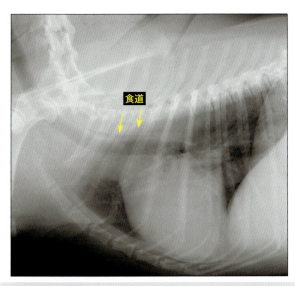

図1-26　食道
気管の背側に食道があるが、この例のように空気が入っている場合に描出される。この程度のガス貯留は正常な動物でもみられる。

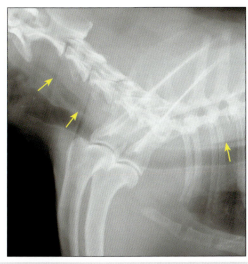

図1-27　頸部食道
頸部食道と心基底部背側の食道に空気の貯留（矢印）がみられる（正常な所見）。

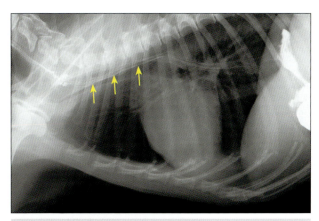

図1-28　犬の食道のバリウム造影
胸部食道で体軸方向の平行なライン（矢印）がみられる。正常な所見である。

■ 疾患との関係

- 巨大食道症では、全域にわたってガス貯留がみられることが多い（図 1-30）。
- 軽度の食道拡張は頸部の気管背側で描出されやすい。
- 重度の拡張例では、食道は気管に覆いかぶさって、気管を腹側へ変位させることがある。ラテラル像で食道の腹側壁は気管とともに太めのラインを形成するようにみえる（図 1-31）。

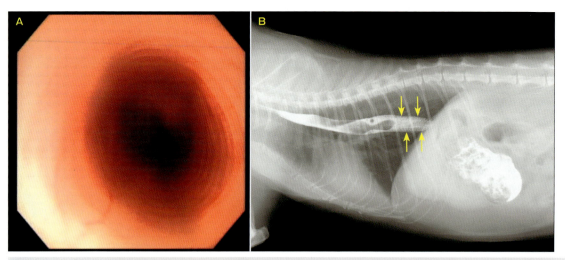

図 1-29　食道の内視鏡像と X 線バリウム像
A は猫の食道の内視鏡像である。猫の胸腔尾側の食道では走行の垂直方向に筋状の構造がみられる。B のバリウム造影では内視鏡でみられた筋状の構造物が体軸方向に垂直なライン（矢印）として確認できる。このラインは異常な所見ではない。

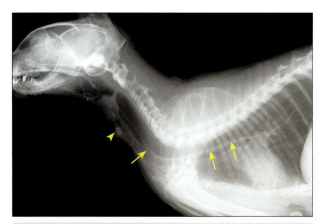

図 1-30　食道が著しく拡張した猫
気管と食道との境界を矢印で示している。頸部に石灰化している腫瘤（矢頭）が描出されている。

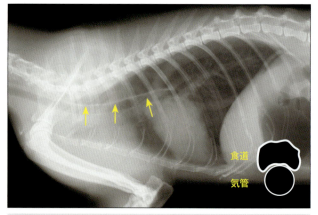

図 1-31　頸部食道の拡張
頸部食道が拡張しているため、気管の背側ラインが太く描出されている。頭側方向からみた気管と食道のイメージを載せている。食道の腹側の構造と気管の背側が重なるため太いラインとして描出される（矢印）。

- VDおよびDV像では、拡張した食道が胸腔入り口で気管を右側変位させることがある。食道内に食物が貯留していることがある（図1-32）。
- 拡張した食道に液体が貯留している場合には、食道が不透過像としてみえるときもある（図1-33）。
- 巨大食道では誤嚥性肺炎を併発することがあるので見落とさないようにする（図1-34）。
- 巨大食道では、胸腔尾側では食道壁による細い2本のラインがみられることがある（図1-35）。
- 部分的なガス貯留はその部位かその尾側に病変が存在することを示唆する。
- 心基底部の背側で食道が狭窄している場合には右大動脈弓遺残を疑う（図1-36）。

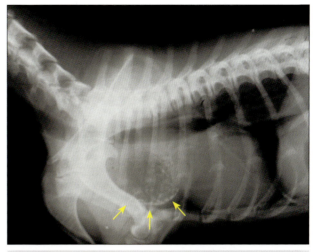

図1-32　心臓頭側に観察される腫瘤状陰影（矢印）
これは拡張した食道に食塊が溜まったものであった。

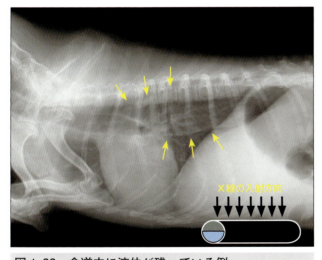

図1-33　食道内に液体が残っている例
ラテラル像で撮影すると、X線不透過な陰影として描出されることがある（矢印）。イメージも示している。

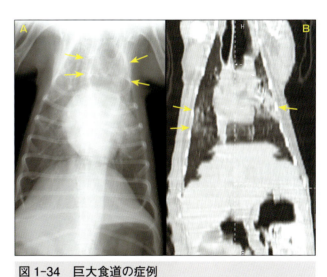

図1-34　巨大食道の症例
A：VD像で前胸部に食道の輪郭（矢印）が描出されている。左中葉、右中葉の肺野が不透過になっており吸引性の肺炎が疑われる。B：同一症例のCT像であり、肺炎に一致する像が描出されている。

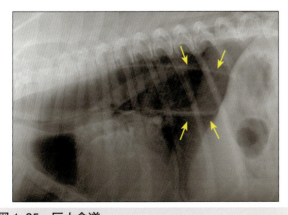

図1-35　巨大食道
胸部尾側に拡大した食道壁による2本のラインが観察されることがある（矢印）。食道内に液体貯留がなく空気だけの場合には、この図のように観察される。

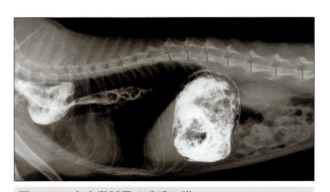

図1-36　右大動脈弓の遺残の猫
心基底部付近で食道が狭窄しており、その吻側の食道が拡張している。狭窄がある場合、その吻側が拡張する。
（写真提供：東京農工大学／福島隆治先生のご厚意により掲載）

- 食道内のX線不透過な陰影は異物、食事、裂孔ヘルニア等を疑う。液体が貯留している場合には、気泡がみられることがある（図1-37）。
- 気管支が造影された場合には誤嚥である（図1-38, 1-39）。
- 嚥下障害、口腔に障害がある場合には、口腔と咽頭に造影剤が残ることがある。
- 輪状軟骨の異常では咽頭と食道頭側に造影剤の持続的な通過が認められることがある。

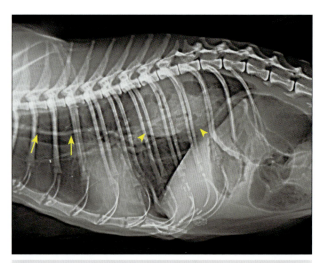

図1-37 巨大食道による気管背側ラインが強調されている（矢印）
尾側の矢頭は腫瘤状陰影を示している。この陰影は食道裂孔ヘルニアと化膿性肉芽腫および食塊の貯留であった。

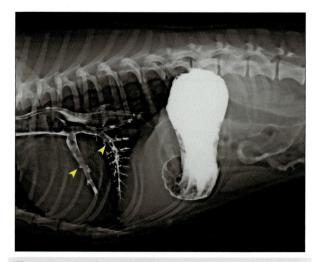

図1-38 バリウムが気管に入ってしまっている
犬の気管支（矢頭）が造影されている。

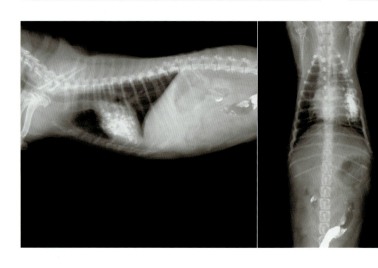

図1-39 バリウムの誤嚥
バリウム造影像で誤嚥したバリウムが左中葉に観察される。

> ## ❗ よくある疾患と診療のポイントとピットホール
>
> 　拡張した食道は、逆流性食道炎、食道裂孔ヘルニア、巨大食道、食道アカラジアなどに関連してみられる。食道拡張のX線像は、食道内に空気が貯留している場合と液体が貯留している場合など内容物で見え方が異なる。それぞれどのような所見か覚えておくとよい。
>
> 　巨大食道は、重症筋無力症、甲状腺機能低下症、アジソン病などに続発性にみられることがある。その他、特に基礎疾患のない特発性のことも多い。肺炎の所見にも注意すること。

4　胸壁

- 乳首を肺の腫瘍と間違わないように注意する。2方向のX線像で確認する（図1-40）。
- 皮下輸液、水腫などによる不透過像も腫瘍と間違える可能性がある。
- 皮下のX線透過像は空気であり、触診すると捻髪音が聞こえることがある（皮下気腫：図1-41）。
- 原発性の肋骨腫瘍は肋軟骨接合部か肋骨の遠位部1/3にできることが多い（図1-42）。
- 転移性の腫瘍は肋骨の近位にできることが多い。
- 昔の骨折が治ったあとにはスムースな形で骨が形成される（呼吸でぶれながら癒合するため）。

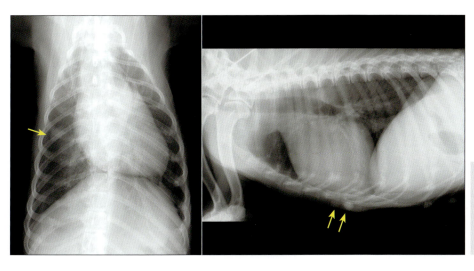

図1-40　肺野に腫瘤状病変（矢印）が描出された例
しかし実際には、胸腔内の腫瘤ではなく乳頭である。誤診しやすいのでラテラル方向のX線像と併せて評価する必要がある。

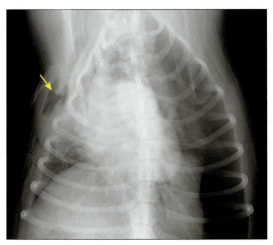

図1-41　胸腔手術後
右側から胸腔内にチューブが挿入されている。皮下気腫（矢印）がみられる。

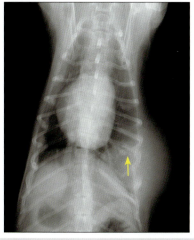

図1-42　肋骨から発生した間葉系腫瘍
胸腔内に浸潤しており肋骨の破壊（矢印）もみられる。

- 肋軟骨結合部の点状の石灰化は、臨床的には問題ない（図 1-43）。
- 肋軟骨結合部の石灰化は加齢性の変化であることが多い。尾側から頭側へと進行する。
- 漏斗胸の症例では、胸腔が浅くなる（図 1-44）。
- 漏斗胸の症例では、VD、DV 像で心臓が左右に変位して撮影されることが多い。
- 漏斗胸では心膜横隔膜ヘルニアを併発していることもある。
- 漏斗胸では胸骨の数が 8 本未満のことが多い。

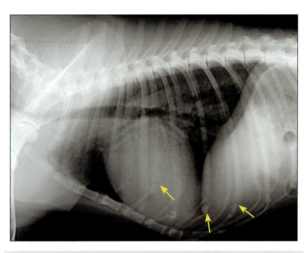

図 1-43　肋軟骨結合部の石灰化（矢印）
加齢による変化としても多く見られ、臨床的には問題にならない。

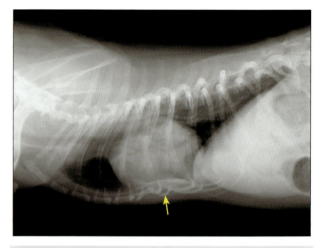

図 1-44　漏斗胸の症例
矢印の部位で胸腔が狭くなっている。このような症例では、VD や DV 像でも左右どちらかに心臓が変位していることが多い。

5　横隔膜

- 横隔膜は胸腔と腹腔を隔てている。
- X 線で容易にみえる構造は、左右の脚および前縁部である（図 1-45 〜 1-47）。

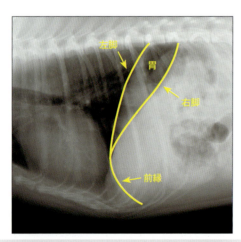

図 1-45　胸部ラテラル像で描出された横隔膜
犬の胸部ラテラル像では、横隔膜の前縁と腰部背側の右脚および左脚が描出される。右脚と左脚は 2 本の別のラインとして描出されることが多い。

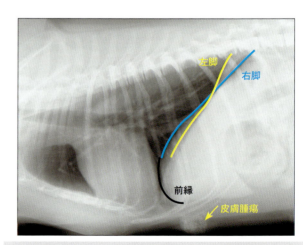

図 1-46　胸部ラテラル像で描出された横隔膜
この犬では、左脚と右脚が同じような位置に描出されている。石灰化している皮膚の腫瘤（矢印）が描出されている。

X線検査

- 犬では、体型などにより横隔膜の構造の見え方にはかなりのバリエーションがある（図1-45～1-47）。
- 猫では、これらの構造のバリエーションはあまりみられない（図1-48）。
- 腰部背側は右脚と左脚に分かれ、L3～L4前縁の体に付着する。
- この付着のため、椎骨の腹側縁は凹面状でやや不明瞭になる。骨融解と間違えやすい（図1-49）。
- 前縁部は斜めに第8～13肋骨に付着する。胸骨部は剣状軟骨に付着する。
- 横隔膜には3つの穴がある。大動脈・奇静脈の裂孔、食道の裂孔、後大静脈の裂孔である。
- ラテラル像では、右脚がその前面で後大静脈と交わる（図1-50）。
- ラテラル像では左脚の直後には胃の噴門付近が描出される（図1-45, 1-46参照）。

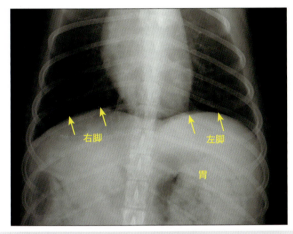

図1-47 VD像で描出された横隔膜
VD像で右脚と左脚を矢印で示した。

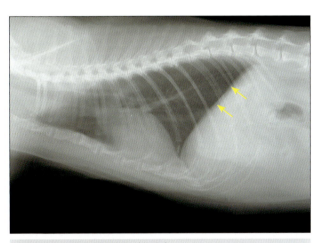

図1-48 猫の横隔膜（矢印）
個体による見え方のバリエーションはほとんどない。

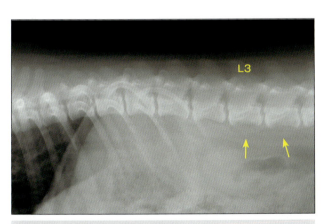

図1-49 横隔膜の椎体付着部
横隔膜はL3、L4の椎体に付着する。L3、L4の腹側縁は不明瞭になることがあり（矢印）、腫瘍などによる骨融解と間違えやすい。

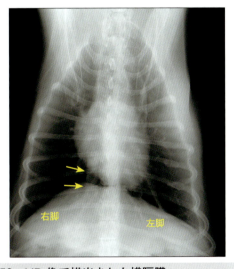

図1-50 VD像で描出された横隔膜
後大静脈の位置を矢印で示しており、横隔膜の右脚と交差している。犬の横隔膜は体型等の特徴により、かなりのバリエーションがあり、この例では右脚がやや頭側にでている。

- 猫では吸気時に横隔膜からささくれ状の突起がみられることがある。興奮時や努力性呼吸でみられることがあり、必ずしも異常とは限らない（図1-51）。
- 横隔膜の円蓋部分が心臓に接することで横隔膜の形や心臓の位置や見え方が変わることがある（図1-52）。
- リンパ管造影：乳び胸は、胸腔内リンパ管（胸管）の破壊で生じると考えられている。ヨード系の血管造影剤を腸間膜リンパ節から注入することで、リンパ管を造影することが可能である。しかし、CTを用いれば、開腹せずにリンパ管造影することも可能である（図1-53）。
- 横隔膜ヘルニアや食道裂孔ヘルニア（図1-54）では、横隔膜ラインの喪失や消化管など腹部臓器が胸腔内にみられるようになる。

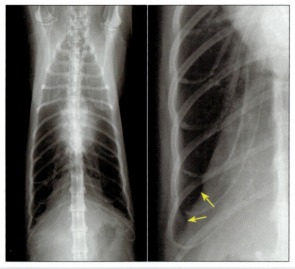

図1-51 吸気時の猫の横隔膜
猫の横隔膜を吸気時に撮影すると、横隔膜上にささくれ状の突起構造がみられることがある（矢印）。呼吸促迫や努力性呼吸でみられることがあるが、必ずしも異常な所見ではない。

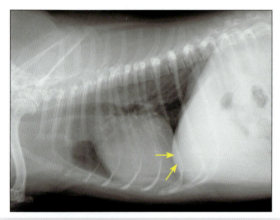

図1-52 心臓と横隔膜ライン
この症例では、横隔膜の円蓋付近が心臓に接している（矢印）。この矢印の位置で横隔膜の輪郭は明瞭でありシルエットサイン陰性である。これは矢印の部位の横隔膜と心臓が立体的に離れていることを示す。特に異常な所見ではない。

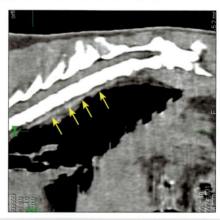

図1-53 リンパ管造影した猫のCT像
会陰部から造影剤を注入し撮影した。通常、開腹して腸間膜リンパから造影が試みられることが多いが、CTを利用することにより開腹せずに胸管を造影することも可能である。

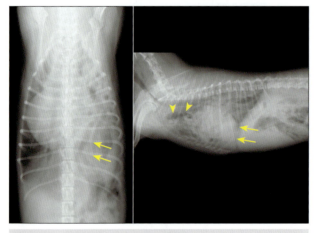

図1-54 横隔膜ヘルニアの症例
胸腔内に消化管のガス陰影（矢頭）が認められる。ヘルニアを起こしている部分では、横隔膜が心臓等胸腔の臓器に接するため陰影の境界があいまいになっている（矢印）。シルエットサイン陽性である。

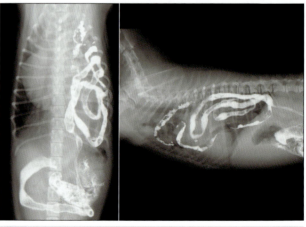

図1-55 横隔膜ヘルニア
バリウム造影を行うことで消化管の横隔膜ヘルニアを明確に証明することができる。

- ガスを含んだ小腸が胸腔内に確認できる場合には横隔膜ヘルニアの診断は容易（図 1-54）。
- 横隔膜ヘルニアでは、心臓と横隔膜のラインが融合してみえる（シルエットサイン）（図 1-54）。
- バリウム造影すれば腸のヘルニアの鑑別はさらに容易になる（図 1-55）。
- 大網のヘルニアはX線での診断は難しい。
- ヘルニア部位で引き裂かれた横隔膜が頭側へはみ出してみえることがある。
- 食道裂孔ヘルニアのタイプは2つ：スライド型と傍食道型。
  > スライド型では食道括約筋や噴門が胸腔内に入り込む（図1-56〜1-58）。
  > 食道裂孔ヘルニアでは造影で胸腔内に食道括約筋を描出できるが識別は必ずしも容易ではない。
  > スライド型のヘルニアは間欠的なのでX線ではわからないこともある。
  > 間欠的なヘルニアの場合、腹部に圧力をかけて（手で胸部を押すなど）撮影するとよい。
  > 傍食道型では食道の脇からヘルニアが起こり、食道の横に並びそこに固定される。
  > 胃食道重積：食道拡張がある症例に多くみられ、雄で多い。
    ・横隔膜に接して軟部組織陰影がみられる。
    ・急速に症状が悪化するので早期の診断が必要である。
- 横隔膜欠損では肝臓が胸腔内に入り込むことがある。

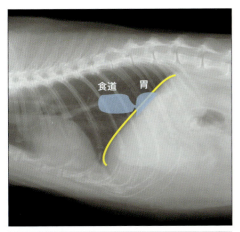

図 1-56　猫の食道裂孔ヘルニア（スライド型）の模式図
バリウム造影で胸腔内に噴門部を描出することで証明する。バリウム造影により胃内のヒダが明瞭になるため胃と食道を区別することができる。

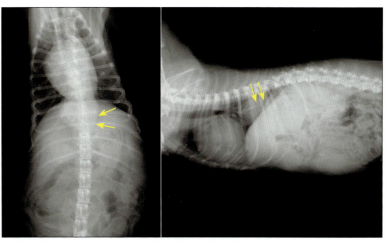

図 1-57　食道裂孔ヘルニアのダックスフンド
心臓の尾側に軟部組織陰影がみられる（矢印）。この症例では、1週間後にこの陰影が"消失"し、およそ1年後に再びヘルニアとして観察されるようになった。腫瘍との鑑別は難しいが、疑われる場合にはバリウム造影で食道を描出する。

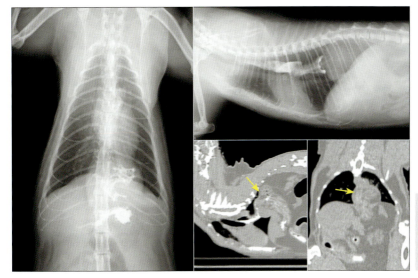

図 1-58　食道裂孔ヘルニアの猫
肺の後葉付近に軟部組織陰影がみられる。その部分で消化管造影剤の通過障害がみられる。同じ猫のCT像では胃が横隔膜内に陥入している様子が観察される（矢印）。

6 縦隔：左右の肺の間の空間で、大血管やリンパ節などが存在する。

■正常なX線像

- 縦隔は2枚の胸膜の間に存在する。
- 縦隔の左右に交通があるのか不明である。しかし、さまざまな疾患で、膜は容易に破壊され両側性となることが多い。
- 縦隔は完全に閉じた袋ではなく頸部や腹腔とつながっている。
- 前縦隔には鎖骨下動脈、前大静脈、腕頭動脈などが存在するが、脂肪が少なく、これらの構造が接触して存在していることもありコントラストがつかず、X線では確認しにくい。
- 前縦隔はラテラル方向のX線でやや不透過な領域として描出される。
- ラテラル像では第一肋骨から斜め尾側へ伸びる縦隔がみられることがある（図1-59）。
- DV、VD像では縦隔はT1～T2付近から肺動脈にかけて右に凸型のカーブを描く（図1-60）。
- DV、VD方向では縦隔は椎骨と重なるが、幅は椎骨の2倍を超えないことが目安（図1-60）。
- 太った動物では脂肪のため縦隔が太くなり腫瘤と間違えやすい。
- 後縦隔はX線では描出されにくいが、VD像で心尖から左斜め尾側に伸びるラインとして描出されることがある（図1-61）。
- 若い動物ではDV、DV像で心臓の頭側左側にヨットの帆のような形状の胸腺がみえることがある（図1-62）。
- 胸腺は、ラテラル像では心臓の前縁と重なり描出されにくい。

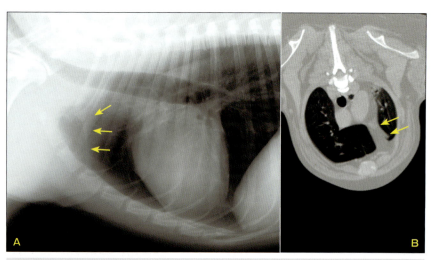

図1-59　前縦隔のラテラル像
A：ラテラル像では縦隔のライン（矢印）が前胸部にみられることがある。AはCTによる第3肋骨付近の横断面であり、左右の前葉の間に縦隔が描出されている（矢印）。この陰影がBの矢印として描出される。

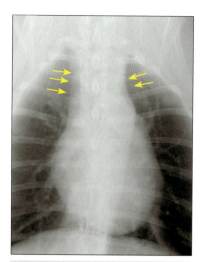

図1-60　前縦隔のVD像
矢印で囲んだ領域が前縦隔であり、胸腔入り口で右側に凸の形をしている。

！よくある疾患と診療のポイントとピットホール

　リンパ腫が疑われる症例などで、胸骨リンパ節や前縦隔を明瞭に撮影したい場合にはラテラル像で前肢を頭側によくのばして撮影すること。そうすることで前肢の筋肉などの軟部組織陰影が前縦隔の領域に重ならないようになり観察しやすい。胸骨リンパの腫脹は腹膜炎など腹腔の非腫瘍性疾患でも起こりうることに注意する。

X線検査

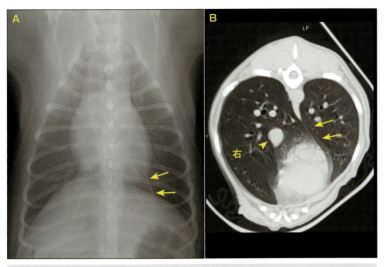

図 1-61 犬の後縦隔
A：犬の胸部X線VD像で、心尖部から斜め左尾側へ伸びている後縦隔ラインが描出されている（矢印）。B：肺の後葉レベルでのCT横断面で、中央に肝臓と後大静脈（矢頭）と左側に後縦隔のライン（矢印）が描出されている。

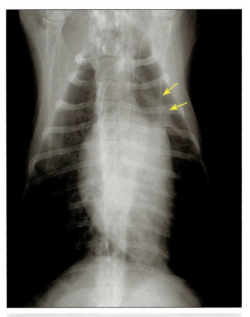

図 1-62 胸腺
心臓頭側左側にヨットの帆のような構造（矢印）がみえる。セイルサイン（sail sign）とも呼ばれる。胸腺である。

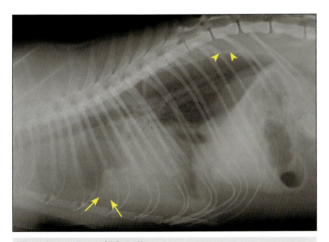

図 1-63 リンパ腫の猫
前縦隔に軟部組織遺影がみられ（矢印）、気管が挙上している。背側に胸水の貯留（矢頭）も認められる。

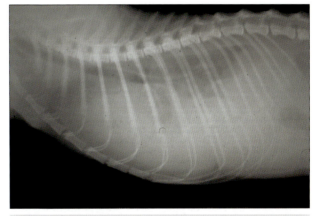

図 1-64 膿胸の症例
胸水がみられる。縦隔の腫瘤の有無を判定するためには超音波が有効であり、胸水の原因を判別するには胸水穿刺による細胞診が最も確実だろう。

■疾患との関係

- 前縦隔のX線の異常所見として、縦隔の変異、縦隔の腫瘤、液体貯留、縦隔気腫があげられる。
- 前縦隔の腫瘤か肺の腫瘤か区別するためには、DVまたはVD像で観察するとよい。
- 前縦隔の腫瘤では、しばしば気管が挙上する（図1-63）。
- しかし、大量の胸水でも気管が挙上したようにみられることがある（図1-64）。腫瘤や胸水の有無を判定するには超音波検査が有用である。胸水の原因の鑑別には超音波ガイド下で胸水を穿刺し細胞診を行う。
- 胸骨リンパ節は、犬では2つ、猫では1つ。胸骨リンパは第2〜3胸骨の直上にある。

- 胸骨リンパ節の腫脹は、腫瘍以外にも膵炎など腹腔内の炎症や感染でもみられることがある（図1-65～1-67）。
- 主な気管リンパ節は3つ、左右気管支の外側に1つずつ、中央に1つでV字を形成する（図1-68）。
- 気管リンパ節はある程度大きくならないと観察が難しい。
- 気管リンパ節が著しく腫脹すると、ラテラル像で気管分岐のX線不透過像として観察される（図1-69, 1-70, 1-72）。

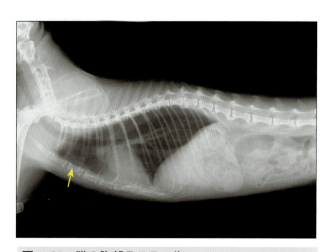

図1-65　猫の胸部ラテラル像
胸骨リンパ節の腫脹（矢印）がみられる。

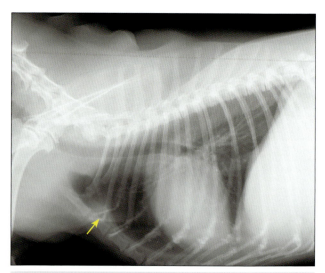

図1-66　犬のラテラル像
胸骨リンパ節の腫脹（矢印）がみられる。

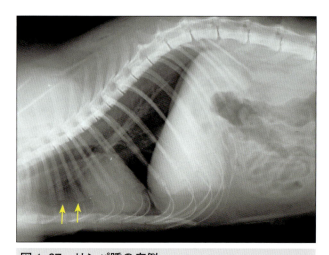

図1-67　リンパ腫の症例
化学療法により寛解導入されている猫である。心臓の頭側、胸骨リンパ節の位置と一致する場所にX線不透過な軟部組織陰影がみられ（矢印）、腫瘍組織の存在が示唆される。

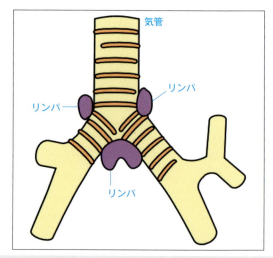

図1-68　気管リンパ節の位置の模式図
（イラスト：山口大学／下川孝子先生）

- DV、VD像では気管の左右の分岐を離すように観察されるが、胸椎等と重なるためリンパ節腫大の評価は難しい（図1-71）。
- 縦隔気腫では、縦隔内の空気によりコントラストがつき、縦隔内の血管構造が描出されるようになる（図1-73）。
- 空気の量が少ない場合は縦隔内にまだらなX線透過性領域がみられることがある。
- 縦隔気腫でも縦隔が広がることは少ないのでVD、DV像ではわかりにくい。
- 縦隔は頸や後腹壁と連絡しているので、縦隔気腫と同時に頸部の皮下気腫や後腹壁の気腫が起きることがある。また、その逆も起きる（頸静脈採血などからの縦隔気腫）。

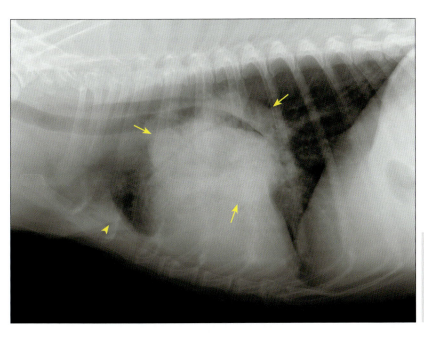

図1-69　著しい気管リンパ節の腫大がみられる症例
気管リンパ節が大きく腫大している（矢印）。しかし、心臓や大血管などと接するため輪郭を描出することは難しい。この症例では胸骨リンパも腫脹している（矢頭）。

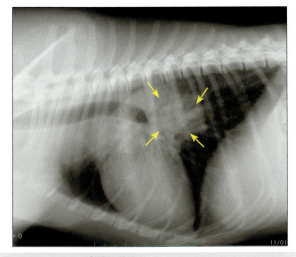

図1-70　リンパ腫の症例
気管リンパ節の腫大（矢印）がみられる。心臓や大血管に接するため輪郭を描出することは難しい。

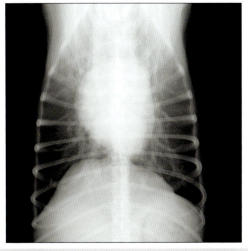

図1-71　図1-70と同じ症例のVD像
気管リンパ節の腫脹は確認が難しい。

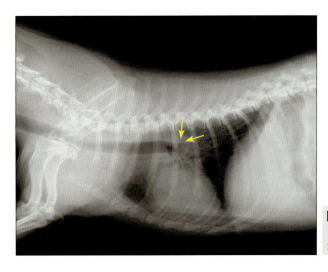

図 1-72　気管リンパ節の腫大がみられる犬のラテラル像
この症例でも気管リンパ節が腫大している（矢印）が、陰影が心基底部と重なるため腫大を確認しにくい。

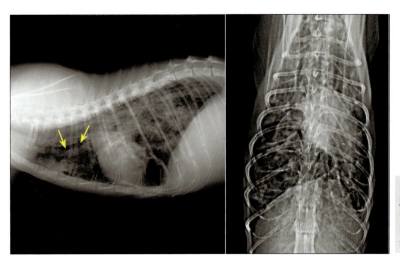

図 1-73　慢性の気管支肺炎のため、縦隔気腫を発症した症例
前縦隔内の血管の構造が明瞭に描出されている。矢印は前大静脈であり、正常な動物では明瞭に描出されることはない。

7　胸腔：胸水と気胸を鑑別する。

■胸水

- 胸水の模式図を図 1-74 に示した。胸水は胸腔内で重力により動くのでポジショニング（DV、VD）によって見え方が異なる（図 1-74）。X線でみられる胸水の所見は以下のとおり。
- 葉間裂がみえる（図 1-75, 1-76）。葉間裂は DV よりも VD 像の方が観察しやすいが、呼吸状態が悪い症例が多いので無理なポジショニングは行わない。胸水が貯留すると胸壁から肺が離れる。胸壁と肺の間は軟部組織と同程度のX線吸収となる（図 1-74, 1-75, 1-77）。
- DV、VD 像で肋骨－横隔膜溝の角度が鈍化する（図 1-76）。
- DV、VD 像で心陰影が不明瞭になる（図 1-74, 1-75）。
- DV、VD 像、ラテラル像で横隔膜ラインが不明瞭になる（図 1-74, 1-77）。
- 猫ではラテラル像で肺と胸椎 - 腰椎（L1-2）の間に筋肉による軟部組織陰影がみられることがある（図 1-78）。胸水と間違えないようにする。
- 葉間裂がみえるようになるには、中型犬で 100mL 程度の胸水が必要である。少量の胸水の検出には、超音波の方が感度が高い。細胞診のための穿刺部位の決定にも超音波検査は有用である。

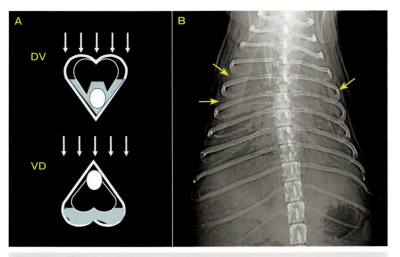

図 1-74　胸水
A は胸水の模式図を示している。DV、VD で胸水の溜まり方が異なる。一般に VD の方が胸水を描出しやすい。B の X 線像では、胸水が多量に存在し、肺と胸壁の間に胸水（矢印）がみられ、心陰影も不明瞭である。横隔膜のラインも不明瞭になっている。

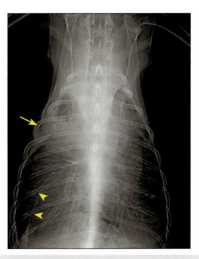

図 1-75　胸水の症例
胸壁と肺の間の液体の貯留（矢印）や葉間裂（矢頭）がみられる。

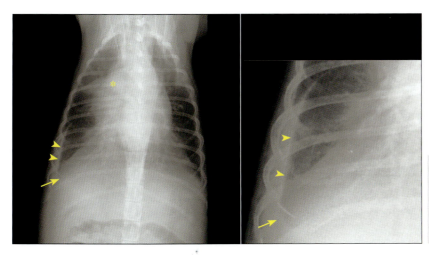

図 1-76　胸水貯留のある症例
右後葉の頭側に葉間裂（矢頭）がみられる。また肋骨－横隔膜溝の角度の鈍化もみられる（矢印）。右の X 線像は葉間裂付近の拡大図。この症例では、右の肺の一葉が無気肺になっている（*）。

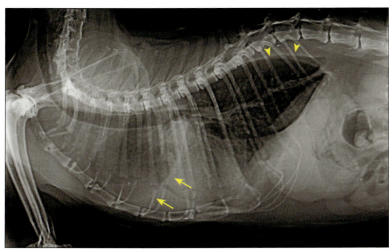

図 1-77　胸水貯留の症例
胸壁と肺の間に胸水貯留（矢頭）が観察される。また、肺葉の輪郭もみられる（矢印）。

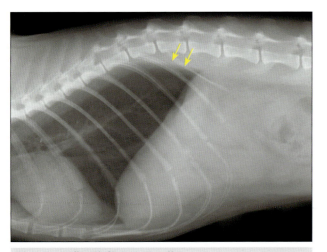

図 1-78 猫の胸部ラテラル像
肺の背側と胸椎の間に筋肉の陰影が描出されている（矢印）。胸水と間違えやすいので注意する。

図 1-79 気胸の模式図
気胸の症例では、胸壁と肺葉の間に含気したＸ線透過性のスペースがみられる。

（イラスト：山口大学／下川孝子先生）

■気胸
- 気胸ではVD、DV像で肺が胸壁から離れてみえる（図 1-79 ～ 1-83）。
- 気胸の量がわずかな場合にはＸ線透過性のラインとしてみえる。
- 気胸では葉間裂はみえない。
- 肺が含気しなくなると肺はＸ線不透過性になっていく（図 1-80 ～ 1-83）。
- 気胸になっている部分には肺組織が存在しないので、本来肺にある血管など構造物は描出されない（図 1-80 ～ 1-83）。
- 開放性の気胸では、胸腔内の圧力が外気と等しくなるまで空気が入るが、肺の形状は保たれることが多い（図 1-80 ～ 1-82）。
- ラテラル像では、心臓が胸骨から持ち上げられたようにみえることがある（図 1-81）。
- 心臓の挙上は、気胸でなくても心臓の小さい動物や胸郭の深い動物、吸気中に撮影した動物でもみられることがあるので誤診に注意する（図 1-84）。
- 片側にしか原因がない気胸でも簡単に両側性になる。
- 緊張性気胸は、ガスが漏れている位置にバルブ機構が存在することで生じる。
- 緊張性気胸では胸腔内の圧力が高くなるので肺は虚脱する（図 1-83）。
- 片側の緊張性気胸では、片側の内圧が高くなるため、縦隔が気胸の反体側に押しつけられる。
- 緊張性気胸では横隔膜が尾側へ押される（図 1-83）。
- VD、DV像では、皮膚のシワのため肺の外側の方が見かけ上Ｘ線透過性にみえることがある（図 1-85）。その場合には、Ｘ線透過性の領域に血管等、肺の構造物があるか評価する（構造物がある場合は気胸ではない）。

 診療のポイントとピットホール

　大量の胸水貯留はＸ線でも容易に検出できるが、少量の場合には超音波検査の方が検出が容易である。胸水の原因は、胸腔内腫瘍、心不全、膿胸、乳び胸などさまざまである。胸水穿刺による細胞診で診断に有益な情報が得られることが多い。呼吸状態が悪い場合にはＸ線のポジショニングで無理をせず超音波に切り替えて治療も兼ねて穿刺と胸水抜去を行った方がよいだろう。

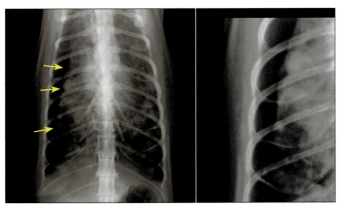

図1-80　重度肺炎に起因する気胸
左図：肺と胸壁の間にX線透過性のスペースがみられる（矢印）。右図はその領域を詳細に観察したものであり、X線透過性の領域には血管などの構造物は観察されない。

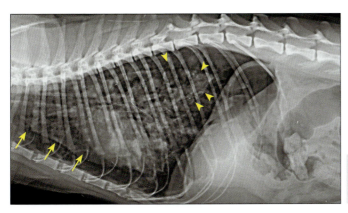

図1-81　肺炎に起因する気胸
心臓が胸骨から挙上しており（矢印）、後葉の輪郭も描出されている（矢頭）。

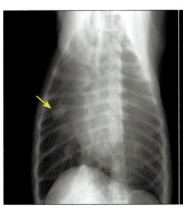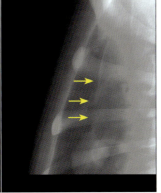

図1-82　骨肉腫の肺転移
左図で肺に腫瘤病変（矢印）があり、その影響のために右側胸腔が気胸になっている。気胸の量は多くないが、肺葉ラインが明瞭に描出されている（右図矢印）。

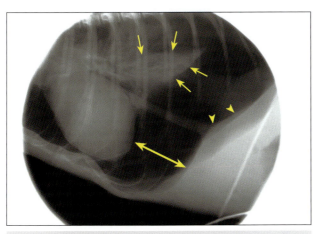

図1-83　緊張性気胸
胸腔内の圧力増加のため横隔膜が尾側へ押されている（矢頭）。含気していない後葉が観察され（矢印）、心臓尾側と横隔膜との距離も広がっている（両矢印）。動物の状態が悪く、透視用の撮影装置で撮影された。

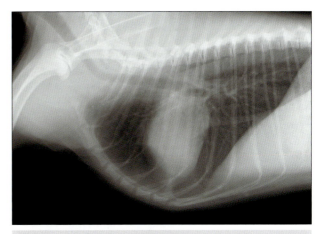

図1-84　胸郭の深い犬種の胸腔ラテラル像
胸郭の深い犬種では、心臓が胸骨とあまり接していない。心臓が挙上しているようにみえる。気胸に似た像であるが、気胸ではない。

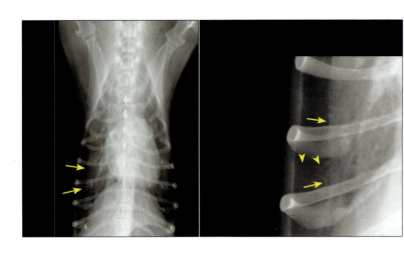

図 1-85
皮膚のシワが原因で肺のラインに類似した構造（矢印）が描出されることがある。しかし、よく観察すると肺葉の外側の気胸と思われた領域に肺の血管構造が描出され、実際には気胸ではないことがわかる（矢頭）。

8 心臓と大血管

　X線では心臓の輪郭しか評価できない。超音波では内部構造や動き、血流自体が評価できるため、循環器疾患における診断では多くの場合、超音波検査の方が優れている。X線では心臓の大まかな異常や、超音波では捉えにくい肺野の様子を観察することが重要である。心疾患については、X線での心臓の評価は参考程度に考えるべきで、超音波の評価所見を優先すべきである。

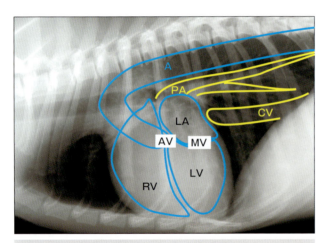

図 1-86　胸部X線ラテラル像の模式図
心臓の構造とX線像でのシルエット位置を示した。
A：大動脈、PA：肺動脈、RV：右心室、LV：左心室、LA：左心房、AV：大動脈弁、MV：僧帽弁、CV：後大静脈

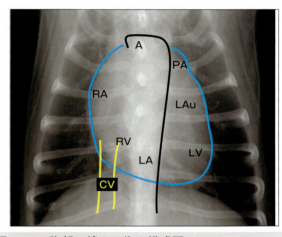

図 1-87　胸部X線DV像の模式図
A：大動脈、PA：肺動脈、RV：右心室、Lau：左心耳、LV：左心室、LA：左心房、RV：右心室、RA：右心房、CV：後大静脈

- 心陰影の評価にはVDよりもDV像が好まれることが多い。VD像は肺の評価で好まれることが多い。
- 猫ではVDで撮影すると心臓陰影の描出バリエーションが多い。
- 各種心不全ではX線で心陰影の拡大がみられる。典型的な拡大部位は以下のとおり。

左心不全（僧帽弁閉鎖不全など）：左心房、左心室、肺静脈

右心不全（三尖弁閉鎖不全など）：右心房、右心室、後大静脈、肺動脈

動脈管開存：左心室、左心房、大動脈、主肺動脈、肺動脈

肺動脈狭窄：右心房、右心室、後大静脈、主肺動脈、肺実質動脈↓

大動脈狭窄：左心室、大動脈

心室中隔欠損：左心房、左心室、右心房、肺動脈、肺静脈

ファロー四徴：左心室、右心房、右心室、後大静脈、
　　　　　　　主肺動脈、肺動脈↓
※↓はその部位の陰影が縮小することを示す

　X線検査における心臓の各部位の位置を図1-86および1-87に示した。それぞれの心臓部位が拡大したときにみられるX線での特徴を以下にまとめた。各疾患の際にみられる典型的な陰影についてはp30以降に説明している。

■左心房の拡大
- ラテラル像では、気管分岐部付近において左の主肺気管支を挙上する。
- DV、VD像では左右の主気管支の間にあって左右主気管支の間を引き離す。
- DV、VD像では3時方向に拡張した左心耳の陰影がみられることがある。

■左心室の拡大
- ラテラル像で輪郭の変化は出にくいが、長軸方向に拡大し気管を挙上する。その結果、胸腔内の気管と脊椎が平行に近づく。
- ラテラル像では心臓の尾側の輪郭が凸型になる。
- VD、DV像では左心が円形化し、心尖が横隔膜と接するところで円形化する。

■右心房
- DV、VD像で肥大を評価すること難しい。
- ラテラル像では気管分岐部の頭側で気管が挙上し気管を弓状の形態にする。

■右心室
- ラテラル像では心臓の頭側縁と胸骨の接触面が長くなる。
- DV、VD像では、右側が隆起して逆D型となる。
- 心筋が肥大すると、心尖が胸骨から浮き上がることがある。
- 大静脈は心臓の拍動周期や疾患の状況によって太さが異なるので心疾患の感度のよい指標ではないが、通常は下行大動脈と同程度の太さである。
  > 常に太ければ右心不全を疑う。
  > 常に細ければ低循環を疑う。

■大動脈
- 動脈管開存では大動脈弓全体が拡張することがある。その場合、ラテラル像で心臓の頭側縁に大動脈が拡張して描出される。
- VD、DV像では心臓の頭側（12時30分方向）が隆起してみえる。
- 高齢の猫では大動脈弓が長くなって助長な印象を受けることがある。この変化は心臓が胸骨と水平に寝ているようなときに強調される。高齢猫の20〜40％でみられるといわれている。病的な所見ではない（図1-95）。

■肺動脈
- 主肺動脈はVD、DV像で心臓の12時30分〜2時方向にみえる。肺動脈狭窄などでは隆起してみえる。

■その他、肺野に分布する血管を循環の指標として評価することができる
- ラテラル像では、右前葉に分布する肺動脈・気管支・肺静脈が平行に観察される（図1-88）。
  > 肺動脈が背側、肺静脈が腹側である。
  > 肺動脈・肺静脈は同じ太さであるべきで、第4肋骨近位の太さを超えない。動物を左下にして撮影すると、右前葉に分布する動静脈が観察しやすい。

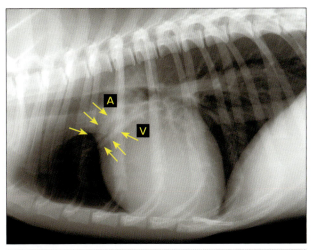

図1-88
右前葉に分布する肺動静脈は、肺血流の変化を評価するために用いられる。動物を左下にした方が肺野とのコントラストがつきやすい。背側が動脈で、腹側が静脈である。同じX線上の第4肋骨近位の太さを超えないことが基準となる。A：動脈、V：静脈

- VD、DV像でも後葉に分布する肺動脈・気管支・肺静脈が平行に観察されるが肺循環の血流の評価には前葉の方が評価しやすいことが多い。
  > 後葉に分布する血管は外側が動脈、中央に気管支があり、内側が静脈である（**図 1-89**）。
  > 気管と血管との位置関係は個体によってバリエーションがある。
  > VD、DV像では後葉に分布する動静脈は同じ太さであるべきで、第9肋骨（血管と交わる位置）の太さを超えない。
  > 明らかな肺循環の増加は左右短絡を疑うべきである（**図 1-90**）。

■ 心臓全体の大きさの評価

- 犬のVD・DV像で、心臓の最も広いところの幅と胸郭の幅の比（心胸郭比）は50〜60％程度が目安となり、2/3を超えない（**図 1-91**）。
- 犬では心臓の頭側から尾側の長さは、肋間の2.5（胸郭の狭い犬種）〜3.5倍（胸郭の広い犬種）が目安である（**図 1-92**）。
- 猫ではバリエーションが小さく、長軸に直行する最大径を測定し、水平方向の肋間と比較する。正常な猫では2椎体の長さである（**図 1-93**）。
- 椎体心計測（Vertebral Heart Scale：VHS）の方が客観的。しかし、算出がやや煩雑。心臓の長軸とそれに直行する短軸の長さの和をT4の椎体頭

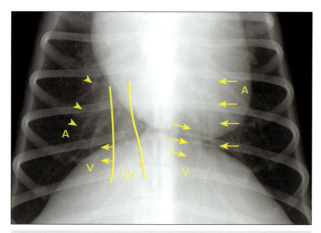

図 1-89　犬の後葉に分布する血管
外側に肺動脈（A）、内側に肺静脈（V）が気管支を挟んで走行する。第9肋骨（血管と交差する点）の太さを超えないことが基準となる。
CV：後大静脈

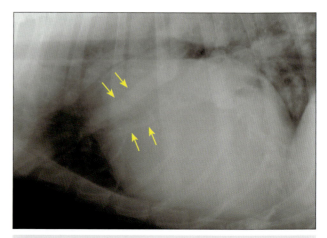

図 1-90　肺血管の拡張
肺の動静脈が著しく拡張（矢印）しており、肺血流の増加が示唆される。左右短絡を起こす心奇形があることが推測される。

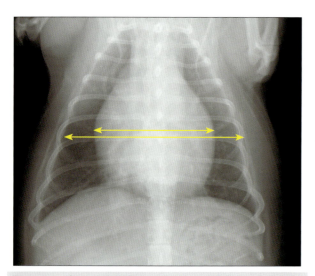

図 1-91　犬の心陰影評価の大まかな基準
VD、DV像の、心陰影の幅が最も大きいところで（短い両矢印）、その位置での胸郭（長い両矢印）との比を計測。通常2/3を超えない。

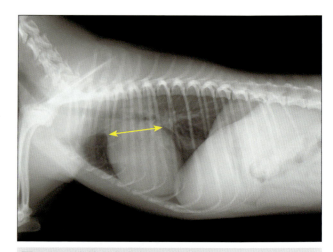

図 1-92　心拡大のおおまかな評価
犬ではラテラル像で"心ウエスト"の部分（両矢印）を計測し、2.5〜3.5肋間程度が目安となる。

側面を起始部とした椎体の長さとの比で表す。犬は 8.7 〜 10.7 倍、猫は 6.9 〜 8.1 倍が基準値である（図 1-94）。

- 猫では、心臓が犬よりも傾いている。胸骨と心臓の長軸が作る角度はおよそ 45°である。
- 老齢の猫では、心臓の長軸が胸骨近くに傾いていることがあり、その結果、心臓の前傾や大動脈が長く感じられることがある。この所見は老齢性の変化であって特に疾患に関係した所見ではない（図 1-95）。

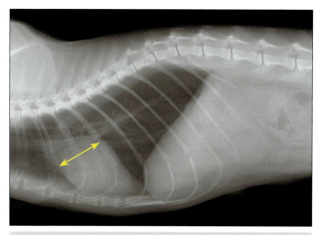

図 1-93　猫の胸部ラテラル像
猫での心拡大のおおまかな評価として、長軸に垂直な短軸の最大径を計測し、肋間と比較する。正常ではおよそ 2 肋間である。

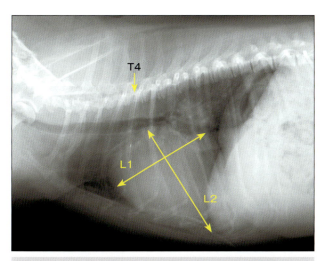

図 1-94　犬の X 線ラテラル像での心拡大の評価
犬ではやや詳細な心拡大の椎骨心計測（Vertebral Heart Scale：VHS）がある。心臓の短軸と長軸を測定して和を計算し、T4 の椎体の頭側面を起始部として何椎体分に相当するか測定する。犬で 8.7 〜 10.7、猫で 6.9 〜 8.1 が基準値。

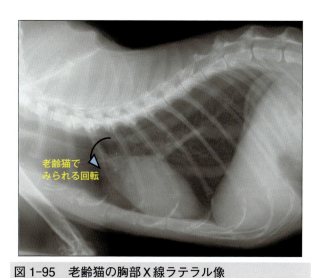

図 1-95　老齢猫の胸部 X 線ラテラル像
心臓の基底部が胸骨側へ回転したようにみえる。大動脈の走行も曲がっているように感じる。老齢性の変化であり、特に異常ではない。

> **診療のポイントとピットホール**
>
> X 線での心臓の大きさの評価はあくまでも目安である。異常を発見するためのスクリーニング検査であり、異常が疑われる場合には超音波検査で評価する。

【各疾患との関係】
■僧帽弁閉鎖不全・逆流
- 確定診断のためには、超音波検査で弁や血流の異常を証明する。X線所見は補助的な所見であるが、続発する肺水腫の評価には有用である。僧帽弁閉鎖不全に関連したX線所見は以下のとおり。
- ラテラル像で左心房が拡大し、気管分岐部が背側へ変位する（図1-96）。
- ラテラル像で左心室が長くなり心基底部が背側まで伸び、気管を挙上する。その結果、胸椎の角度を減少する（図1-96）。
- 発咳の原因となるような気管の圧迫がみられることがある（図1-97, 1-98）。
- VD、DV像で、心胸郭比の増加や左心耳領域の突出がみられることがある（図1-99）。
- 肺うっ血があると肺静脈の拡張（図1-98）がみられ、さらに進行すると、肺水腫に関連した肺胞パターンがみられる（図1-100）。

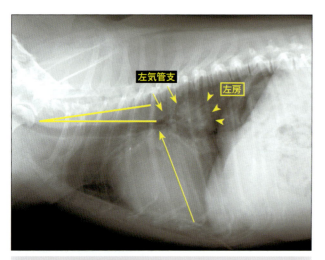

図1-96　僧帽弁閉鎖不全の犬の胸部X線ラテラル像
左心室が長く、気管が挙上している。その結果、気管と椎体の角度がほとんど平行になっている。左房の拡大とそれに関連した左気管支の挙上もみられる。

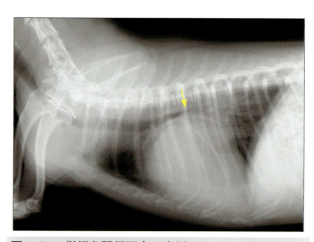

図1-97　僧帽弁閉鎖不全の症例
心臓の長軸方向への拡大のため気管が挙上している。心臓基底部付近で気管が圧迫されている（矢印）。このような症例では、気管の圧迫刺激により発咳がみられることがある。

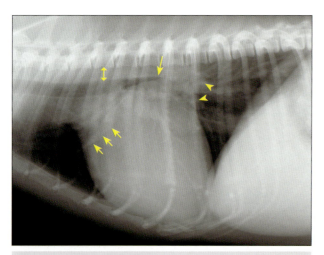

図1-98　肺うっ血の症例
左房の拡大（矢頭）により気管の挙上と圧迫（長い矢印）がみられる。また、肺静脈（短い矢印）も拡張している。

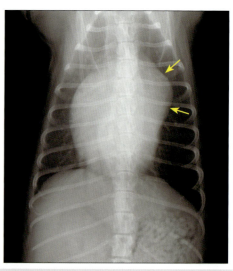

図1-99　僧帽弁閉鎖不全の症例
左心耳領域（矢印）が突出している。

X線検査

診療のポイントとピットホール

　僧帽弁閉鎖不全は、呼吸不全の症状を発現しやすい疾患である。確定診断や評価は超音波検査で行うが、肺水腫や心拡大に伴う気管の圧迫などは超音波で観察することができない。X線検査では肺静脈の拡張、気管の狭窄、肺水腫など関連する肺野の所見を見逃さないようにすることが重要である。また、重度僧帽弁閉鎖不全ではうっ血による運動不耐性や呼吸不全がみられるかもしれないが、発咳の頻度は高くない。発咳が主な症状としてみられる場合には、気管の圧迫の有無など、他の病因を検索するためにも胸部X線検査を行うべきである。

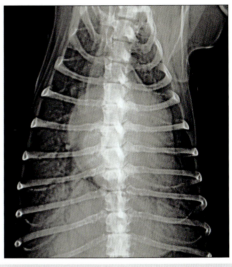

図 1-100　僧帽弁閉鎖不全の症例
明瞭なエアブロンコグラムがみられる。

■三尖弁閉鎖不全

- 右心系の拡大や右心不全に関連する以下の所見がみられることがある（X線所見は補助的であり、確定診断のためには超音波検査で弁や血流の異常を証明する）。
- ラテラル像で右心房が拡大し、気管分岐部が背側へ変位する（図 1-101）。
- ラテラル像で心尖が胸骨から離れ、胸骨と心臓前縁の接着が多くなる（図 1-101）。
- ラテラル像で後大静脈がうっ血により拡張することがある（図 1-101）。
- VD、DV 像では右心室、右房領域が拡張し、右側に凸の逆 D サインがみられる（図 1-102）。
- 静脈うっ血のために肝腫や腹水がみられることがある。

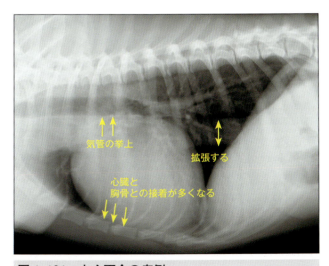

図 1-101　右心不全の症例
後大静脈の拡張、心臓頭側での気管の挙上、右心の拡大による胸骨と心臓頭側縁の接触面の増加がみられる。

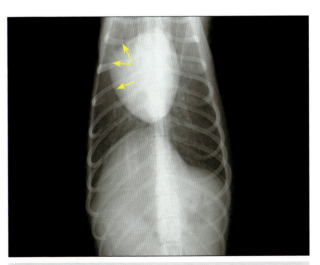

図 1-102　三尖弁閉鎖不全の症例
右心系の拡張（矢印）がみられ、右側に凸の陰影になる。

■動脈管開存（PDA）

- 動脈管は胎子期に存在する血管で、大動脈から肺動脈へ交通する。出生後には通常、閉鎖する。閉鎖しない場合、大動脈から肺動脈方向への血流が残る。短絡血流を超音波検査かカテーテル造影検査で証明し確定診断する。
- DV、VDでは大動脈、肺動脈の拡張が見られることが多い（図1-103, 1-105）。
- VD、DV、ラテラル像で、左心房領域の拡大がみられることがある。
- ラテラル像で心陰影が長軸方向へ拡張する。肺血流の増加のため左心の肥大がみられる。
- ラテラル像で心臓の頭側大動脈の拡大がみられることがある（図1-104, 1-105）。
- 左右短絡血流量が多い場合には肺野の血流が多くなる。
- しかし、単純X線での確定はほとんど不可能である。超音波検査や心カテーテル検査を行い診断する。
- 根治的な治療には外科処置が必要である。

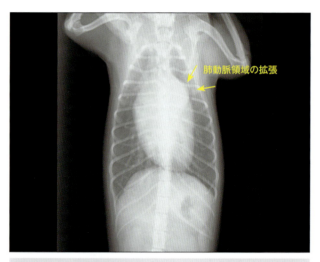

図1-103 動脈管開存の症例
肺動脈領域の突出（矢印）がみられる。

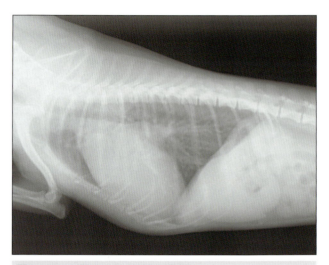

図1-104 図1-103と同じ症例
PDAでは、大動脈基部での拡張がみられることがしばしばであるが、この症例ではわずかである。しかし、肺循環の増加がみられ、左→右短絡を疑うことはできる。

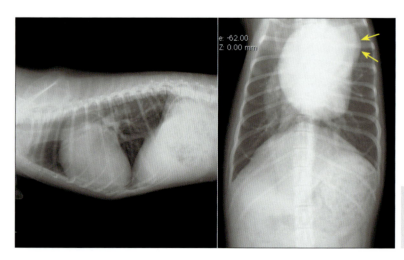

図1-105 動脈管開存の症例
この症例では著しい主肺動脈の拡張（矢印）がみられる。肺血管の拡張もみられ、X線像から血流の短絡が疑われる。

■肺動脈狭窄

- VD、DV で 1〜2 時方向に肺動脈の拡張による隆起がみられる（図 1-106）。
- VD、DV、ラテラル像では、右心肥大の所見がみられることがある（図 1-106）。
- 肺野の血流は正常からやや低下する。
- 確定診断は超音波検査、心カテーテル検査により行う。
- 根治療法として、バルーン拡張術か外科処置（開心術）を行う。

■大動脈狭窄

- 大動脈が狭窄後、拡張するため、次の所見が得られる。
- VD、DV で前縦隔後部が広くみえる。
- ラテラル像で大動脈弓の突出がみえることがある（図 1-107）。
- 左心肥大の所見がみられることが多い。
- 肺野の変化がみられることはまれ。しかし、進行すると左心不全に一致した所見がみられることがある。
- 確定診断は超音波検査により行う。

■フィラリア症

- 肺高血圧症により肺動脈の拡張、栓塞による血管蛇行と切り詰め像がみられることがある（図 1-108）。
- 右心肥大の所見が得られることがある。
- VD、DV 像で 1〜2 時方向にみえる主肺動脈の拡張がみられることがある。

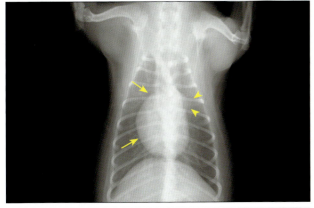

図 1-106 肺動脈狭窄
右心系の拡大（矢印）と肺動脈領域に隆起（矢頭）がみられる症例。肺動脈狭窄が疑われるが、確定診断には超音波検査か X 線造影検査を行う。

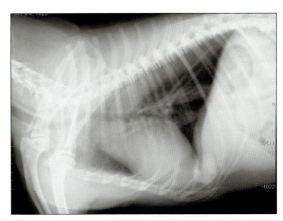

図 1-107 大動脈狭窄
大動脈弓領域が突出している。

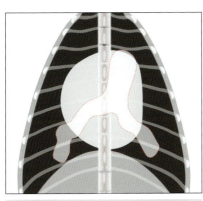

図 1-108 フィラリア症の模式図
フィラリア虫体が肺動脈を梗塞することで、肺動脈の拡張やいわゆる"切り詰め像"が観察される。
（イラスト：山口大学／下川孝子先生）

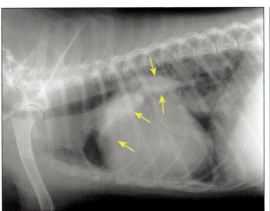

図 1-109 フィラリア症の症例
肺動脈の著しい拡張がみられる（矢印）。

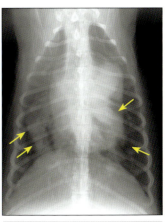

図 1-110 フィラリア症の症例
肺動脈の著しい拡張がみられる（矢印）。

- 肺野に間質性・肺胞性パターンがみられることがある。
- 多数寄生で血管拡張が著しい場合（図 1-109, 1-110）は、腫瘍と間違えやすいことがある。超音波で肺動脈の拡張と虫体を証明する。少数寄生ではX線で異常所見がないこともある。
- 治療は多数寄生の場合には、吊り出しを考慮する。多数寄生例では薬物による駆虫はリスクが大きい。

■**心筋症**
- 猫で多くみられる肥大型心筋症ではX線陰影での変化が少ない。猫の心筋症で左心房、右心房の拡大が著しい場合にはバレンタイン型（ハート型）になる（図 1-111）。うっ血が重度の場合には肺静脈の拡張や肺水腫がみられることもある。
- 拡張型心筋症は大型犬で多くみられ、心筋の収縮が低下する。多くの症例で心陰影の拡大がみられる（図 1-112）。
- しかし心陰影の拡大が明確でない場合もあり、超音波検査により収縮率などを評価して診断する（図 1-113）。
- 治療は通常、内科的に薬物療法を行う。

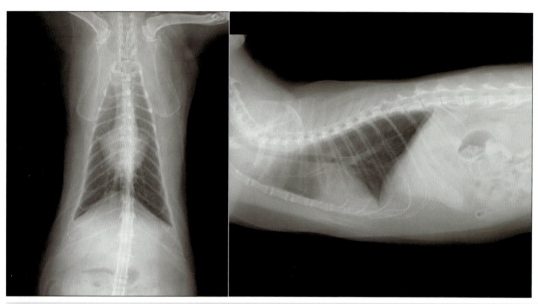

図 1-111　肥大型心筋症の症例
両房の拡張のために心臓がバレンタイン型になっている。ラテラル像では、心陰影の異常は描出されにくいが、肺前葉に分布する肺動脈、静脈の拡張がみられ心疾患の存在を疑うことができる。

診療のポイントとピットホール

　フィラリア症や心筋症は、他の弁膜症などを併発していない場合には、聴診で異常に気づきにくい。また、猫の肥大型心筋症などでは、心陰影はあまり大きくならないことも多い。避妊・去勢手術のスクリーニング検査として胸部X線像を評価する場合には、手術・麻酔のリスクとなるこれらの心疾患に関連した所見を見逃さないことが大切である。

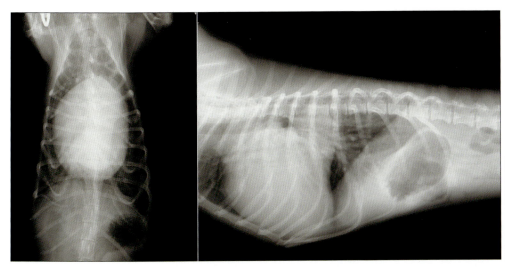

図1-112 重度の拡張型心筋症の症例
VD像では心陰影の著しい拡大がみられる。ラテラル像でも著しい心陰影の拡大と肺血管の拡張がみられる。

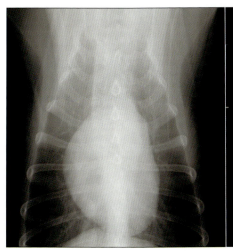 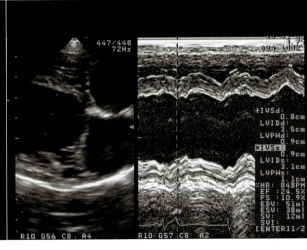

図1-113 拡張型心筋症の犬の症例
この症例では心拡大は顕著ではない。心筋は非薄であり、収縮率も10.9％と低下している。この症例のように、X線で異常が検出しにくい拡張型心筋症の症例もいる。

■心囊水

- 心臓腫瘍、特発性、心臓破裂などにより起こる。
- 心陰影が大きくなることが多く、円形になることが多い（図1-114）。
- しかし、X線ではわかりにくいこともある（図1-115）。一般に心嚢水が貯留すると聴診で心音が聴取しにくくなる。心嚢水貯留が疑われる場合には、超音波検査を行えば容易に検出できる。
- うっ血性心不全がある場合には、その所見がみられる（図1-114）。
- 原因や程度によるが、心タンポナーデなどがある場合には、治療として超音波ガイド下で心膜穿刺を行う必要がある。
- 心臓腫瘍は、発生部位に腫瘍がみられるが、心基底部などではX線での描出が困難な領域に発生することが多い。超音波での描出を試みる。

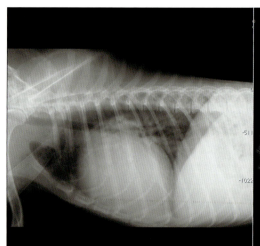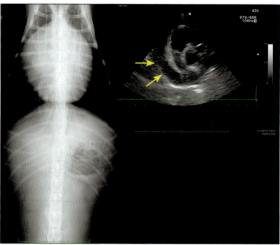

図 1-114 心嚢水がみられた症例
ラテラル像、DV像ともに心陰影の拡大がみられる。この症例では、うっ血のため後大静脈陰影も拡大している。右図は心臓の超音波像であり、心嚢水の貯留がみられる（矢印）。

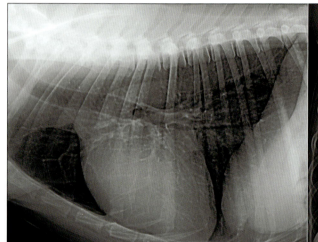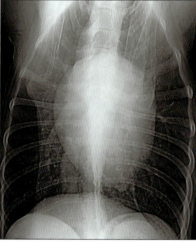

図 1-115 血管肉腫による心嚢水がみられた症例
X線では心陰影の拡大は顕著ではない。この症例では、X線像だけで心嚢水を判断することはできない。このような症例もいるため、聴診は重要である。疑わしい場合には超音波検査で評価する。

> ## ⓘ 診療のポイントとピットホール
>
> 　心嚢水／心タンポナーデは生命にかかわる重要な病態である。身体検査やX線で徴候を検出できれば、超音波検査で容易に確認することができる。聴診時に、心音が小さい、大型犬にもかかわらず心拍数が早い（拡張不全による1回拍出量の減少と関係）、という所見は重要であり、身体検査をしっかり実施し、見落とさないように疑い、画像診断で確定する。

X線検査

■小心臓症

- 血流量の減少に起因することが多い（図1-116, 1-117）。
- 重度脱水で多くみられる。アジソン病や他の循環血流量が減少する疾患でもみられる。
- 胸骨や横隔膜から心臓の距離が離れることがある。
- 気管と胸椎の角度が10〜20°よりも大きくなる。
- 肺野の血流分布の低下と合わせて評価する。
- しかしX線像での主観的な評価であり、臨床的な脱水評価（例：体重やツルゴール反応）より優れたものではない。

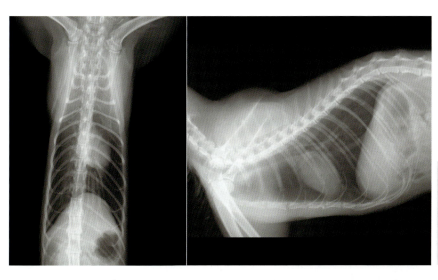

図1-116　循環が低下している猫の胸部X線像
肺血管の血流減少がみられ肺野が全体にX線透過性になっている。右のラテラル像では、心臓の容量が減少し陰影が縮小しているため、胸骨と心臓が離れている。

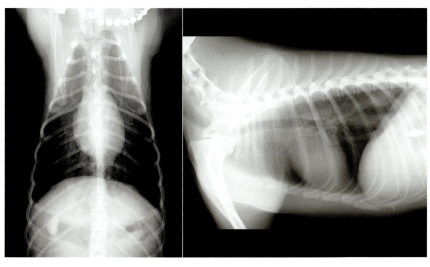

図1-117　小心臓症
急性の下痢嘔吐のため肺血流が減少している。ラテラル像では後大静脈の陰影が細くなっている。胃内に誤食した石が認められる。

診療のポイントとピットホール

アジソン病は疾患頻度が低い病気であるが、疑いがあれば、電解質測定、ACTH刺激試験などにより診断することができる。しかし、その臨床症状は嘔吐や元気消失など非特異的であり、疑うことが難しい。X線で不自然に肺循環の低下がみられ、アジソン病に一致した症状がみられるような症例では、本症を疑い血液検査を行う。

コラム❷　X線撮影の原理2：きれいな撮影のために必要なこと

きれいなX線像を得るために必要な、管電圧やmAsなどX線の発生に関係した知識については前述した（p8）。このほかに、きれいなX線像を得るために必要な知識を紹介する。

・まず、簡単なことであるが、動物、撮影台、フィルムを入れるカセッテが汚れていないか調べる。診療では先に超音波検査を行った場合、動物にエコーゼリーがついていることもあるし（図1-118）、動物にバリウム造影剤を飲ませる際に周りを汚してしまうこともある。特に動物やカセッテについた造影剤は誤診の原因になるので注意する。

・増感紙を知っているだろうか？　スクリーンとも呼ばれる。あまり意識されないが、フィルム現像の際にカセッテの内側に貼り付けている。増感紙にはX線に反応して蛍光を出す物質が塗られている。増感紙のおかげで、少ないX線線量で写真が撮れるようになっている。注意しなくてはならないのが、X線フィルムと増感紙との組み合わせである。X線フィルムにはおおまかにオルソタイプとレギュラータイプがあるが、それぞれ適切な増感紙が決まっている。増感紙も劣化するので、数年に1回は取り替えるようにする。その際、増感剤とフィルムのタイプと合わせるようにする。

・ブレンデは、グリッドとも呼ばれる。見た目は金属の板のようになっているが、この薄い板の中は非常に細かく仕切られている（図1-119左）。X線は動物の体に当たると真下に透過するだけでなく、いろいろな方向に散乱する。この散乱線のため、写真はぼやけてしまう。ブレンデは散乱線を遮り透過してきたX線だけがフィルムに到達するようにしている。特に散乱線が問題になりやすい厚い被写体を撮影するときにブレンデはよく利用される。四肢端など、薄い被写体では利用しないことが多い。ブレンデはカセッテの上に載せて使用したり、撮影台に組み込まれたりしている。注意しなくてはならないのが、ブレンデには表と裏があることである。間違えると図1-119右のようにフィルムの端の方が白いグラデーション像に現像される。またブレンデにはそれぞれ管球からの距離が指定されている。小動物を撮影する場合、管球からブレンデまでの距離はおおむね1m程度のことが多い。また、一般にブレンデを使った場合には、使わない場合よりも線量を多くする必要がある。ブレンデは見た目に似合わず繊細なモノなので、慎重に取り扱うこと。

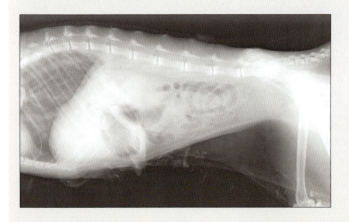

図1-118　超音波検査の後に撮影されたX線像
体表にエコーゼリーが付着している。

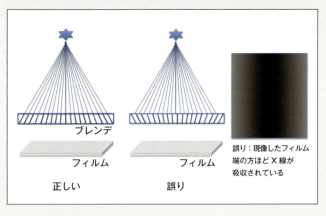

図1-119　ブレンデの使用時の模式図
左図はブレンデを使用した場合で、散乱せずに透過したX線だけがフィルムに到達する。ブレンデは、大きな犬など厚みがある被写体を撮影するときに使用される。右図はブレンデの裏と表を間違えて撮影してしまった図で、フィルムの外側ではX線がブレンデに吸収されてしまう。残念ながら診断には適さない像が得られるだろう。

9 肺野：超音波での評価は難しい。X線検査が重要である。

■正常な肺野

- 肺野では空気を含んだ肺と、比較的X線不透過な血管などによりコントラストが形成される。注目したい領域を上側にして撮影した方が、含気によりコントラストが得られるので観察しやすい。
- 肺野では含気した肺と血管が描出される。気管支も方向によって管状または輪切り像として描出されることがある。
- 高齢の犬では気管の石灰化のため気管が描出されることがあるが、これは正常な所見である。
- 肺の病変は後述する4つの画像パターンにわけて考えると原因疾患を推定しやすい。実際の症例では、下記のいくつかのパターンが共存してみられることも多い（例：誤嚥性肺炎の場合、気管支パターン、肺胞パターン、間質パターンが混合してみられることが多い）。これらの混合したパターンも疾患推定に役立つ。

■気管支パターン

気管支壁の肥厚や分泌物が気管支壁に付着することにより、壁が強調して描出される所見（図1-120）。

- 気管支パターンはドーナツ状構造として観察されやすい（図1-121～1-123）。
- 気管支パターンでは、気管支壁が観察されている（図1-121, 1-122）。
- 気管支パターンを形成する主な原因としては、気管支壁の肥厚、石灰化、気管支への細胞浸潤がある。
- 比較的大きな気管支の横断像がみえることがあるが、これは気管支パターンではない（図1-124）。
- 気管支パターンでは気管支の直径は不変である。拡張している場合は、気管支拡張症である（図1-125）。
- 気管支の石灰化では、気管支壁が不透過になるが直径自体は不変である。
- 気管支パターンがみられる場合の主な鑑別診断として、肺炎、気管支肺炎などがあげられる。

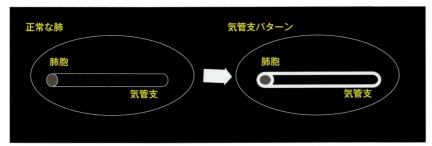

図1-120
気管支パターンの模式図。気管支壁の肥厚や分泌液のため輪郭が強調される。

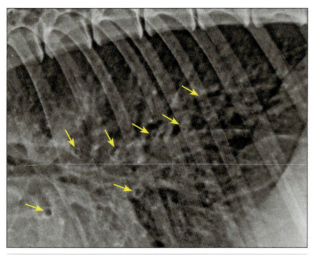

図1-121 心臓の血管肉腫の症例
肺の気管支壁が強調された気管支パターン（矢印）が観察される。

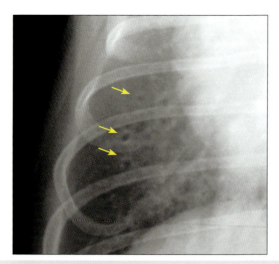

図1-122 気管支パターン
肺野に気管支壁の肥厚によるドーナツサイン（矢印）が観察される。

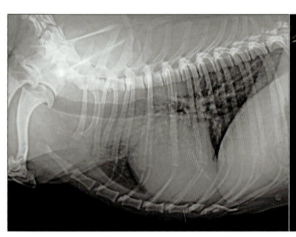

図1-123 気管支肺炎の症例
気管支パターンが観察される。

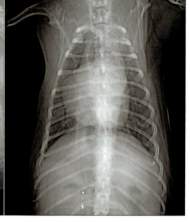

図1-124 気管分岐部での気管支の横断像
ドーナツサインのようにみえることがあるが、単なる大きな気管支の輪切りであり、気管支パターンではない。臨床的な意義はない。

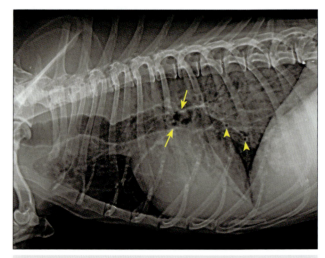

図1-125 気管の拡張がみられる（矢印）
ドーナツサイン（矢頭）などの気管支パターンもみられる。また、同時に巨大食道もみられ、吸引性の気管支肺炎が疑われる。

■肺胞パターン

- 何らかの理由で肺胞内に水分や細胞成分が溜まり、肺野のX線透過性が低下する。その影響で空気を含んでいる気管支とのコントラストが強調される（図1-126）。
- 肺胞壁や気管支壁は描出されない。
- 肺胞パターンでは、病変領域内は均一にX線透過性が減少する（図1-127, 1-128）。
- 肺胞パターンの原因は、肺水腫、出血、肺炎（肺炎の場合は気管支パターンとの混合パターンになることが多い）などである。
- 左心不全による肺水腫は、尾背側の肺葉に左右対称に肺胞パターンを生じやすい（図1-127, 1-128）。

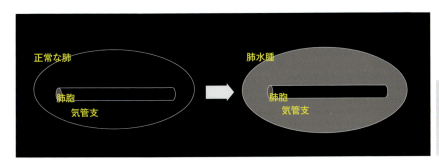

図1-126　肺胞パターンの模式図
肺胞に水分が入るため、肺野のX線透過が低下するが、気管支は含気したままなのでX線透過性の気管支が目立つようになる。

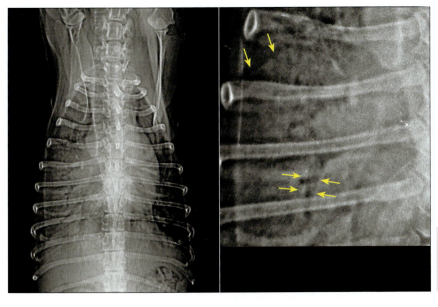

図1-127　僧帽弁閉鎖不全による肺水腫
X線透過性の気管（矢印：エアブロンコグラム）が描出されている。

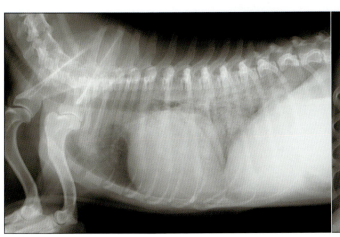
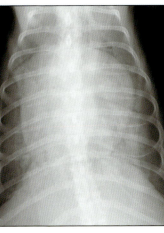

図1-128　僧帽弁閉鎖不全による肺水腫の症例
左右の後葉のX線透過性が低下しており、肺胞パターンもみられる。僧帽弁閉鎖不全による肺胞パターンは、左右対称にみられることが多い。

- 誤嚥による肺炎は、誤飲したものが集まりやすい中葉や前葉の腹側に病変が生じやすく、混合パターンを呈することが多い（**図1-129**）。感染性の要因の場合には、発熱、白血球数の増加、CRPの増加などがみられる。
- 出血素因による肺出血では、肺に全般的な斑状の病変が形成されることが多い。
- 外傷による出血では局所に混合パターンがみられる（**図1-130**）。
- 肺葉の解剖学的な位置に一致した局所の肺胞パターンまたは肺葉に限局した一様なX線透過性の減少では、無気肺が疑われる（**図1-131**）。
- 無気肺では、肺葉が空気を含まないため肺体積が減少し中隔が変位することがある。

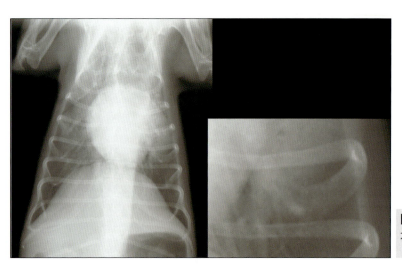

図1-129　巨大食道による誤嚥性の肺炎
左右中葉がX線不透過になっている。

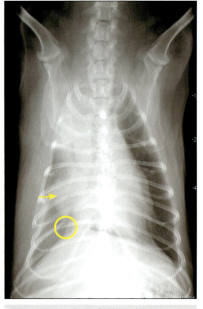

図1-130　交通事故の症例
右肋骨に骨折（○で囲んだ）があり、同側の肺野のX線透過性が低下している（矢印）。肺出血が疑われる。

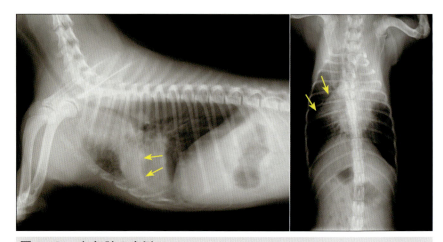

図1-131　無気肺の症例
心臓の頭背側に不透過陰影がみられ、ラテラル像で心臓と重なる位置に無気肺に起因するライン（矢印）がみられる。DV像では、肺の右中葉が無気肺となっている。

■間質パターン

- 間質パターンでいう"間質"とは、空気を含んでいない領域で大血管を除くものを指す。
- 非構造性の間質パターンは、肺野の血管構造のコントラストが消失する様子を指す（**図1-132**）。つまり、血管や気管以外の領域（肺胞や細気管支）に炎症や線維化などがあり、全体的なX線透過性が低下している状態を指す。
- リンパ腫などの腫瘍のびまん性肺浸潤も間質性肺炎像を呈することがある（**図1-133**）。
- 構造性の間質パターンには線状のものと結節上のものがある。
- 線状の間質パターンでは、血管の走行とは異なる方向にラインがみえる。これは、間質に生じた結合組織だと考えられている（**図1-134**）。
- 結節性の間質パターンは、血管の輪切りとの鑑別が必要である。血管のエンドオン像（正常）は大血管の近くにでき、付近の血管の太さと同じである。血管のエンドオン像は、末梢の血管ほど小さくなる（**図1-135, 1-136**）。
- 肺の結節の原因としては、腫瘍、出血、浮腫、炎症、肉芽腫などがあるが、最も多くみられるのは腫瘍で、多発性の結節は転移性病変で多くみられる（**図1-137, 1-138**）。

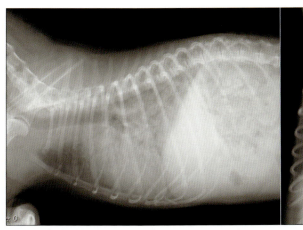
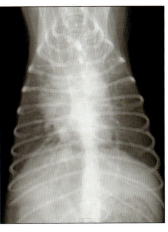

図1-132　全身性自己免疫疾患に関連した重度の間質性肺炎の症例
肺野全体がX線不透過になっている。ラテラル像ではエアーブロンコグラムもみられる。

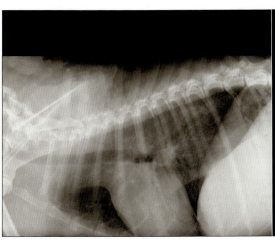
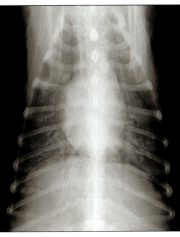

図1-133　犬のリンパ腫の症例
後葉を中心にすりガラス状にX線透過性が低下している。腫瘍細胞の肺浸潤のためと推測される。

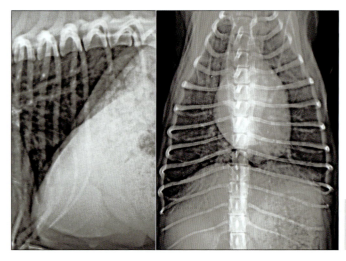

図 1-134　肺野に線状構造がみられた症例
肺の線維化に関連したものと推測される。

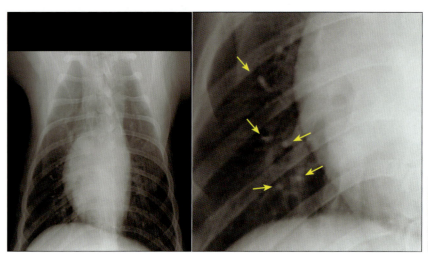

図 1-135　血管のエンドオン像
血管の走行によって血管が腫瘤状にみえることがある。この場合、腫瘤状物は近隣の血管付近にあり、血管径と同じような太さで観察される。

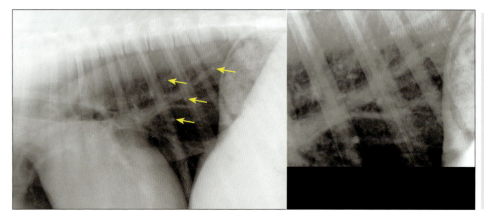

図 1-136　肺後葉に疑似性の結節がみられる症例
肺後葉では肺血管の陰影や、血管と肋骨との重なりが腫瘤のようにみえることがある（矢印）。血管であれば、近くに陰影とほぼ同じ径の血管が走行しているはずである。また、肋骨との重なりは、肋骨と血管の走行と丁寧に調べることで確認できる。この症例はX線で腫瘤性病変があるように見えるが、CTでは肺野に腫瘤が確認できなかった。

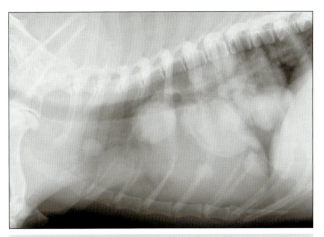

図 1-137 肺の転移性腫瘍がみられる症例
肺野に大型の多数の結節性病変が観察される。原発巣は不明。

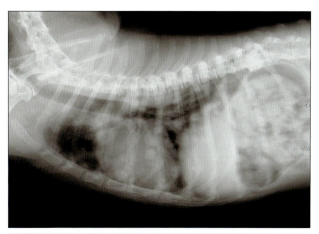

図 1-138 肺の転移性腫瘤がみられる症例
肺野に＋の結節性病変が観察される。腫瘍の肺転移が疑われる。

■血管パターン
- 血管の拡張や小血管が目立つ所見である。
- 評価はある程度主観的となる。
- 肺動脈の拡張がみられるときは、フィラリア症、左右短絡のある先天性疾患などが考えられる（図1-139）。重度のフィラリア症では、肺動脈が著しく拡張して蛇行するので（図1-109, 1-110）、怒張した血管を腫瘍性病変と間違わないようにする。
- 静脈の拡張がみられるときは、僧帽弁閉鎖不全などが考えられる。

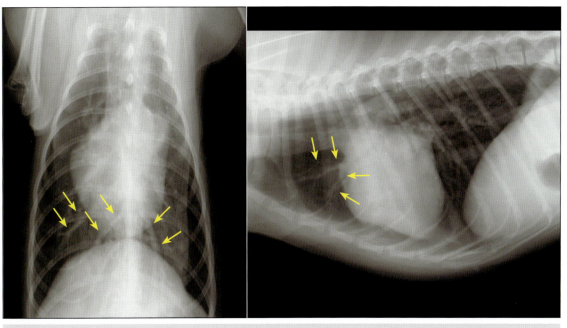

図 1-139 心室中隔欠損の症例
肺血管の拡張と蛇行（矢印）がみられる。この所見から肺高血圧症などの病態が推測される。

ポイント：肺陰影パターンの読影（図1-40）

　肺の構造は、食器洗い用のスポンジにストローが埋まっているようなものである。スポンジは肺胞でストローは気管である。気管支パターンはストローの中にシェークの飲み残しがあるような状態である。ストロー壁に付着したシェークが描出されると気管の陰影が目立つようになる。肺胞パターンは、スポンジが水を吸った状態である。スポンジが水を含んでいても、中にあるストロー内は含気しておりX線をよく通すため、ストロー内の陰性コントラストが明瞭になる。間質パターンは、スポンジが変性して、軽石のようになってしまった状態を想像すればよい。肺野全体がX線を通しにくくなる。

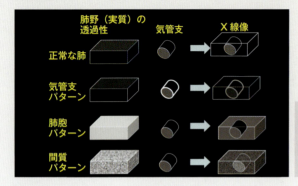

図1-140
正常な肺、気管支パターン、肺胞パターン、間質パターンの模式図。肺野と気管支の透過性がどのようになっているか理解し、それが重なり合ってX線像が形成されると考えると理解しやすい。

■肺の腫瘍

- 腫瘍は結節性の病変を作ることが多い（**図1-137**参照）。
- 腫瘍と判別しにくい像として、さまざまな構造が重なり合って結節状の陰影を形成することもある（血管の輪切りや骨と血管の交差など：**図1-135，1-136**参照）。その場合には、複数の方向から撮影し腫瘤の存在を評価することが必要である。
- 腫瘤が小さい場合には、X線での検出率は高くない。CTの方がはるかに優れている（**図1-141〜1-143**）

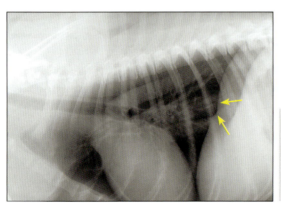

図1-141　肺野にみられた骨肉腫の転移巣（矢印）
X線でも観察可能であるが、小さく、見落とす可能性がある。

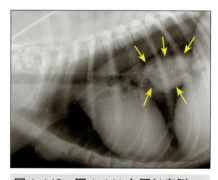

図1-142　図1-141と同じ症例
図1-141を撮影してから1カ月経過後。腫瘤が大きく成長している（矢印）。

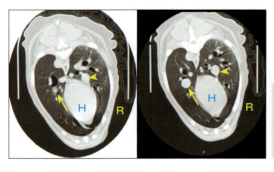

図1-143　図1-141と同じ症例のCT横断面
H：肝臓、矢頭：後大静脈、矢印：転移巣。CTは単純X線では描出できないような病変も描出されるため、例えば乳腺腫の術前の肺転移評価には極めて有用な道具である。

X線検査

■X線透過性の亢進

- テクニカルなエラーの可能性を考慮し、X線の撮影条件を確認する必要がある。
- 局所的な空気の陰影はブラ（肺内の含気性嚢胞：図1-144, 1-145）、ブレブ（胸膜の含気性嚢胞：図1-146）や気管支の拡張を示唆する（図1-144〜1-146）。

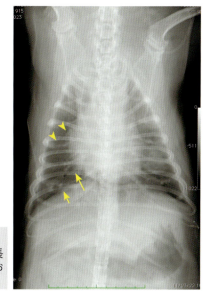

図1-144　局所的な空気の陰影像
右後葉に小さなブラ（小さい矢印）と気管支の拡張像（長い矢印）がみられる。肺野全体のX線透過性が低下しており、右中葉の頭側縁には肺葉の境界（矢頭）がみられる。

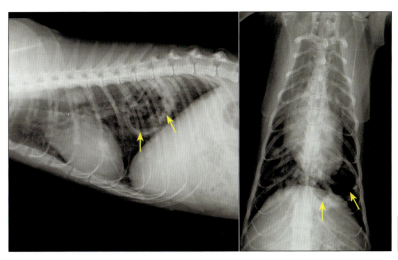

図1-145　肺野のブラのX線像
肺の左後葉に大きなブラがみられる（矢印）。

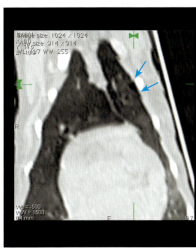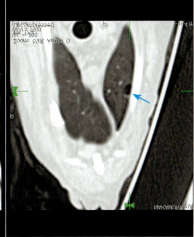

図1-146　肺野のブレブのCT像
胸膜に嚢胞構造（矢印）が観察される。通常のX線では描出できないであろう。

コラム ③ 撮影の方向、読影の方向

X線フィルムを読むとき、DV方向とかVD方向などと書かれている。図1-147を参照してほしい。うつぶせにして上側からX線を照射して下にフィルムを置く撮影方法では、X線は背中から入射して、おなかから抜けていく。X線像の説明をする場合には、入射の方向から出ていく方向を順番に書くことになっているため、図の場合だとD（dorsal背中）→V（Ventralおなか）方向ということになる。一方、ラテラル像はちょっと変わっている。動物の左側を下にして上からX線を撮影するとLeft Lateral、略してLL像になる。右下にしたときはRight Lateral、略してRL像という。ちょっと混乱しやすいので注意したい。他にも、

CrCd
（Cranio-Caudal：頭部：頭側 - 尾側方向）
LM
（LateoMedial：四肢：外側 - 内側方向）
DP
（DorsoPalmar：四肢端：背掌方向）
というように撮影方向を略して表現する。

さて、フィルムの読影時の置き方にも慣用的な決まりがある（図1-148）。ラテラル像では、背側が上方、かつ動物の頭が読影者の左手方向になるようにする。DV像、VD像では、撮影した方向に関係なく、動物の頭側が上になるようにフィルムを置く。さらに、動物の左が、読影者の右側にくるようにフィルムを置く。腹部や胸部のX線像では、胃内の空気などがランドマークになるので現像後に左右で迷うことは少ないが、ランドマークがない四肢や頭部では左右がわからなくなってしまう。X線撮影用のマークが市販されているので、撮影のときに左右わかるようにマークしておく。

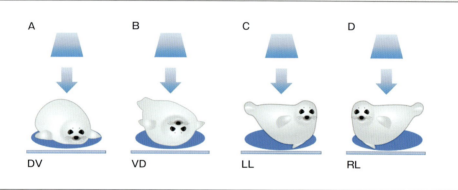

図1-147　X線撮影時の動物の体位とX線像の呼び方
X線の入射方向によって略語で呼ばれる。（イラスト：山口大学／下川孝子先生）

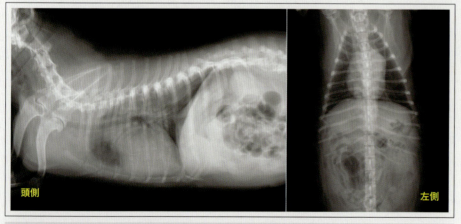

図1-148　X線フィルムの置き方
読影の際、ラテラル像の場合は、LL、RL像に関係なく、頭側を左側に置く。また、DV、VD像どちらの場合でも、読影の際には動物の左側が読影者の右になるように置く。

腹部X線

腹部のX線検査は、超音波検査の発展によって以前ほどの重要度はなくなってきている。単純X線では臓器の陰影しか検出できないのに対して、超音波検査では臓器の内部構造をみることができるため、超音波検査は診断に極めて有用である。しかし、超音波検査では腹部の全体像をつかむことは難しい。一方で、腹部単純X線検査は麻酔等を必要とせず、腹部臓器全体の様子をおおまかに把握できることからスクリーニング検査として有用である。また、消化管穿孔などに起因する遊離ガスを発見したり、イレウス等による消化管内の異常なガス貯留を検出する際にも有用である。

1 腹腔

- 腹腔内臓器は、腹腔内の脂肪とのX線吸収の違いにより描出される。
- 腹腔内に脂肪がない場合には、腹腔臓器のコントラストは悪くなる。しかし、通常の成熟動物は、たとえやせ気味であっても十分な脂肪がついていることが多い。
- 体型によっては描出が悪くなる。例えばサイトハウンドなどの胸郭が深く体幅が薄い動物では腹腔臓器の良好なコントラストを得ることは難しい。
- 腹腔のコントラストが低下する原因には以下のようなものがある。
  > 腹水が存在する（図 1-149）。
  > 腹腔内の脂肪が少ない（栄養状態が極めて悪い：図 1-150）。
  > 生後数カ月以内の幼齢動物（腹腔内の脂肪が少ない：図 1-150）。
  > 腹膜炎（滲出液などがあるため）。
  > 被毛が濡れている（超音波のゲルがついている：図 1-118 参照）。
- 腹腔内のコントラストの程度は、脂肪の量と腹腔内の水分量により決まる。
- 多くの疾患では、腹腔内にのみ液体が貯留するので、後腹壁のコントラストは変化しないことが多い。

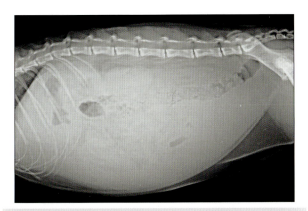

図 1-149　多量の腹水貯留がみられる症例
腹腔内のコントラストが低下しており、肝臓や脾臓などの輪郭がわかりにくい。

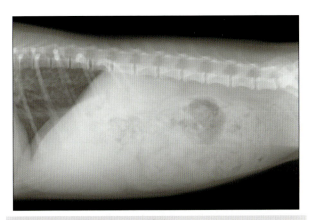

図 1-150　若齢動物のX線像
腹腔内の脂肪が少ない動物ではコントラストが低下する。そのため腹水の貯留と間違えやすい。一般に若齢動物では、脂肪が蓄積されていないため、X線で腹腔臓器のコントラストがつきにくい。

- 後腹壁のコントラストが低下する原因としては以下の原因がある。
  > 後腹壁への液体貯留：出血、尿の漏出、炎症、膿瘍など（図 1-151, 1-152）。

- 膵炎では局所的な浮腫や液体貯留により、X線不透過領域（右上腹部）がみられることがある（図 1-153）。

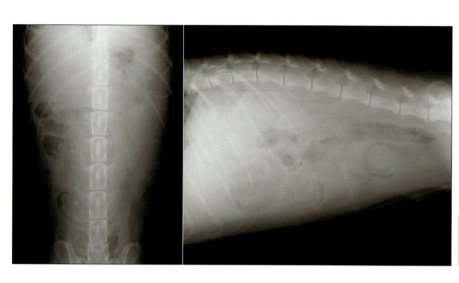

図 1-151 後腹壁への液体貯留がみられた症例
腎臓の陰影が確認しにくい。

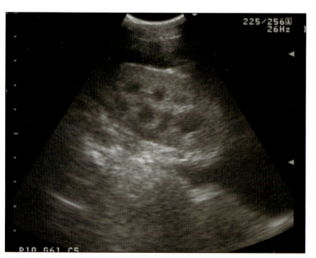

図 1-152 後腹壁の液体貯留
超音波検査を利用すれば容易に検出することができる。

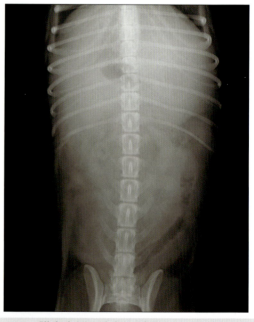

図 1-153 膵炎症例の腹部X線像
右上腹部のX線透過性が低下している。膵炎を疑う所見ではあるが、X線像から膵炎を診断することは難しい。血液検査や超音波検査で診断する。

■腹腔内の石灰化

- 腸間膜の脂肪の石灰化がみられることがあるが、退行性変化で臨床的には重要ではない。
- 腹腔内血管の石灰化も時にみられる。クッシング病など代謝異常に関連することがある（図1-154, 1-155）。
- 胆石、腎結石、膀胱結石、消化管異物などとの鑑別が必要である。

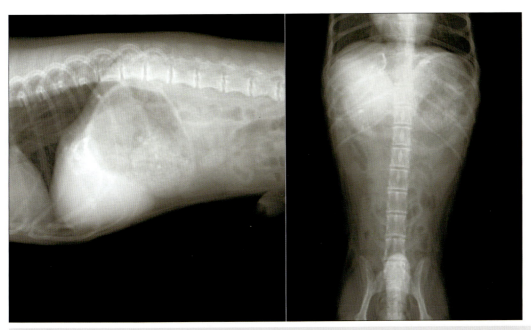

図1-154 肝内に石灰化像がみられる症例

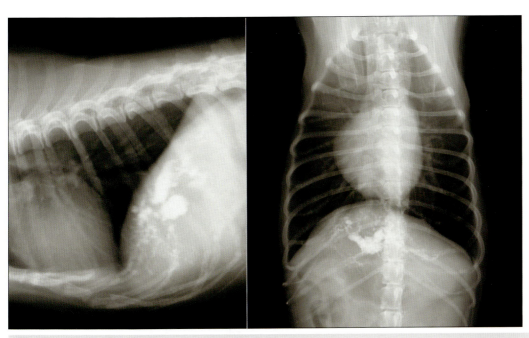

図1-155 肝内に石灰化像がみられる症例

■腹腔内の遊離ガス

- 外科処置（開腹）や外傷：外科処置後は数日〜数週間ガスが腹腔内に残ることがある。
- 手術以外では腹腔内臓器（特に消化管の穿孔）が原因のことが多い。
- ガスの量が増えれば腹腔臓器のコントラストが明瞭になり、ガスは容易に確認できるようになる（図1-156）。
- ガスが少量の場合にはガスが他の臓器と重なるため通常のX線撮影では描出しにくい。
- 少量のガスは腹腔内の一番高い位置に集まる。ラテラルのポジションでは通常肋骨の中央付近に集まる（図1-157, 1-158）。
- ガスが少量で通常の撮影法で確認できない場合には、X線を水平に照射するとガスは腹腔内の一番高いところに集まるので、観察が容易になる（図1-159）。
- 後腹壁にガスが認められることがあるが、通常縦隔気腫に関連する。ラテラル像で描出されやすい。

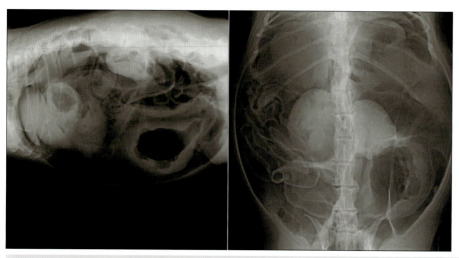

図1-156　腹腔内に大量の空気がみられる症例
外傷や穿孔に起因することが多い。この症例では膀胱内にもガスがみられる。

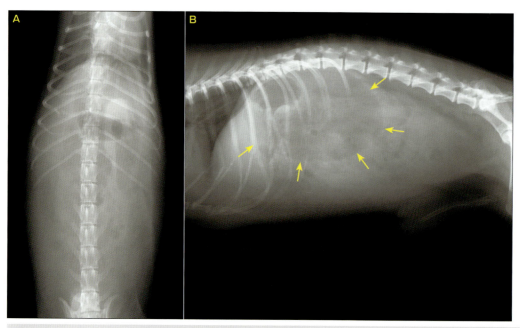

図1-157　消化管からの穿孔により気腹がみられる症例
Aのポジショニングではガスが少量で、この写真から確認することは難しいかもしれない。Bのラテラル像での撮影では、腹腔内の高い位置に集合しているガスが確認できる（矢印）。

X線検査

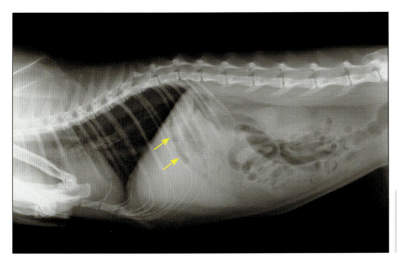

図 1-158　腹腔内ガスがみられた症例
この症例では、腹腔内ガスの貯留が少ないため、確認が難しい。しかし、矢印に示す位置にガスが描出されている。

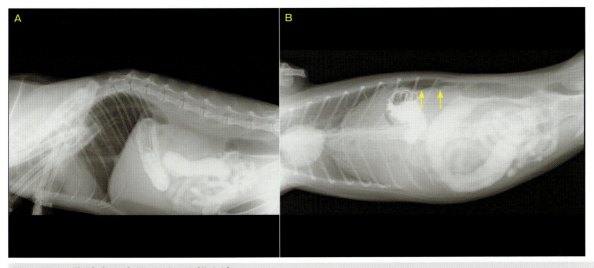

図 1-159　腹腔内の少量のガスの描出法
Aは伏せの姿勢でX線を水平方向から入れてラテラル方向で撮影している。腹腔内のガスが少量の場合、立位にしてX線を水平方向に照射することにより、ガスが腹腔内の高い位置に集まって検出が容易になる。Bは右下横臥位でX線を水平方向に照射している。ガスが溜まっている様子がわかる（矢印）。

> ### 診療のポイントとピットホール
>
> 　腹腔内のガスを超音波で検出することは難しい。外科手術後や外傷など明確な理由がない腹腔内ガスは穿孔と関連することが多い。穿孔の場合、腹膜炎のため、動物の状態も急激に悪化することが多い。迅速な外科的処置が必要となるので腹腔内ガスを見逃さないように注意すること。

② 腹壁の異常

腹壁の異常としては、鼠径ヘルニアや臍ヘルニアがあげられる。通常触診で診断可能であるが、小さなヘルニアや臨床的に重篤になりうる陥頓ヘルニアによるガス貯留を見落とさないようにする。

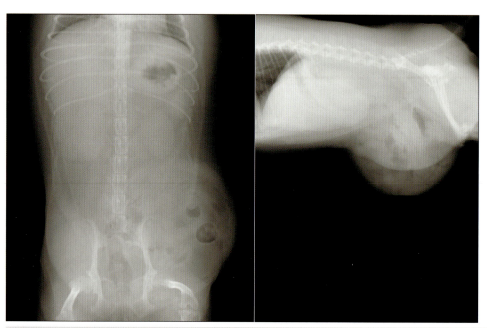

図 1-160　鼠径ヘルニアの症例
腹膜のラインを超えて陥入している消化管内のガスが描出されている。

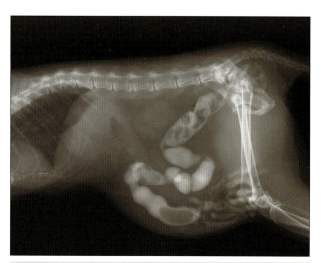

図 1-161　鼠径ヘルニアの症例
直腸内に造影剤を入れることで消化管を造影している。鼠径ヘルニアへの消化管の陥入が観察できる。

- 腹腔周辺の軟部組織（皮下組織など）にガスがみられる場合には、以下に示すようないくつかの原因が考えられる。
  > 擦過傷により皮下にガスが侵入している。
  > 腹腔にそってガスがみられる（気腫）ときは、開放性の外傷、上部気道の穿孔、前縦隔気腫など。
  > ヘルニアを起こしている消化管内のガス（図1-160）。消化管ヘルニアが疑われるが確定できない場合には、バリウム造影を行うことにより明瞭に描出できる（図1-161）。

3 腹部の臓器

腹部臓器の見え方の概略を図1-162, 1-163に示した。

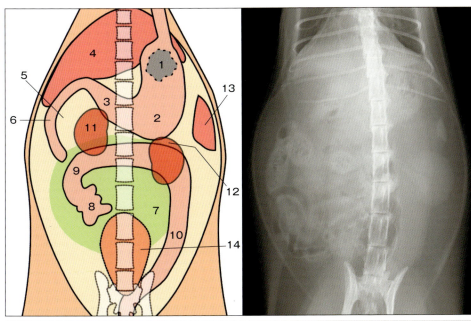

1：胃内のガス
2：胃底
3：胃の幽門洞
4：肝臓
5：膵臓付近
6：十二指腸
7：小腸
8：盲腸
9：上行結腸
10：下行結腸
11：右腎
12：左腎
13：脾臓
14：膀胱

図1-162 腹部臓器の見え方
Aは腹腔内の模式図であり、Bは太った猫の実際のX線像。腹腔内の脂肪組織のため、臓器が明瞭に観察できる。
(イラスト：山口大学／下川孝子先生)

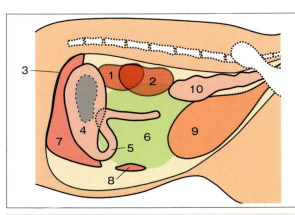 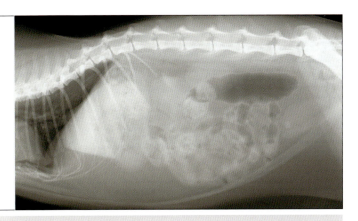

図1-163 腹部臓器の見え方
Aはラテラル像の模式図。Bは太った猫のラテラル像。
1：右腎、2：左腎、3：横隔膜、4：胃、5：幽門、6：小腸、7：肝臓、8：脾臓、9：膀胱、10：結腸
(イラスト：山口大学／下川孝子先生)

4 胃

- 肝臓の尾側にある（図 1-162, 1-163）。
- 胃に内容物があると他の臓器の陰影が観察しにくいので絶食させた方がよい。
- 胃内に液体貯留がある場合には、胃壁の描出が悪い。
- 一般に犬では胃軸（噴門、胃体、幽門を結ぶ線）は、ラテラル像で脊椎と垂直から肋骨に平行である（図 1-164, 1-165）。胃軸は肝腫大の評価に目安として用いられる。
- ラテラル像では、幽門は胃体に重なって描出される（図 1-164, 1-165）。
- DV、VD 像では噴門部、胃体は左側に幽門部は右側に描出される（図 1-166）。
- 幽門部は DV 像で右 1/4、第 10～11 肋骨付近に描出されることが多い（図 1-166, 1-167）。
- 若齢犬では、幽門はより中央部に位置することがある。

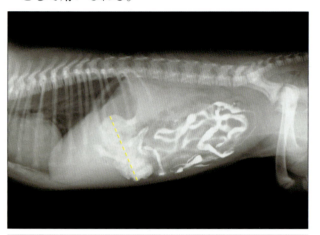

図 1-164 犬の胃の位置を示した若齢犬のバリウム造影像
図中の点線は、胃軸を示している。肝臓サイズの評価などに用いられる。ラテラル像では、幽門は胃体と重なって描出される。

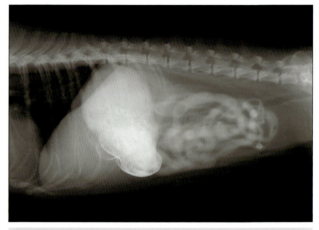

図 1-165 胃の形を示した造影像（アミドトリゾ酸；ガストログラフィン）
左下横臥位で撮影。胃体、胃底部に造影剤が溜まっている。拡張した胃が観察できる。

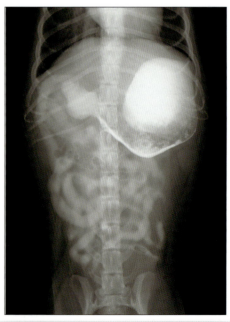

図 1-166 図 1-165 と同一症例の造影像
VD で撮影。胃底付近に造影剤が貯留している。

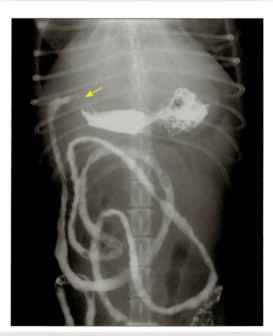

図 1-167 消化管造影
幽門部（矢印）は、右 1/4 付近の第 11 肋骨付近に描出されている。

- DV、VD像で胃が脊椎と垂直になる場合には、胃角が描出されないことがある（図1-167参照）。
- また、胃はU字型に描出されることもある（図1-166参照, 1-168）。
- 猫ではDV、VD像で胃角が鋭く描出され、幽門は犬に比べ正中近くに描出される（図1-169）。
- 造影剤を使用したときの胃の見え方はポジショニングにより大きく異なる。
  > VD像では噴門や幽門に造影剤が集まる（図1-166参照）。
  > DV像では胃体部に造影剤が集まる（図1-168, 1-169）。
  > 左下では噴門や胃体に集まる（図1-165参照）。
  > 右下では幽門洞に液体が貯留する。
- 胃の皺壁はバリウム造影でみることができる場合がある（図1-168, 1-169）。
- 胃壁の評価は胃の拡張の程度に左右されるため、主観的である。動物では発泡性造影剤があまり使用されないため、潰瘍等の存在の評価も難しい。粘膜の異常の検出には内視鏡検査が適している。
- 猫では、胃の皺壁は犬よりも小さく数も少ない。
- バリウム投与後、正常な動物では15分以内に胃から流出し始め、1〜4時間で空になる。
- バリウム量が少ないと胃からの流出が遅くなる。
- 胃からのバリウムの流出の遅延は動物の心理的な状態によっても左右されるので、多少の遅れは臨床的には問題にしない。

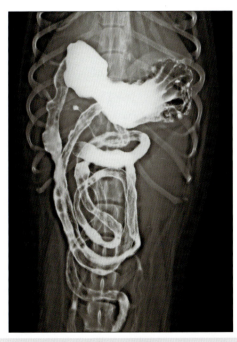

図1-168　バリウム造影のDV像
造影剤は大弯に多く残っている。この症例では、胃はU字型にみえている。十二指腸の拡張がみられる。

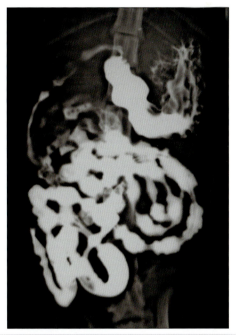

図1-169　猫の消化管造影
胃角が犬よりも角度が鋭く、幽門が正中付近に位置している。

- 胃の位置の変化は他臓器の異常の指標になる。
  > 胃の尾側、背側への変位は肝腫大の指標（図1-170）。
  > 胃の頭側への変異は小肝症や横隔膜ヘルニアに関連（図1-171）。
- 胃の中に異物がみられることもある。
  > 二方向の撮影で異物が胃内にあるかどうか確認すること（図1-172, 1-173）。
  > X線透過性の異物（例えば、竹串や布など）は、X線では判断しにくい。しかし、空腹であるはずなのに胃内に多くの内容物がある場合には異物を疑うべきである。

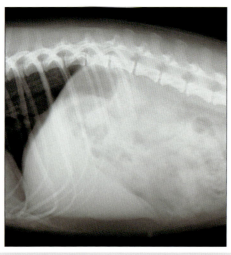

図 1-170　肝腫大の犬
胃軸が通常よりが倒れている。

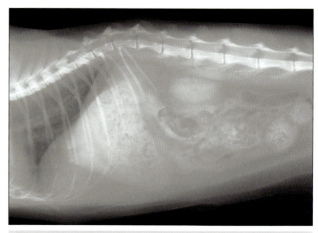

図 1-171 小肝症の猫のX線像
肝臓が小さいため、胃が横隔膜近くにみられる。

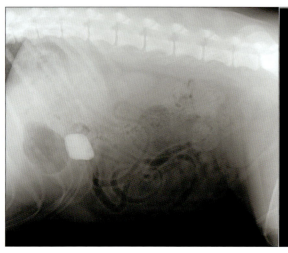

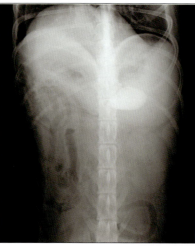

図 1-172　胃内異物
胃内に石と思われるX線不透過性の異物がみられる。2方向で撮影することで、異物が胃内にあるか判断できる。

X線検査

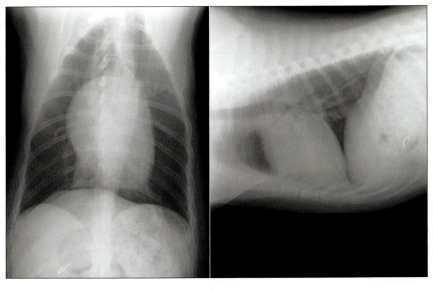

図 1-173 胃内異物
胸部Ｘ線撮影のときに偶然発見された釣り針。食事が胃内に大量に残っており、この状況では内視鏡による摘出は難しい。この症例では、運良く針は自然に排泄された。

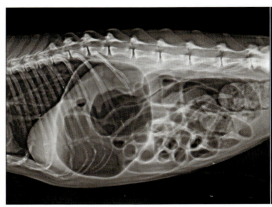 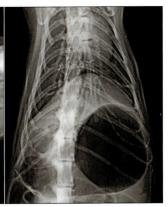

図 1-174 著しい消化管のガス貯留
食道、胃、消化管に著しいガス貯留が認められる。

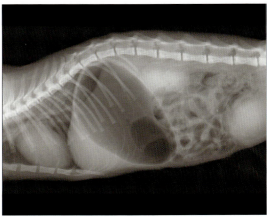 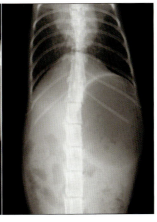

図 1-175 猫のラテラル像
著しい胃の拡張が認められる。

■胃の拡張

- Ｘ線透過性のガスの貯留として描出される（図1-174, 1-175）。
- 胃拡張は胃運動の停滞、痛み、呼吸不全による呑気で起きることがある。
- 胃拡張では解剖学的な配置（幽門の位置）は変わらない（胃捻転では変わる）。

■胃捻転

- 多くの例で緊急の外科的介入が必要である。まず、胃拡張と迅速に鑑別しなければならない。
- 胃捻転のX線写真での見え方はガスの貯留の程度や捻転の程度により異なる。
- 胃捻転では幽門が左へ、胃体は右へ変位する。
- 捻転でも少量のガス貯留しかみられないこともある（図1-176）。
- 胃の中に軟部組織の突起状構造により胃内が分割されたようにみられることがある。これは捻転した胃壁であり、胃捻転を示唆する重要な所見である（図1-176, 1-177）。
- 胃捻転の検出にはラテラル像が有効である。幽門部が変位しているため、右下（RL）では幽門が上側に存在し、ガスが入った幽門洞が観察される。一方、左下（LL）の撮影では幽門動は下側に位置することになり、胃内の水分で満たされる。
- 胃捻転ではうっ血のために脾腫がみられることが多い（図1-176, 1-177）。

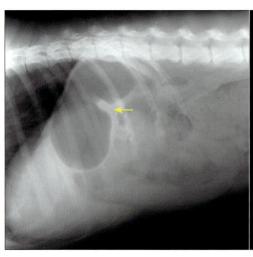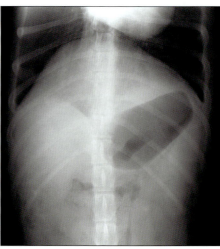

図1-176 グレート・デーンの胃捻転の症例
ラテラル像で捻転を示唆する突起状構造（矢印）が認められる。この症例では、胃はあまり拡張はしていない。慢性の食欲不振で来院していた。DV像では捻転を診断するのは難しい。

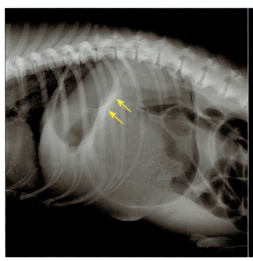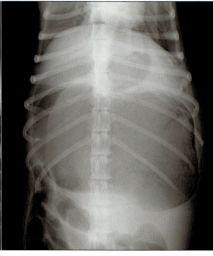

図1-177 胃捻転の典型的なX線像
胃捻転に関連した突起状構造（矢印）がみられる。

■幽門の通過障害
- 胃からの造影剤の排出が遅延する。
- 前庭粘膜の過形成や幽門筋の肥大など幽門の通過障害では、時にわずかな造影剤が幽門に流入するクチバシ像がみえることがある（図1-178）。

■胃の腫瘍
- 胃の腫瘍としては、犬では腺癌、猫ではリンパ腫が多い（図1-178 〜 1-180）。
- 犬の腫瘍は幽門洞に多くみられる。
- 腫瘍は陽性造影で欠損像としてみられることがあるが（図1-180）、小さな病変は観察しにくい。びまん性の腫瘍はX線では描出しにくい。
- 腫瘍が肥厚した胃壁として描出されることがある。しかし、評価は主観的。超音波で観察できる部位ならば超音波検査の方が正確である。粘膜面に病変が存在する場合には内視鏡が有用である。
- 胃の潰瘍をX線で描出できることは少ない。
- 慢性腎不全やクッシング病など代謝性疾患のある症例で胃壁の石灰化がみられることがある。

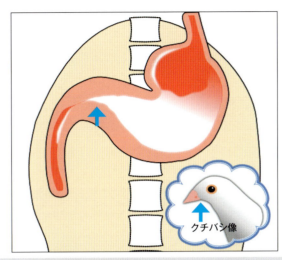

図1-178　幽門の通過障害
幽門部が狭窄しており、その部分が欠損像（造影剤が流入していない部位）として認められる。
（イラスト：山口大学／下川孝子先生）

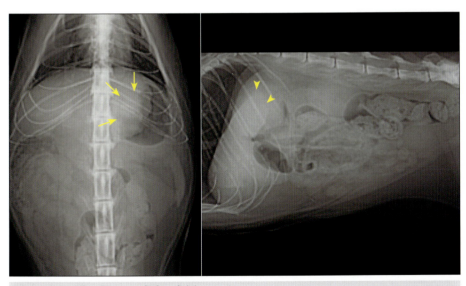

図1-179　猫の胃リンパ腫の症例
小弯にX線不透過の陰影（矢印）が認められる。ラテラル像の矢頭の領域にX線透過性が低下した領域が認められる。

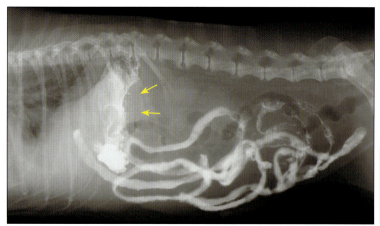

図1-180 胃の尾側の腫瘤状の病変による欠損像（矢印）
粘膜面から造影剤がわずかに入り込んでおり、粘膜面にも病変があることが推測される。胃の腺癌であった。

診療のポイントとピットホール

　超音波検査や消化管内視鏡などX線以外の診断機器も発達している。疑っている疾患によって最適な検査を考えるべきである。消化管バリウム造影は、主に通過障害が疑われる場合に行われることが多い。胃潰瘍や腫瘍、異物が疑われる場合には、生検も兼ねて内視鏡検査が考慮される。しかし内視鏡検査は十二指腸よりやや尾側の領域までしか観察することはできない。超音波検査は消化管の壁構造を観察するためには優れた方法で、形態変化を伴う病変を観察することができる。ただし、消化管に大量のガスが溜まっている場合やバリウム造影を行った後には観察が難しくなる。適応する検査と手順について、合理的に診断計画を立てること。

5 小腸

　X線検査は、異物や通過障害を診断するために有用である。消化管壁の観察には、超音波検査が優れている。

- 小腸の太さの評価は難しいが、大まかな指標は以下のとおり。
  - 犬では、小腸の幅は腰椎の中央部の太さを超えない、または肋骨の太さの2倍を超えない。
  - 猫では12mm以下、またはL4の中央部の太さの2倍を超えない。
- X線では腸の内容物もほぼ同じX線吸収度になるため腸管壁の厚さを評価することは難しい。超音波で評価した方がよい。
- 腸内容物に水様のものを含む場合には消化管壁が肥厚しているようにみえる（図1-181）。

X線検査

- 腸管の配置は腹腔臓器との位置関係で変化する。
  > 肥満の猫では、腸管は中央、右に集まるようにみえる（図1-162, 1-163参照）。
- 十二指腸近位の湾曲部は肝臓と固定されており、そこからまっすぐに尾側へと伸びる（図1-182）。
- その後、小腸は遠位のループをとおり胃の大弯へ向かう。それより遠位では固定されていない（図1-183）。

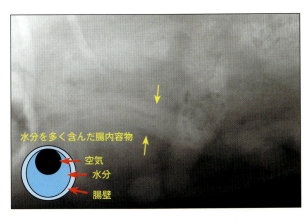

図1-181　小腸のX線像
消化管に水分が溜まっている場合には、空気が上層に集まり、消化管内容物と消化管壁が重なるため、見かけ上、消化管が肥厚しているようにみえる（矢印）。しかし、実際の腸壁の厚さとは関係ない。誤診しないように注意する。

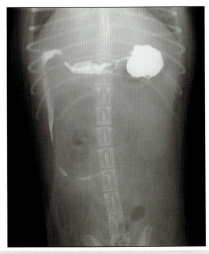

図1-182　十二指腸の走行方向
バリウム造影で十二指腸の走行を確認している。十二指腸は右側・外側を直線状に走行する。

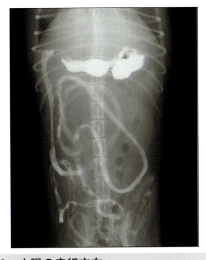

図1-183　小腸の走行方向
十二指腸はまっすぐ尾側へ伸び、固定されている遠位ループをとおり、胃の大弯方向へ走行する。それより後は固定されていない。

- 猫では、幽門と十二指腸の湾曲の角度は犬よりも鋭い（**図1-169参照**）。
- 小腸の漿膜の輪郭の明瞭さは腹腔内の脂肪や腹水などにより影響を受ける。脂肪が多いと明瞭に、腹水があると不明瞭になる。
- イレウスとは、食物等が消化管を通過できない状態のことである。
  > イレウスの原因としては、物理的（腫瘍や異物）、機能的（神経等）なものがある。診療ではまず外科的介入が必要な物理的な閉塞の有無を判断することが重要。
  > 小腸に拡張がみられる場合はイレウスを疑う。
  > 拡張が部分的な場合、拡張している腸の最も肛門側に通過傷害の原因があることが多い（**図1-184〜1-186**）。
  > X線で拡張した腸が平行に走行する像（stacked loop）は、物理的なイレウスを疑わせる所見である（**図1-187**）。
  > 不整で蛇行した腸はひも状異物や漿膜面での癒着を疑わせる（**図1-188**）。

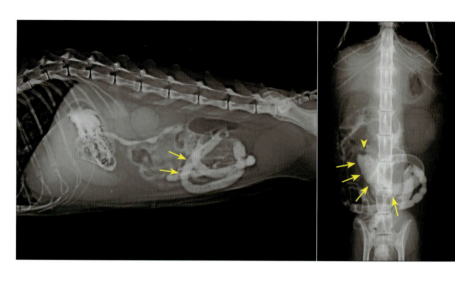

図1-184　慢性の食欲不振の猫の消化管造影
アミドトリゾ酸（ガストログラフィン）による造影で、矢印の部分で小腸の拡大がみられる。その遠位での閉塞・狭窄が示唆される。DV像の矢頭の部位で閉塞していると思われる。

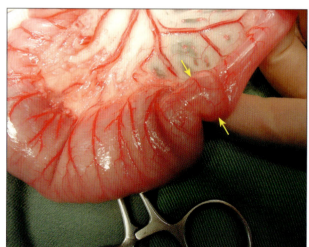

図1-185　図1-184と同じ症例
消化管に腫瘤があり（矢印）、その吻側の消化管は拡張している。病理組織は腺癌であった。

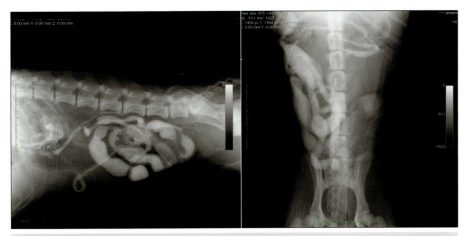
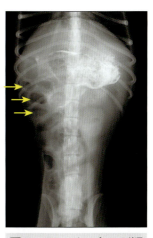

図 1-186　通過障害のある症例のラテラル造影像
小腸の遠位が拡張している。拡張している部分で、口から一番遠い位置に通過障害の原因があることが多い。

図 1-187　イレウスが疑われる症例
拡張した消化管が平行に折り重なって走行している（矢印）。

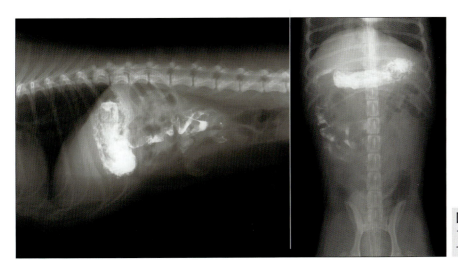

図 1-188　ひも状異物の症例
アコーディオン状に折り重なった十二指腸がみられる。

■**消化管造影**

以下のような場合に適用を考慮する。

- イレウスが疑われるが、通常のX線検査では確定できない場合。
- 通常のX線検査で確認できないが、異物が疑われる場合。しかし、造影してもわからないことが多い。上部消化管で内視鏡が届く範囲では、摘出できる可能性もあるため内視鏡検査を優先した方がよい。
- 消化管の走行や位置を確認したい場合（例えば、横隔膜ヘルニア）。
- 他臓器との位置関係を明確にしたい場合。

- 現在では、超音波検査、CT、内視鏡検査なども利用できるようになっている。バリウム検査を行うとこれらの検査の実施が困難になる場合があるので注意する。使用される造影剤は以下の通り。

> **硫酸バリウム**：通常第一選択。安価。穿孔が疑われる場合には、腹腔内などに漏出すると炎症を起こすおそれがあるため使用しない。用量は濃度60％で6～10mL/kg程度とされるが、100％で2～6mL/kg程度でもよいだろう（図1-164参照）。

- > ヨード系イオン性造影剤（例：ガストログラフィン）：漏出しても吸収されるため、消化管穿孔が疑われる場合に選択する。浸透圧が高く腸管内に水分を引き込み希釈されてしまう。バリウムよりも描出はよくない。1～2mL/kgが使用の目安となる（図1-164, 1-165参照, 図1-189, 1-190）。
- > 非イオン性造影剤（例：イオヘキソール等）：浸透圧は高くないため、イオン性造影剤と比較すると消化管内であまり希釈されない。やや高価。240～300mgI/mLを3倍に希釈して10mL/kgで用いるが、実際使用されることは多くない。
- 猫では、十二指腸の部分が分節状にみえることがあるが、これは正常な所見である（図1-190）。
- 猫では、十二指腸や小腸に線状の欠損像がみえることがあるが、これは拡張していない小腸粘膜が折りたたまれるためであり正常な所見である（図1-191）。
- しかし、時に回虫なども線状の欠損像としてみえることがある（図1-191の矢印）。

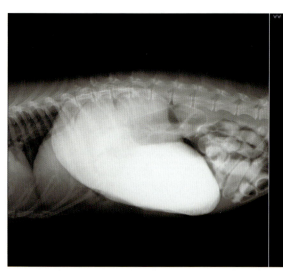
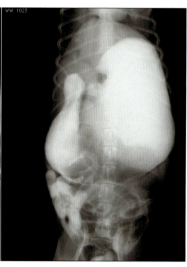

図1-189　ヨード系造影剤を大量に投与したときのX線像
浸透圧が高く消化管内に多くの水分を引き込んでしまい、胃拡張となっている。

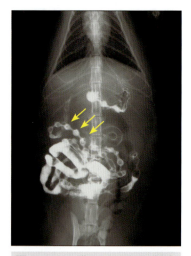

図1-190　猫のバリウム造影
消化管が分節状にみえている（矢印）が、これは正常な所見。この症例では、遠位で腸の拡張がみられ、イレウスが疑われる。

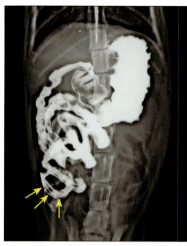
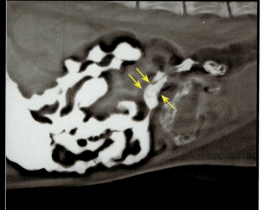

図1-191　猫の消化管バリウム造影
腸が分節状にみえているが異常所見ではない。また、左のDV像では消化管の折りたたみによるラインがみられている（矢印）。この症例は回虫寄生もあり、ラテラル像で回虫の陰影も描出されている。

- 犬でも十二指腸や小腸が分節状（図1-192）または十二指腸が房状（フリンジをつけたように）にみえることがある。通常外側に円錐状に描出され、内側の粘膜は平滑に描出される。これは正常な所見である。
- 不整な粘膜や欠損像がみられた場合には、潰瘍、炎症性腸炎、ポリープ、腫瘍などを疑う（図1-193）。正常な蠕動との鑑別が難しい場合には、時間をおいて再度撮影するとよい。しかし、X線で異常が検出されるような病変は、超音波検査でも描出できる。炎症性腸疾患は重症例を除き、X線で異常がみられることは少ない。内視鏡生検により組織学的に診断することが多い。
- 造影剤の通過時間が著しく長い場合には異常である。犬では投与後5時間以内に小腸から流出する。
- 造影剤の通過時間が著しく短い場合には過剰な蠕動運動が考えられる。原因として多いのは、急性の腸炎、漿膜面の刺激（例：腹膜炎）、下痢などによる便量の増加など。
- 時に小腸の痙縮に伴うと思われるヒダ状陰影（コルゲートサイン）が描出されることがある（図1-194）。

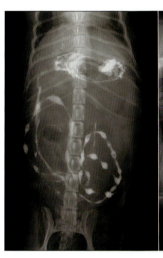
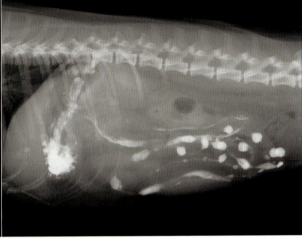

図1-192 犬の消化管バリウム造影像
蠕動に伴い小腸が分節状に描出されている。異常所見ではない。

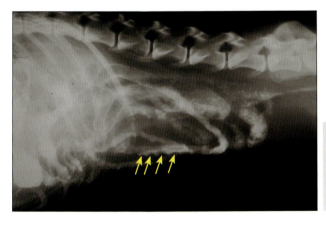

図1-193 犬の消化管バリウム造影像
矢印の部位に造影剤欠損像が描出されている。潰瘍、炎症性腸炎、ポリープ、腫瘍などが疑われる。しかし、造影検査でこのような異常がみられるのは一部の症例のみである。正常の蠕動との鑑別が難しい場合には、時間をおいて撮影するか、超音波検査で確認するとよい。炎症性腸炎の症例であった。

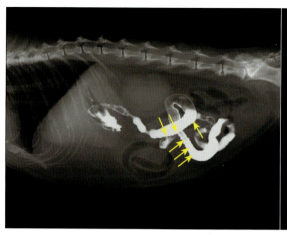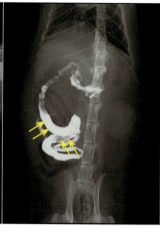

図 1-194 小腸のヒダ状の陰影像
一部の消化管壁に痙縮に起因すると思われるヒダ状構造が描出されることがある（矢印）。

❗ 診療のポイントとピットホール

　超音波検査では、消化管内でのガス貯留のためイレウスを発見するのが困難なこともある。その場合にはX線造影検査が重要になる。イレウスの経過時間が長ければ通常、狭窄（閉塞）部位の吻側が拡張する。その所見を見逃さないようにする。X線検査である程度、障害部位が判明すれば、超音波等で詳細な観察を行い、異物や腫瘍などの原因や外科的処置を行うための有用な情報が得られることがある。

6　大腸：走行の異常、重積、便秘などを評価する。

- 結腸は上行結腸、横行結腸、下行結腸に便宜的に分けられる（図 1-195）。
  > 上行結腸は位置的に十二指腸に隣接している。
  > 横行結腸は胃の大弯に隣接している。
  > 下行結腸は左腎や膀胱に隣接している。
- 盲腸は腹部の右側にある。
  > 犬ではC型に描出され、空気を含んでいることが多く、X線写真でも空気を含んだ像がよくみられる（図 1-196）。
  > 猫はコーン型で構造上、含気していないことが多い。
- 直腸病変の観察のために造影検査が行われることがある（図 1-197）。
- 造影剤としてはバリウムが用いられ、用量は5mL/kg程度であろう。しかし、粘膜病変などが疑われる場合には生検を行うべきで、内視鏡検査を優先して考えた方がよい。
- 直腸の走行異常が検出されることがある（図 1-198）。

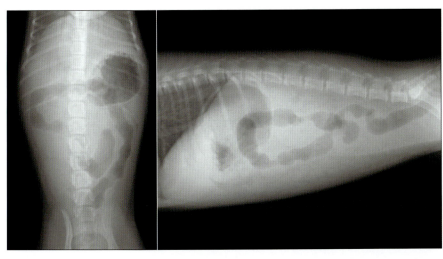

図 1-195 結腸の位置
この症例では結腸にガスが貯留しており、結腸の走行が観察しやすい。結腸内のガス貯留は、異常ではない。この症例では、腹水のためか腹腔内臓器の陰影がはっきりしない。

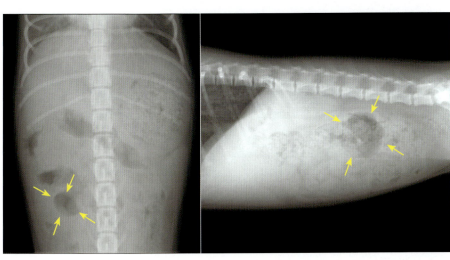

図 1-196 盲腸の位置
盲腸は腹腔内右側に固定されている（矢印で囲んだ領域）。犬ではガスを含んでいることが多く、X線で観察できることが多い。

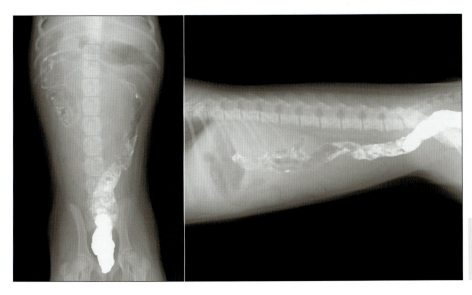

図 1-197 注腸バリウム像
肛門からバリウムを注入して結腸の走行を観察している。この症例では、走行に異常は認められない。

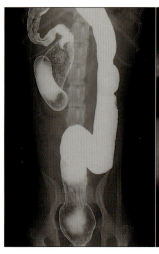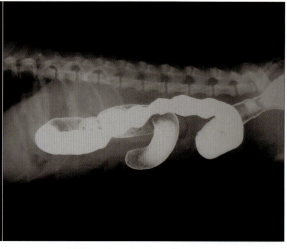

図1-198 下痢の症例の注腸バリウム像
突然の激しい下痢で来院した症例で、下行結腸で結腸が折れ曲がってしまっている。

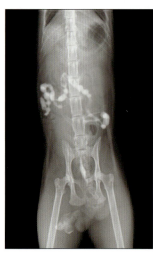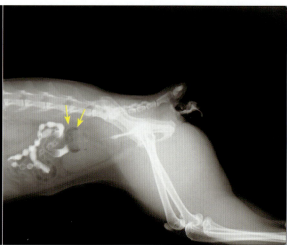

図1-199 脱肛の症例の注腸バリウム像
ヨード系消化管造影剤(ガストログラフィン)を約3倍希釈して造影している。造影剤は肛門から注入しているが、上行結腸、横行結腸の構造がみられず、下行結腸のすぐ頭側に小腸の構造が造影されている。ラテラル像では、重積に伴うガス貯留(矢印)がみられる。脱出していた腸は重積によるものだった。

- 直腸造影は重積の診断に用いられることがある(図1-199)。しかし、超音波検査を優先した方がよいだろう。
- 造影剤や器具の刺激により腸の痙縮がみられることがある。
- 結腸の部分的な拡張は、腸重積や骨盤の骨折、腫瘍などによる物理的な通過傷害に起因することが多い。
- 結腸の全体的な拡張は巨大結腸症でみられ、通常大量の便の貯留がみられる(図1-200)。特に猫での発生が多い。
- 造影などにより不整な粘膜が認められる場合には炎症や腫瘍を疑う。慢性の大腸性下痢などがみられる場合には、内視鏡検査を優先する。
- 時に、造影時に結腸の狭窄がみられることがある。その原因として、痙縮(造影剤等の刺激によるアーチファクト)、炎症、腫瘍などを考慮する。
- 会陰ヘルニアは老齢の雄犬で好発する。通常、外観と触診、直検で診断可能であるが、膀胱の陥入等を評価するためにX線検査を行うことがある(図1-201, 1-202)。

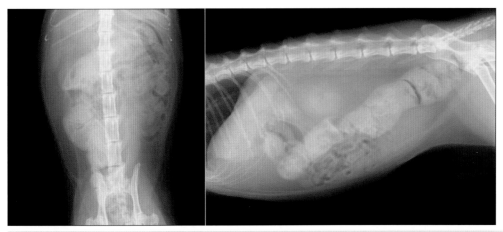

図 1-200　猫の巨大結腸症
大量の糞塊が貯留している。難治性の場合には、結腸の摘出／亜摘出が適応される。

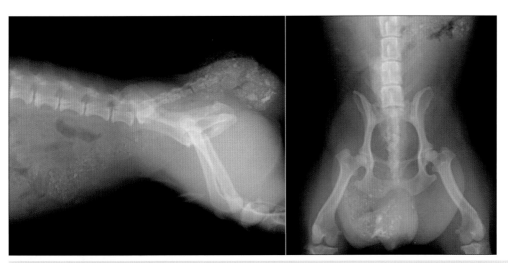

図 1-201　会陰ヘルニアの症例
会陰部に大量の糞便が貯留している様子がわかる。通常外観と直腸検査で診断可能である。ヘルニア陥入部に大量の糞塊が貯留している。

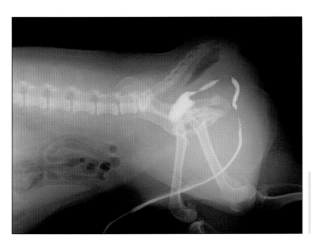

図 1-202　会陰ヘルニアの症例
この症例のように、時に膀胱がヘルニアへ陥入し、排尿障害を呈することがある。膀胱造影（陽性）により、膀胱の位置を確認することができる。

コラム④ X線の黒いところと白いところ

そもそもX線で体の内部が見えるのはなぜだろうか？ 我々の肉眼では内部の臓器は見えない（見えたらちょっと気持ち悪い）。これは我々の眼で捕らえている可視光は体を通過することができないためである。一方、可視光よりもずっとエネルギーの高いX線は、動物の体を通過してフィルムまで届き、フィルムを感光させて黒くなる。さて、X線は動物の体を透過する過程でいろいろな組織に吸収される。空気を含む領域はX線をほとんど吸収せずに通過させるので黒っぽく現像される。肺、気管の内腔、消化管のガスなどがこれにあたる。次に生体内でX線をよく通す組織は脂肪である。猫では腹腔内に脂肪がつきやすい。肝臓と肝臓の腹側にある脂肪組織を比較すると、脂肪組織の方が黒く写る（図1-203）。次にX線をほどほどに吸収するのが、腹水や尿などの液体である。しかし、肝臓や腎臓などの実質臓器によるX線の吸収と比べて大きな違いがないため、単純X線では腹水が溜まると実質臓器が見えにくくなる。骨、結石、石灰化した組織はX線をよく吸収するためフィルムでは白っぽく写る。一番X線を通さないのが金属である。通常体内に金属はないが、誤って食べた異物、手術のスクリューやプレート、個体識別用のマイクロチップなどがフィルムに写り込むことがあるので、病変と間違えないように注意する（図1-204）。それぞれの組織のX線透過性はCTではCT値という値で数値的に表される。CT値は空気を-1000、水を0として表現される。肝臓などの実質臓器は30-70HU（CT値の単位）であり、水（0HU）よりも若干高い。CTを用いれば、単純X線では表現されにくい腹水中の実質臓器を識別することが可能である。

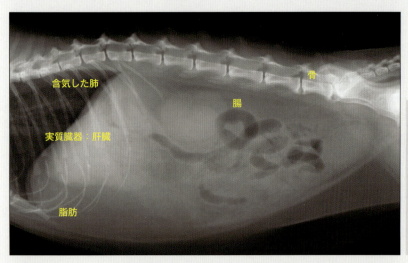

図1-203　猫のX線像
X線フィルムでは、X線を透過しやすい組織ほど黒く写る。空気は最もX線を通すので、含気した肺や、ガス貯留のある腸は黒く描出される。脂肪は、水や実質臓器よりもX線を通すので、空気より白く、実質臓器よりも黒く描出される。写真の症例は、腹腔内に多くの脂肪があるため、肝臓がわかりやすく描出されている。また、後腹壁に存在する脂肪の影響で腎臓の輪郭もきれいに描出されている。骨はX線を吸収しやすく、体内の組織のなかでは最も白く描出される。

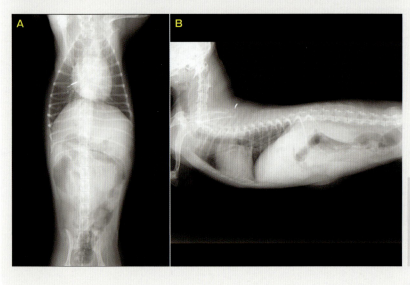

図1-204
AのVD像では、心臓付近にX線不透過の異物がみられる。Bのラテラル像では、異物は背側の皮下に存在することがわかる。位置や形状からマイクロチップと考えられる。金属はこのように白く描出される。

7　肝臓

　X線では臓器の輪郭が評価されるのみである。X線で異常が疑われた場合には、超音波検査で内部構造も含め詳細に観察する。

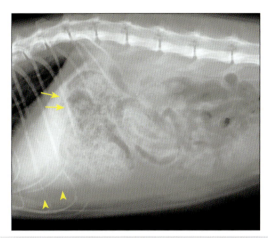

図 1-205　猫の肝臓
肝臓腹側の脂肪（矢頭）のため肝臓の腹側面がよく描出される。肝臓は尾側で食物の入った胃と接している（矢印）。

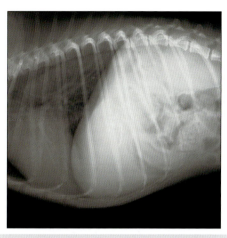

図 1-206　胸郭の深い犬のX線ラテラル像
肝臓がほとんど肋骨の中にある。

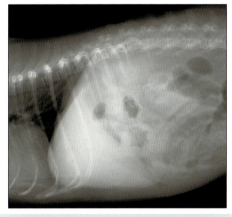

図 1-207　胸郭の浅い犬のX線ラテラル像
肝臓の尾側辺縁は肋骨を越える。

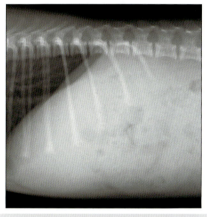

図 1-208　まだ椎体の成長板がみえる若い犬のX線像
若齢では、肝臓は成犬に比べ相対的に大きい。また、腹腔内に脂肪がついていないため腹腔内臓器のコントラストが悪い。

- 肝臓の前面は横隔膜と接する。
- 左右は腹壁とほぼ接するが、脂肪がある場合には肝臓の辺縁が描出される。
- ラテラル像で、腹側の辺縁には通常脂肪が存在するのでよく描出される（図 1-205）。特に猫で明瞭である。
- ラテラル像では、肝臓の背側面はさまざまな構造が重なってうまく描出できないことが多い。
- 右の腎臓の頭側縁と接する。
- 腹部の中央付近では胃の頭側縁と接する（図 1-205）。
- VD、VD像では、肝臓の尾側縁は右側で十二指腸、右腎の頭側縁、幽門と接する（図 1-162, 1-163 参照）。
- 胸郭の深い犬では、肝臓はほとんど肋骨内に入っている（図 1-206）。
- 胸郭の浅い犬では、肝臓の尾側辺縁は肋骨を超えることが多い（図 1-207）。
- 若齢犬は一般に、体格に対して肝臓が大きい（図 1-208）。

■肝腫大

- 肝疾患の指標：評価はかなり主観的である。模式図を図1-209, 1-210に示した。
- 肝腫大が著しければ陰影が最後肋骨を超える。
- 肝臓の辺縁が鈍化する（図1-211）。びまん性の変化でみられることが多い。
- ラテラル像で、胃が背側かつ尾側へと変位する（図1-211）。
- DV、VD像でも胃が尾側へ変位するが、あまり明瞭ではない。
- 肝腫大の原因についてはX線では不明なことが多い。
- 肝臓の部分的な腫大は隣接する構造の変位から読み取る（X線での評価は限界がある。超音波、CTなどを用いた評価も考慮する）。
- 肝腫大の評価では、胃軸（噴門と胃底を結んだ仮想線）が評価されることがある。
  > 犬では、胃軸は肋骨と平行～脊椎に垂直（図1-212）。
  > 猫では、垂直線から30°程度傾斜する（図1-213）。
  > 肝臓全体が腫大すると、胃軸が水平方向に傾く（図1-214）。

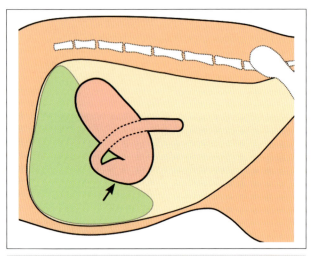

図1-209　肝腫大のラテラル像模式図
全体的な肝腫大では胃が背側へ持ち上げられる。
（イラスト：山口大学／下川孝子先生）

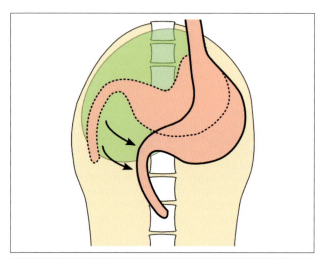

図1-210　肝腫大による胃の変位を示した模式図
VD、DV像で肝腫大の評価は難しいが、この模式図では右葉の腫大により幽門部付近が左側へ変位する様子を示している。（イラスト：山口大学／下川孝子先生）

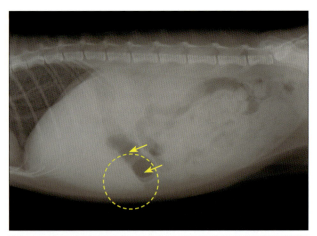

図1-211　猫の肝腫大のラテラル像
丸で囲んだ領域が鈍化しており、胃（矢印）が背側へ持ち上げられている。

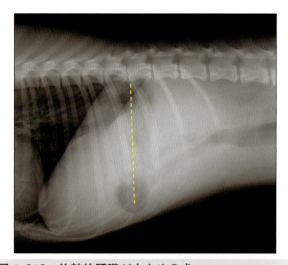

図1-212　比較的肝臓が小さめの犬
胃に入った空気で形成される胃軸が脊椎と垂直になっている。

X線検査

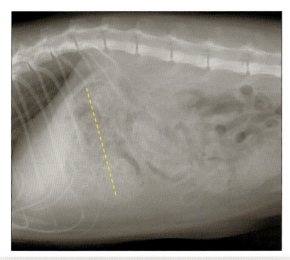

図 1-213　猫の肝腫大の評価
猫は体型によるバリエーションが少ない。胃軸は脊椎の垂直線から30°程度傾く。

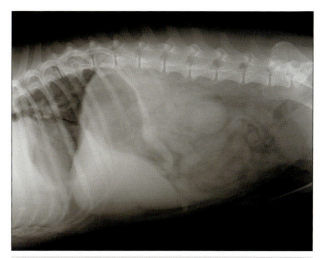

図 1-214　肝腫大がある犬のX線ラテラル像
胃軸が水平方向へ傾いている。

■肝臓の部分的腫大

- 外側右葉または内側右葉の腫大では、幽門、近位十二指腸、上行結腸が背側、内側へと変位する（図1-215）。
- 左葉の腫大では、脾臓の頭部、隣接する小腸、胃の噴門が背側、内側へと変位する。
- 肝臓の中央部の腫瘤では胃が尾側、背側へと変位する。
- 胃の小弯に圧迫像がみられることがある。

■小肝症

- 評価は肝腫大よりも難しく主観的である。著しい小肝症の場合は、アンモニアや胆汁酸測定などの肝機能評価を行うべきである。
- 小肝症は慢性的な肝疾患（線維症など）、門脈シャント等でみられる。
- 横隔膜から胃までの距離が短くなる。
- 胃軸が正常とは逆向きに傾く（図1-216, 1-217）。
- 右腎の頭側への変位がみられることがある。
- 十二指腸のループや横行結腸の頭側への変位がみられることがある。

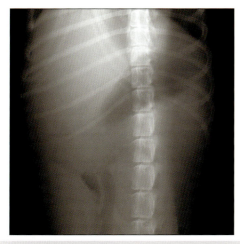

図 1-215　右葉の肝腫瘤
胃の幽門部が大きく左へ変位している。

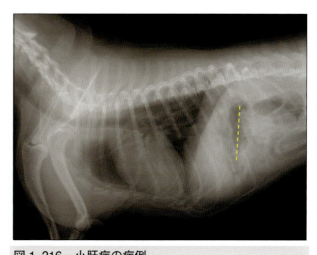

図 1-216　小肝症の症例
胃軸が逆向きに傾いている。小肝症は、門脈体循環シャント、肝硬変などでみられる。超音波評価および肝機能検査（胆汁酸測定など）により評価する。

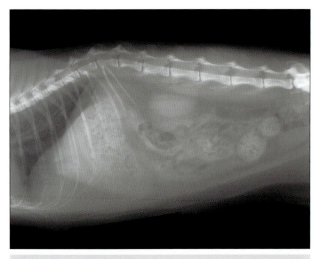

図 1-217　小肝症の猫
横隔膜と胃の距離が短い。猫では腹腔内の脂肪のため肝臓が良好に描出されることが多く評価しやすい。

■ 肝臓の位置の変位
- 前方への変位：まれな病態であり、横隔膜の障害（外傷性、先天性の横隔膜ヘルニア）でみられることがある。
- 横隔膜ヘルニアの場合には横隔膜の辺縁が不明瞭になる。

■ 肝臓の形の変化
- 肝腫大では辺縁が鈍化する（丸くなる）（図1-211 参照）。肝腫大は、肝炎、右心不全、腫瘍、リピドーシスなどでみられる。
- 腫瘍、肝硬変、再生性結節の症例では、辺縁が不整になる。また、他の臓器を変位させる。肝腫瘤は、時に著しく大きくなるが、基本的に腹腔内で固定されており、肝臓の腹腔内での位置は動かない（図 1-218, 1-219）。

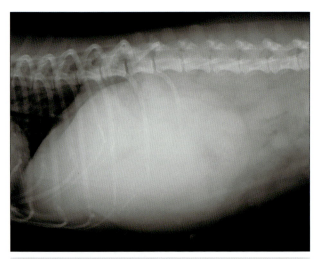

図 1-218　肝腫瘍の症例
肝臓の腫瘍は腹腔内で比較的よく固定されており、肝臓原発の腫瘍であることが推察できる。肝癌の症例であるが、単発性の肝癌は手術で予後良好な場合も多い。

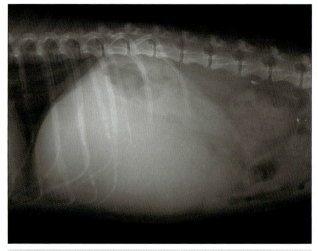

図 1-219　肝腫瘍の症例
肝腫瘍のため、胃が背側へ変位している。肝臓は腫瘍化して大きくなることはあるが、腹腔内に固定されているため移動しない。

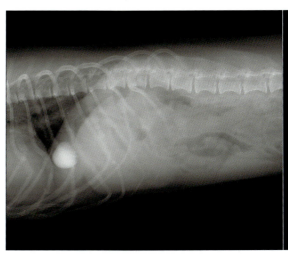
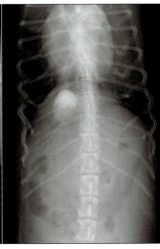

図1-220 胆石の症例
胆石は常にX線不透過のものばかりではないが、このようにX線不透過な胆石が偶発的に描出されることがある。

■肝臓のX線不透過性
- 通常肝臓は、X線では透過性は均一である。
- 時に、肝内の結節などで石灰化した病変がみえることがある。
- X線不透過性の胆石などが、胆嚢や胆管にみられることがある（図1-220）。
- 肝内にガス貯留によるX線透過性領域がみられることがある（胆嚢内のガス産生菌による）。

■肝臓の造影法
- 肝臓を描出するために造影を行うことはあまり多くない。
- 肝外胆管閉塞のための胆嚢造影では、胆汁排泄性造影剤（イオトロクス酸メグルミン）を点滴投与し、CT等で胆汁排出路を描出する（図3-44参照）。
- 門脈体循環シャントのシャント血管の造影では、開腹手術中に門脈から造影剤を注入してX線透視などでシャント血管を描出する。しかし、最近ではCTを利用した非選択的な造影が多く行われるようになっている（図1-221）。

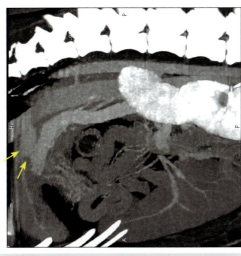

図1-221 CTによる血管の非選択的造影
門脈と後大静脈のシャント血管（矢印）が描出されている。

> **診療のポイントとピットホール**
>
> X線検査では、肝臓について大きさと形の異常だけしか情報が得られない。小肝症の場合には、鑑別診断として門脈シャントや肝硬変が重要になる。これらの疾患では、肝酵素が上昇しないことも多いので血中アンモニアや胆汁酸検査など、肝機能の評価を行う必要がある。X線で肝腫大がみられる場合には、原因を検索するために超音波検査を行うべきである。

コラム⑤ デジタルX線

　世の中のカメラがほとんどすべてデジタルカメラに置き換わってしまったように、医療のX線撮影もデジタル化してきている。従来使われていたX線フィルムからCR（computed radiography）と呼ばれるシステムやフラットパネルディテクターに移行してきている。CRでは従来のX線と同じような形をした専用のカセッテで撮影し、あとは専用の読み取り装置を利用して画像を得る。専用カセッテの中にはIP（イメージングプレート）と呼ばれるフィルムと同じような働きをするものが入っている。被写体を透過してきたX線は、IPに記録され、読み取り装置の中で画像が読み取られてデジタル化される。その後、特殊なレーザー光を当てることで情報が消去され、次の撮影の準備ができる。フラットパネルディテクターもカセッテのようなもので撮影する（図1-222）。使用方法としては、ほとんどデジタルカメラと同様である。フラットパネルの最大のメリットは、その場で瞬時に撮影像がみられることである。

　CRやフラットパネルディテクターを利用するメリットはいくつかある。まず、フィルムとは異なり暗室での作業が不要で、現像液、定着液などが不要となるため労力が減少し、廃液がなくなるため環境にも優しい。また、フィルムに比べて素早く撮影像を観察できる（特にフラットパネルは撮影とほぼ同時）。画像がデジタルデータなので診察室、検査室にパソコンを置いてネットワークで結べばフィルムレスの環境を構築することもできる。電子化して画像を保存するので、検索も簡単で、保存スペースもほとんど必要なくなる。

　また撮影条件がフィルム撮影に比べてかなり緩和されるというメリットもある。獣医療では大きさの違う生き物を扱うことが多く、X線の撮像条件はかなりシビアだった。図1-223を参照してほしい。例えば、右上の70kVで撮影した写真は全体的に黒くなっていて肺野の詳細の読影は困難である。フィルムでの撮影ならばもう一度撮影をやり直さなくてはならないだろう。しかし、デジタル画像の場合にはコンピューター処理でその下の写真のように読影可能なものにすることができる。50kVで撮影した像は白っぽくて読影が困難だが、画像処理で読影可能になっている。もちろんコンピューターによる画像処理にも限界があるので、適切な条件で撮影することは大切である。しかし実際問題として、デジタル化することで撮影の失敗は減少し、結果として患者やスタッフの被ばくも軽減される。デジタル装置にはそのほかにも、拡大・縮小や輪郭強調など、診断に有用な画像処理が利用できるというメリットがある。短所は導入コストだろう。CRも自動現像機に比べまだまだ高価で、フラットパネルディテクターはさらに高価である。しかしこのようなコストを考えても、導入によるメリットは大きく、今後、X線のデジタル化はさらに進んでいくのだろうと思われる。

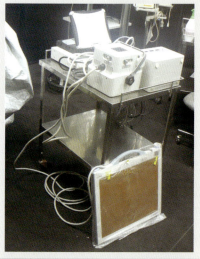

図1-222　フラットパネルディテクター
このシステムでは、ポータブルの撮影装置と連動している。カセッテとよく似たものからデジタル情報がコンピューターに送られる。

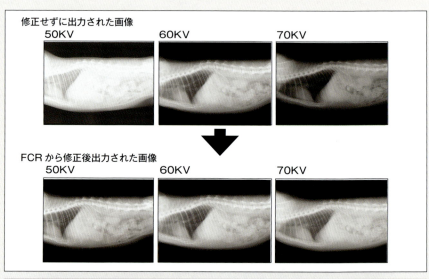

図1-223　同じ猫を50、60、70kVと条件を変えて撮影したX線像
60kV以外の写真では読影が難しい。下は同じ写真をFCRのシステムで自動補正したものである。このような機能により、被ばく線量を抑えることが可能で、撮影条件に寛容であるため失敗も減る。

X線検査

8 脾臓

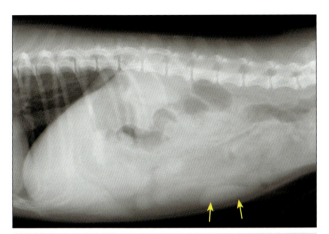

図 1-224　腹部ラテラル像
ラテラル像では、脾臓は肝臓の尾側腹壁近くに描出される（矢印）。

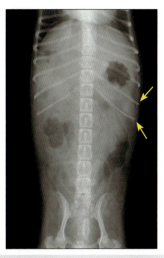

図 1-225　腹部 VD 像
DV、VD 像では、胃の尾側で外側の三角形の構造物として描出されることが多い（矢印）。

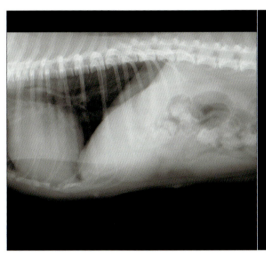
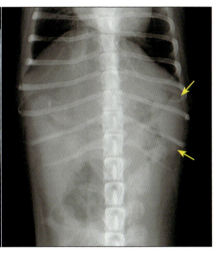

図 1-226　脾臓の観察
脾臓はそれほど大きくないが、脾臓の辺縁が鈍化している（矢印）脾腫である。

- 脾臓は比較的平らで長い臓器であり、腹腔前方の左側、胃のすぐ尾側に位置する（**図 1-162, 1-163 参照**）。
- 脾臓は便宜上、頭部と尾部に分けられる。頭部は背側にあり、胃との固定が比較的強く、胃の噴門と左腎の頭側縁の間に位置する。尾部は他臓器との固定がゆるい。
- X線では、正常では均一の組織として描出される。
- ラテラル像では腹壁のすぐ背側、肝臓のすぐ尾側にみられることが多い（**図 1-224**）。
- しかし、ラテラル像では描出されないことがある（右下にした方が描出されやすい）。
- DV 像でも通常良好に描出され、胃のすぐ尾側、外側の三角形や菱形の構造物として描出される（**図 1-225, 1-226**）。

■脾臓の大きさ

- 評価は主観的である。しかも生理的に大きさが変わる。
- 脾臓の端が鈍化していたり、他の腹腔臓器を変位させていたりする場合には、脾腫と考える（**図 1-226**）。

- バルビツール系の麻酔薬を使用している場合には、脾腫がみられる。
- 白血病や自己免疫疾患など網内系、造血器系が関与する疾患では、脾腫が認められることがある（図 1-227）。
- 脾腫自体は特定の疾患を示唆するものではない。
- 胃捻転や脾臓捻転の動物では脾腫がよく認められる。
- 脾臓の部分的な腫大は、腫瘍や血腫などでみられる。超音波検査を行えば、内部構造など疾患に関連した情報が得られる。

■脾臓の形
- 脾臓の形の変化は、多くの場合、腫瘍か大きな血腫が原因である。
- 転移性の腫瘍では、でこぼこした辺縁になることが多い。
- 血腫では、通常辺縁はスムースで球状のことが多い。
- 腹水や出血のためX線で脾臓の陰影を確認できないこともある。

■脾臓の捻転
- 単独で起きることも、胃捻転に併発して起きることもある（図 1-176, 1-177 参照, 1-228）。
- 長期間捻転が持続していた例では、脾腫の所見しかみられないことも多い。
- 最近捻転を起こした例では、胃が後方へ引っ張られるために噴門が尾側へと変位する。
- 著しい脾腫とC型に腫大した脾臓がみられることがある。また、上行結腸や十二指腸の右側への変位もみられることがある。

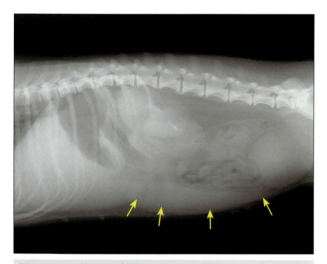

図 1-227　著しい脾腫がみられる症例
脾臓の大きさの変化と辺縁の鈍化がみられる。著しい脾腫（矢印）である。造影剤で腎盂が描出されている。

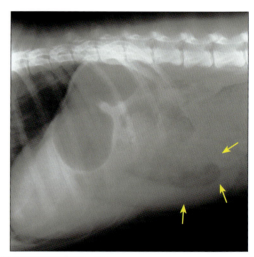

図 1-228　胃捻転の症例
胃の捻転により脾臓（矢印）もC型に捻転している。

> **!** 診療のポイントとピットホール
>
> X線では脾臓については主に大きさが評価される。犬では、良性腫瘍から血管肉腫までさまざまな疾患が原因で脾腫となる。猫では、脾腫を伴う疾患は犬ほど多くないが、著しい脾腫を生じる重要な疾患として内臓型の肥満細胞腫がある。症状も非特異的で脾腫以外の病変もないこともあるので鑑別診断として考慮しておくことが必要である。

X線検査

9 副腎：単純X線では描出は困難。病的な石灰化を見落とさないようにする。

- 腎臓の頭側の背側に存在する。
- 副腎はサイズが小さく、他の臓器とも重なるため、通常はX線では描出できない。
- クッシング病や副腎腫瘍に伴いしばしば副腎の石灰化がみられる。
- 大きなものや石灰化しているものでは単純X線で描出できることがある。
- 右副腎は、肝臓に接するように位置することが多い。腫大している場合でもX線での描出は困難である（図1-229）。
- 左副腎も石灰化がみられない場合には描出は難しい（図1-230）。
- 左副腎の腫大が非常に著しい場合には、胃の噴門の頭側への変位、横行結腸の尾側への変位、左腎の尾側への変位がみられることがある。
- 石灰化が副腎腫瘍と過形成の鑑別に役立つかどうかは明確ではない（おそらくあまり役立たない）。
- 偶発的に副腎の石灰化がみられることがある。

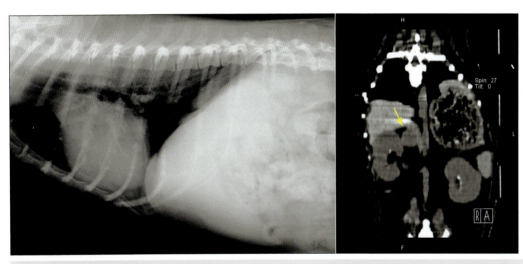

図1-229　右副腎が腫大している症例
左のX線像では確認できない。右のCT水平断では副腎の腫大（矢印）が認められる。これくらいの腫大でも単純X線では検出することが難しい。

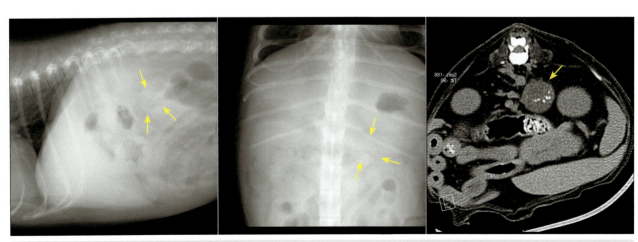

図1-230　副腎腫瘍の犬
副腎は描出されにくい。しかし、左副腎が腫大しておりわずかに石灰化している（矢印）。CT像では、石灰化している左副腎が描出されている（矢印）。石灰化している場合には単純X線での検出は比較的容易になるが、その場合でも、他臓器との重なりのため明瞭に描出できないことが多い。

- クッシング病では、高コルチゾール血症に関連した2次性の変化をX線で検出できることがある。
  > 肝腫大（びまん性）、気管支の石灰化、その他皮膚や軟部組織の石灰化、肺の血栓症に一致する所見。
- アジソン病では、心陰影の縮小と低循環、食道の拡張などがみられることがあるが、萎縮した副腎をX線では描出することはできない（アジソン病の診断は血液検査で行う）。

> **診療のポイントとピットホール**
>
> 副腎の位置する上腹部背側は、胃の陰影などと重なるためX線での描出が困難な部位である。副腎腫瘍などの腫瘤性病変でさえ、見逃しやすい。副腎腫瘍などを疑う場合は、超音波検査やCT検査などを考えた方がよい。

10 腎臓

- 右腎は肝臓の尾側で肝臓に接するように存在する（図1-162, 1-163参照）。
- 猫では、後腹壁の脂肪のため、腎臓がコントラストよく描出される（図1-231, 1-232）。

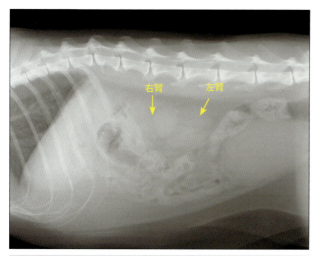

図1-231 猫の腹部X線ラテラル像
猫では後腹壁に脂肪がつきやすく腎臓（矢印）が描出しやすい。

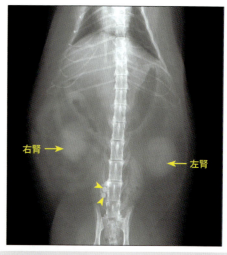

図1-232 猫のVD像
腹腔内の脂肪のため腹腔内臓器がよく描出されている。左右腎臓が明瞭で膀胱内には結石（矢頭）がみられる。

- 犬でも肥満の動物では腎臓がよく描出される。
- 腹腔の臓器がコントラストよく描出される症例で腎臓の描出が悪い場合には、後腹壁への液体貯留の可能性がある（**図1-151, 1-152参照**）（超音波検査により確認できる）。
- X線検査では、胃の陰影と重ならないように絶食時の撮影が望ましい。
- 左腎は右腎より尾側に存在する。左右の腎臓はほぼ同じ大きさである（**図1-233, 1-234**）。
- 腎臓：犬では椎体L2の3倍程度、猫では2.4〜3倍である。
- 犬の腎臓はやや長軸方向に長い形、猫は卵円形に近い形である。
- 腎臓の構造などは、超音波検査でより詳細に評価することができる。

【疾患との関連】
■腎臓が小さい
- 低形成：腎臓の形は正常のことが多く、サイズが小さい。犬では遺伝性疾患（腎異形成）もある。
- 進行した腎不全：形は不整なことが多い。
- 片側性の病変で萎縮した場合には、反対側の腎臓は通常、代償性に肥大する。

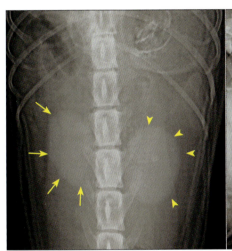
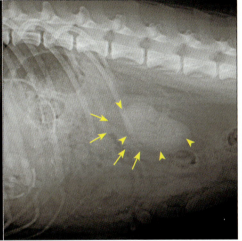

図1-233　腎臓の観察
犬の腎臓。左腎を矢頭で、右腎を矢印でそれぞれ囲んでいる。この症例では、左右の腎臓がほぼ同じ位置に描出されているが、通常は右腎が頭側に描出される。読影の際には、左右腎臓の輪郭を丁寧にたどっていく。

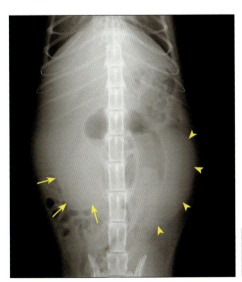

図1-234　猫のリンパ腫
著しい左右の腎腫大がみられる。猫のリンパ腫は両側性のことが多い。左腎を矢頭で、右腎を矢印で囲んだ。

■腎臓が大きい
- 代償性肥大、リンパ腫などの腫瘍、水腎症、嚢胞腎、腎嚢胞、アミロイドーシスなどでみられる（図1-234, 1-235）。
- 大きい場合には、超音波検査で内部構造を観察すべきである（図1-235）。
- しかし、あまり大きくない場合にも異常がみられることがある。その場合にも超音波での評価が有用である。

■腎臓の位置の異常
- 異所性の腎臓：まれに腎臓が骨盤腔、胸腔内、腹腔内にあることが報告されている。他臓器と誤認しないためには、尿路造影で確認する。

■X線透過性の変化
- ガス：通常は下部尿路造影の際に陰性造影剤として用いた気体の影響によるものである。その他に、外傷やガス産生菌などが原因のこともある。まれな異常所見である。
- X線不透過性の陰影：腎・尿管結石が原因のことが多い（図1-236, 1-237）。

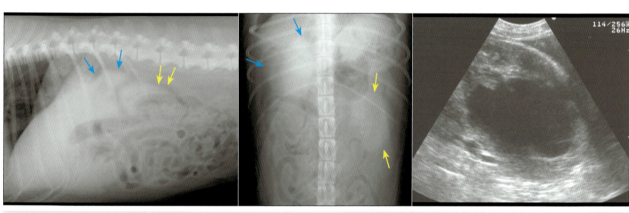

図1-235 腎臓の大きさの評価
この症例では、左腎（矢印）に比べ右腎（青矢印）が変形しており、非対称性腫大が疑われる。このような場合には、超音波検査を行う。右腎のエコー像では、腎臓に低エコーの嚢胞状構造が存在する。

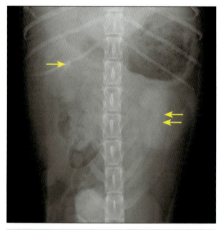

図1-236 腎結石の症例
左右腎臓内にX線不透過な腎結石がみられる。

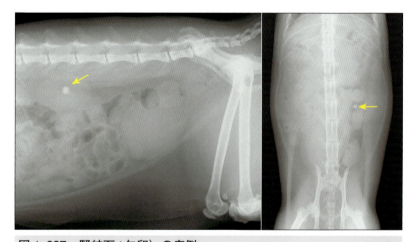

図1-237 腎結石（矢印）の症例
この症例では左腎に結石がみられる。腎結石は症状のない症例で偶発的にみつかることがある。

■尿路造影
- 単純X線では、尿管の描出は困難である。尿の産生や尿管を確認したい場合は、排出性（静脈性）の尿路造影を行う。
- 排出性の尿路造影では、腎臓が機能的か否かもある程度評価できる（腎摘出の手術適応などに用いる：図1-238）。
- 造影剤の投与は一時的な腎機能の低下を引き起こすリスクがある。
- 高窒素血症の場合、造影は禁忌ではないが、リスクを考慮すること。また、十分に水和した後に実施するべきである。
- 造影剤は非イオン性の造影剤1～2mL/kgを目安に投与する。ヨードとしての濃度が高いものでは、投与する液量が少なくてよいが、浸透圧が高い。
- 腎臓、腎盂、尿管の評価では、造影剤投与後から5分後まで2～3回撮影を行い、その後10分後まで撮影を続ける。
- 造影剤により、しばらく尿比重が上昇する。尿検査を行う場合には注意が必要である。

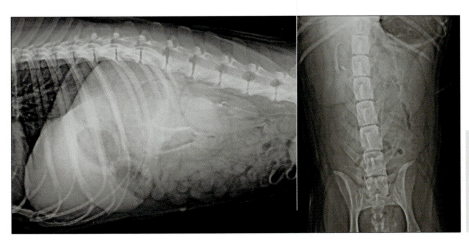

図1-238　腎癌の症例
腎臓からの尿路の流出を調べるために血行性の尿路造影を行っている。この症例では、右腎が著しく腫大している。腫大した右腎からも造影剤が流出しており、尿産生が示唆される。腎癌であった。

11　尿管

- 尿管は、通常のX線撮影ではみえない。排出性の尿路造影で確認できる。
- 太さは2～3mmを超えない（図1-239）。
- 本来は管状の構造だが、造影X線では蠕動運動のため分節状にみえることがある。
- 後腹壁に発して膀胱三角に近づくと腹腔内に入ってくる。
- 尿管は通常蠕動するので、骨盤腔から腎臓まですべて造影されるような場合には、通過障害による蠕動の低下を疑う。
- 尿管の形状は正常だが、拡張している場合には、閉塞か感染によるアトニーを考慮する。
- 異所性尿管では、膀胱以外の場所に尿管が開口する（膣が多く、子宮、尿道などへ開口することがある）（図1-240, 1-241）。
- 異所性尿管では、異常な尿管の拡張がみられることが多い（図1-242, 1-243）。
- 局所的な尿管の拡張は尿管瘤か憩室を疑う。

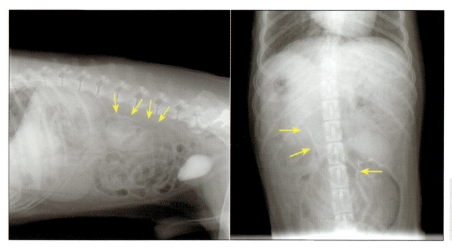

図1-239 静脈性の尿路造影
尿路系に特に問題がない犬での静脈性の尿路造影。左右の尿管が描出されている（矢印）。

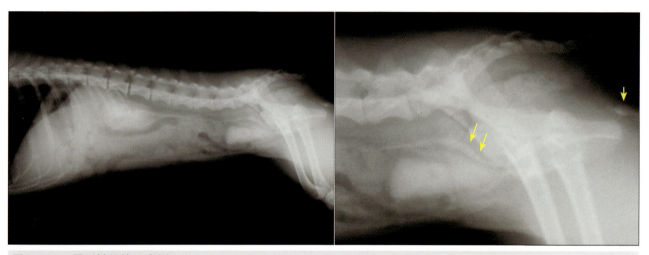

図1-240 異所性尿管の症例
静脈性に造影剤を投与した約5分後のX線ラテラル像で拡張した尿管が描出されている。また膀胱尾側へ拡張した尿管が伸びており（矢印）、膣への開口が疑われる。（写真提供：甲南ペットクリニック（鹿児島県）／鈴木史生先生のご厚意により掲載）

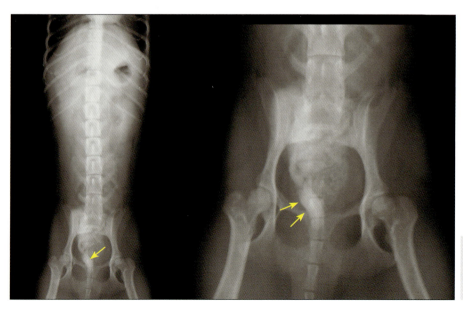

図1-241 図1-240と同じ個体の拡大像
陰部（膣）への造影剤の流入がみられている（矢印）。

- 尿管瘤は通常膀胱内尿管の粘膜下、または筋内に生じる。膀胱三角の腫瘍と間違えてはならない。
- 尿管がうまく造影されないのは、通常は造影剤が不十分か、腎機能の低下に起因する（図1-243）。

■ 尿管のX線透過性の変化
- 尿管内のガスは、通常膀胱の陰性造影からの気体の流入に起因する。
- 尿管内にX線不透過な結石がみられることがある（図1-244）。
- 尿路造影により尿管の結石、腫瘍などに起因する欠損像がみられることがある。

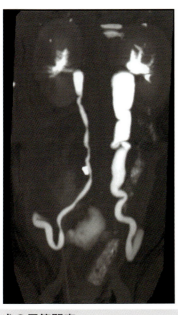

図1-242　犬の尿管閉塞
膀胱の移行上皮癌のため膀胱への開口部付近で左右の尿管に閉塞が起きている犬の血行性造影CT像である。尿管に閉塞が起きている場合には、この症例のように尿管の拡張がみられる。

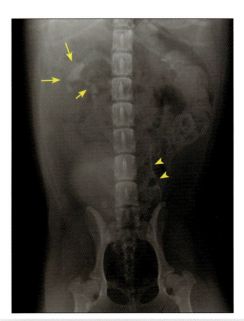

図1-243　血行性造影X線像
右尿管内の結石のため、尿管が閉塞している症例。結石を確認することはできないが、右腎盂の拡張（大きい矢印）と右尿管の拡張（小さい矢印）がみられる。左尿管（矢頭）は正常である。

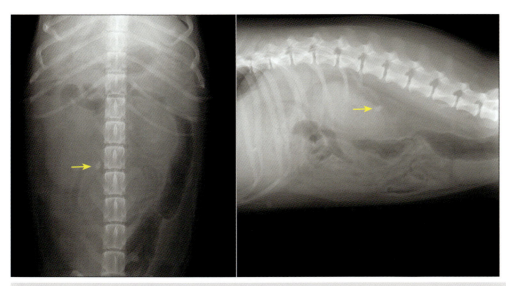

図1-244　尿管結石の症例
図1-243と同一症例で、造影していない腹部X線像であり、右腎は腫大しており、尿管の位置にX不透過な陰影がみられる（矢印）。手術により摘出され、シリカ結石であった。

12 膀胱

膀胱は液体(尿)を含んだ臓器であり、超音波検査で良好に描出される。以前から行われてきた陽性造影、陰性造影、二重造影などは特定の疾患に絞って行うべきであろう。尿路系の模式図を図1-245に示した。

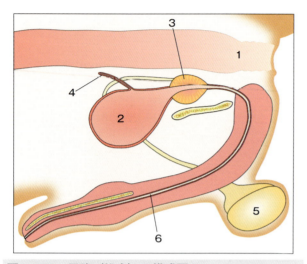

図1-245 尿路（雄犬）の模式図
1：結腸、2：膀胱、3：前立腺、4：尿管、5：精巣、6：尿道（イラスト：山口大学／下川孝子先生）

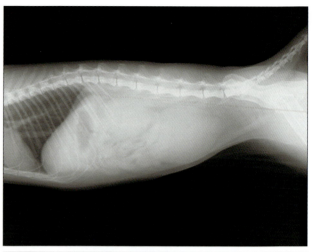

図1-246 猫の拡張した膀胱
正常でも尿が溜まれば膀胱は拡張する。著しい拡張の場合は、尿路閉塞や神経障害（脊髄損傷）を考慮する。

- 膀胱の腹側は靱帯で固定される。
- 脂肪のない痩せた動物や若齢の動物では、X線での膀胱の描出は悪い。
- 膀胱には、小腸、結腸などの陰影が重なってしまうことも多い。
- 膀胱は通常、卵円形である。尿が溜まると楕円形に近い形になる。猫ではおおむね楕円形である（図1-246）。
- 膀胱が大きく拡張すると小腸を頭側へ、下行結腸を背側へ変位させることがある。
- DV、VD像では、膀胱は右か左へ変位することがある。膀胱が大きく膨らんでいると、DV、VD像で下行結腸が膀胱の右側にはまりこんでしまうことがある（臨床的に問題ではない：図1-247）。
- X線では通常、膀胱の粘膜表面は描出することはできない。
- 雌では膀胱と直腸との間に子宮頸部が存在する。しかし、通常X線では検出が難しい。
- 膀胱の大きさにより疾患を判定することは極端な場合を除き困難である。
- 膀胱漿膜から発生した腫瘍や、隣接する臓器原発の腫瘍により膀胱の形が変形することがある。

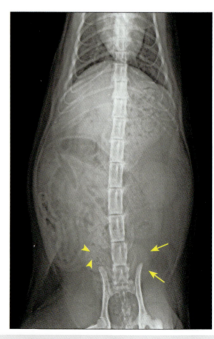

図1-247 膀胱と結腸の位置
通常、下行結腸は膀胱の左側を通るが、この写真では、結腸（矢頭）が膀胱（矢印）の右側を走行している。特に異常な所見ではないが、通常とは異なる走行なので疾患と間違わないようにする。

- 膀胱内のガスの多くはカテーテル挿入などに起因する医原性のものである。しかし、ガス産生菌に起因することもある（**図1-248**）。
- 膀胱内の結石の多くはX線で描出される（**図1-249, 1-250**）が、X線ではみえない結石もある（シスチンや尿酸）。陽性造影剤の投与で可視化できる（**図1-251**）が、超音波検査でも容易に検出できる。
- 膀胱腫瘍（移行上皮癌が多い）は、通常単純X線では検出できない。

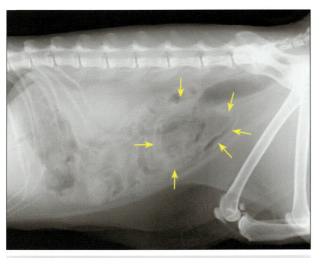

図1-248 膀胱内のガス
ガス産生菌が粘膜面を中心に感染しており、膀胱内と粘膜にX線透過性のガス産生（矢印）がみられる。

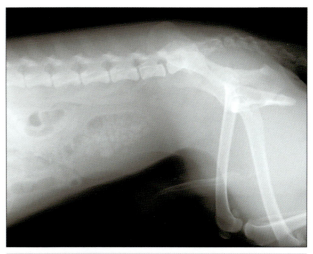

図1-249 膀胱結石
膀胱内にX不透過性の結石が多数認められる。

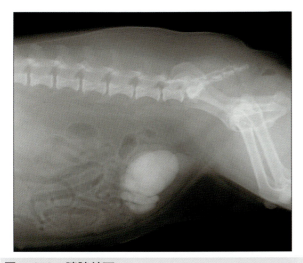

図1-250 膀胱結石
膀胱内に巨大な結石がみられる。

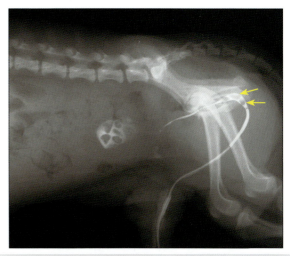

図1-251 膀胱の陽性造影像
膀胱内と尿道中（矢印）にX線透過性の結石が造影剤の欠損像として観察される。

■膀胱造影

- 膀胱粘膜の描出には超音波検査が優れており、X線造影検査は以前に比べ適応される症例は多くない。適応と考えられる疾患の例は以下のとおりである。
  > 事故・外傷などによる尿路系損傷による尿もれの確認（陽性造影：図1-252）。
  > 膀胱の位置を確認したいとき（陽性造影：図1-253, 1-254）。
  > 尿膜管遺残を疑うとき（図1-256）。

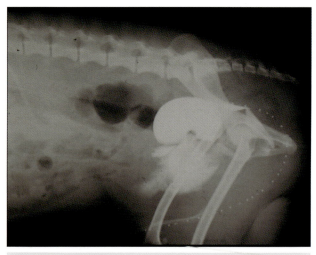

図1-252　交通事故による骨盤骨折
造影により膀胱の破裂で造影剤が腹腔内に流出していることが証明される。

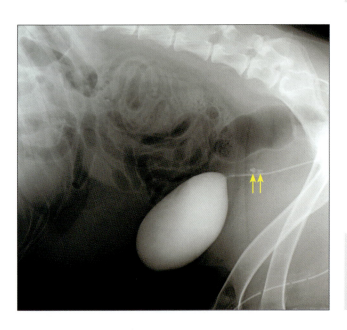

図1-253　腹部に2つの軟部組織陰影がみられる症例
膀胱付近に2つの軟部組織陰影がみられる症例で、陽性造影により膀胱の位置を確認することがある。しかし、超音波検査での評価も可能であろう。この症例では、前立腺への造影剤の流入もみられる（矢印）。

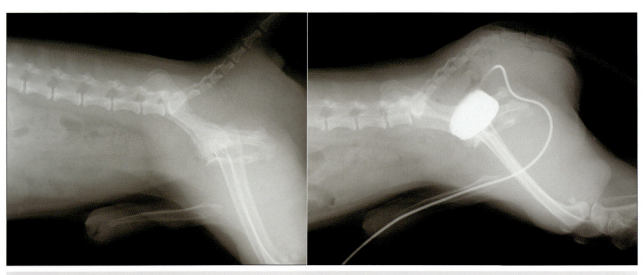

図1-254　会陰ヘルニアの症例
左の単純X線では膀胱の位置が不明である。造影検査を行うことにより、膀胱の変位を確認することができる。この症例では、膀胱がヘルニア孔の方向へ移動している。

図 1-255 膀胱造影の模式図
尿膜管遺残の模式図で、膀胱頭腹側に造影剤が侵入する領域があることを示している。

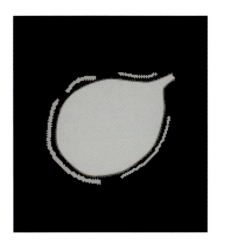

図 1-256 膀胱造影の模式図
猫の膀胱造影の際にまれにみられる造影像の模式図であり、膀胱炎を伴うような場合に造影剤が漿膜下に滲み出してみえることがある。膀胱破裂と同様の処置が必要のように思われるが、臨床的には問題にならないことが多い。

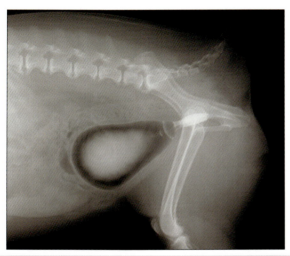

図 1-257 膀胱の二重造影
粘膜面の観察のために行われることがあるが、超音波検査も考慮した方がよい。

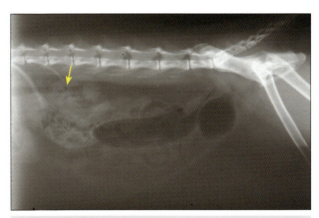

図 1-258 膀胱の陰性造影
膀胱の拡張が悪いため腎臓にガスが入り込んでいる（矢印）。危険な状態である。

- 膀胱造影の方法
  - 消化管内容物が描出の障害になることがあるので、絶食させ下剤を与えておく方が望ましい。
  - 陽性造影の場合3〜10mL/kgの20%ヨウ素液（例えば、ウログラフィン® を3倍程度に希釈したもの）を膀胱内にカテーテル経由で注入する。
  - 適切な圧力・大きさになったら投与をやめる。
  - 陽性造影剤は、正常な尿管へ流入することがある。また、尿膜管遺残の検出にも有用である（膀胱頭側への流入：図 1-255）。
  - 膀胱や尿道の破裂では、造影剤が不規則な形状で漏出する（図 1-252 参照）。
  - 猫では拡張が悪い場合に、造影剤が粘膜内、漿膜内にしみ出すことがあるが、臨床的には合併症は生じないことが多い（図 1-256）。
  - 二重造影では、猫で0.5〜1.0mL/kg、小型犬で1〜3mL/kg、大型犬で3〜6mL/kg程度の陽性造影剤を注入する。その後陰性造影剤（気体）を入れて膀胱を拡張させる。動物の体位をいろいろと変えて、粘膜に造影剤をいきわたらせる（図 1-257）。
  - ＊拡張が悪い場合、空気（笑気の方が好ましい）を多く注入すると尿管、腎臓に空気が入り、閉塞を起こすことがある（図 1-258）。

> **! 診療のポイントとピットホール**
>
> 膀胱腫瘍では、術式を検討するために腫瘍の位置を特定することが重要である。以前は二重造影などが行われたが、膀胱は超音波検査で観察しやすい臓器であり、現在では膀胱腫瘍で造影X線検査を行うことは少なくなった。また超音波を用いれば、膀胱粘膜の様子も観察できる。一方で、膀胱破裂などの確認には造影X線検査が適している。

13 尿道

- 単純X線でX線不透過な結石陰影が尿道内に描出されることがある（図1-259, 1-260）。
- 尿道造影は、特に雄猫や雄犬で尿道結石の有無や尿道狭窄の原因などを調べるために実施される場合がある。
  - 造影剤をヨウ素濃度として15〜20%程度に希釈する。
  - 尿道にバルーンカテーテルを少し挿入し、造影剤が漏れるのを防ぐために少し膨らませる（通常のカテーテルでも実施可能）。
  - 後肢を読影の障害にならない方向へ保定する。造影剤を2〜3mL入れて、即座にラテラル像を撮影する。
  - 尿道の欠損像を評価する（図1-251 参照）。
  - 尿道内に欠損像がみられた場合、空気（アーチファクト）、結石、血餅などを考慮する。
  - 尿道壁に欠損像がみられる場合には、腫瘍や炎症などを疑う。
  - 尿道外からの圧迫像では、尿道外部の腫瘍を疑う。
  - 尿道からの造影剤の漏出がみられた場合は、尿道破裂を考慮する。
  - まれな例として、尿道と肛門、尿道と膣との間に瘻管形成が報告されている。

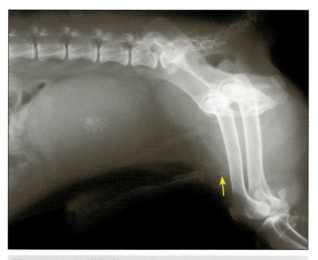

図1-259 尿路閉塞
膀胱が著しく拡張しており、膀胱内にX線不透過性の結石がみられる。前立腺も腫大している。陰茎骨の尾骨にX線不透過性の結石(矢印)が描出されており、これが尿路閉塞の原因と推測される。

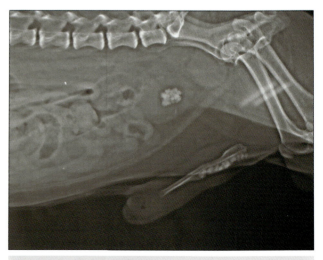

図1-260 雄犬の尿道結石
膀胱内にX線不透過の陰影が描出されているが、尿道内にも多数の結石がみられる。

14　子宮：単純X線では、通常、観察されない。子宮蓄膿や子宮水腫を見落とさないこと。

- 通常単純X線では子宮は観察されない。子宮は腹部中央から尾側にあり、ラテラル像では直腸と膀胱の間に子宮頸管が通る（図1-245参照）。
- 子宮に液体が溜まる病態（子宮蓄膿、子宮水腫、妊娠など）で描出される。
- 小腸の径よりも大きくなると検出できるようになる。
- 腫大した子宮により、結腸腹側と膀胱背側の間が離れてみえることがある。
- ラテラル像やVD、DV像で、膀胱の横や頭側に管状の軟部組織陰影が蛇行している像が認められる（図1-261～1-263）。
- 子宮が著しく腫大すると、ラテラル像で腫大した子宮に小腸が押されて、小腸が頭側/腹側方向へ変位することがある。
- 消化管のガス等でX線での読影が難しい場合には超音波検査を行うとよい。

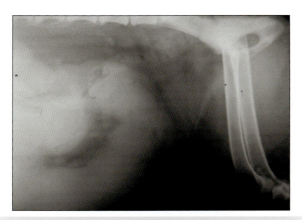

図1-261　典型的な子宮蓄膿症の症例
子宮が著しく拡張している。

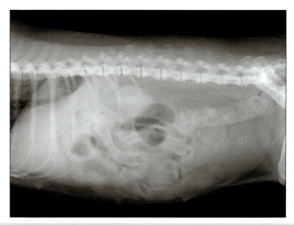

図1-262　軟部組織陰影
膀胱の頭側に軟部組織陰影が描出されている。膀胱内には結石も描出されている。

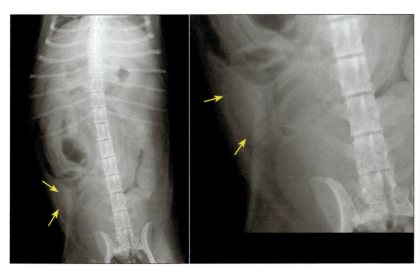

図1-263　子宮蓄膿症の症例
左図では膀胱の右頭側に軟部組織陰影が描出されている（矢印）。この症例では子宮への蓄膿が比較的少ないが、このような所見を見落とさないようにする。疑わしい陰影がある場合には超音波検査で確認するとよい。

■妊娠

- 犬では、妊娠30日くらいからX線検査で子宮の拡大が確認できるようになる。
- 猫では、妊娠25〜30日くらいからX線検査で子宮の拡大が確認できるようになる。
- 犬では、妊娠40〜45日目を過ぎると胎子の骨が観察できるようになる。
- 猫では、妊娠36〜45日目を過ぎると胎子の骨が観察できるようになる（図1-264, 1-265）。
- しかし、超音波検査の方が妊娠の有無を早期に判定できる。
- 出産時に胎子の頭蓋の大きさと母犬の骨盤腔の大きさを測って帝王切開の適用を決めることがある（特に頭蓋の大きな犬種）。
- 腫大した子宮は通常、軟部組織と同じ透過性を示す。
- 子宮内にガスが発生している場合には、ガス産生菌の感染やカテーテル挿入によるアーチファクトが考えられる。

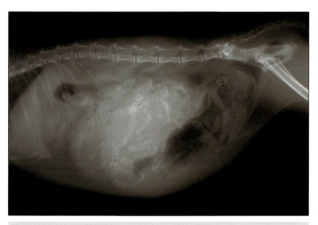

図1-264　妊娠猫のX線ラテラル像
妊娠猫であり、胎子の骨格が描出されている。

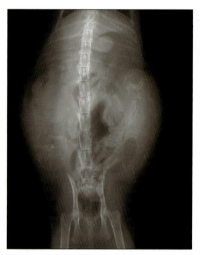

図1-265　妊娠猫のX線VD像
胎子の様子や体位を観察したり、頭蓋骨と骨盤の大きさを測定して帝王切開の適応を判断することがある。

> **！ 診療のポイントとピットホール**
>
> 子宮蓄膿症は、犬や猫では多い疾患である。治療としては、手術が第一選択になる。X線や超音波を使用した診断は難しくないが、見落としがないように読影の際には常に注意を払っておく必要がある。確定診断は通常、超音波検査で行う。腫瘍と間違えて針生検を実施すると、腹膜炎になる可能性があるので実施すべきではない。

15 卵巣：通常は観察されない。固定が弱いので、腫大すると腹腔内を移動する。

- 正常では腎臓のすぐ尾側にあるが、X線では確認できない。
- 卵巣腫瘍では、通常軟部組織と同様の透過性を示す。X線で他の腹腔内腫瘍と卵巣腫瘍を鑑別することは難しい。
- 卵巣は後腹壁の臓器ではないので、腫大すると重力の影響で腹側に落ちていることが多い。
- 卵胞や黄体の形態異常の検出は、超音波検査の方が適している。
- 腹部の生殖器に異常（例えば、雄で子宮様の構造がみられるなど）がある場合には、間性の可能性についても考慮する。

16 前立腺

- 前立腺は膀胱の尾側に位置し、その中央部やや背側を尿道が通過する（図1-245参照）。
- 若齢の動物では、前立腺はほぼ完全に骨盤腔内にある。
- 加齢とともに前立腺は大きくなって頭側へ移動し、少なくとも部分的に腹腔内に入る。
- 犬の前立腺の大きさは、加齢とともに少しずつ大きくなっていく。
- 前立腺は、正常ならば（どのような撮像方向でも）仙骨の頭側縁から恥骨辺縁までの長さの70％を超えない。
- 前立腺の大きさの評価はラテラル像で行いやすい（図1-266）。猫の前立腺の形や場所は犬とほとんど同じだが、犬に比べて小さく、X線ではほとんどみえない。
- 猫では、前立腺疾患はきわめてまれである。
- VD、DV像では、骨盤や直腸などと重なり観察しにくいが、前立腺は骨盤腔の入り口の大きさの2/3を超えない。
- 前立腺は、去勢手術やエストロジェン投与後にはすみやかに縮小する。
- 尿道は前立腺内ではやや拡張し、通過後に狭くなる（単純X線では観察できない。造影X線で確認する）。
- 去勢した犬で前立腺が大きい場合には、前立腺疾患、特に前立腺癌の可能性を考慮する。

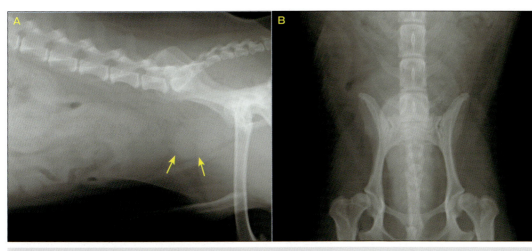

図1-266　前立腺の大きさ評価
Aのラテラル像で腫大した前立腺（矢印）が認められる。BのVD像では前立腺の観察は難しい。この症例では股関節形成不全がみられる。

■疾患との関係

前立腺の疾患では、臨床症状として排尿困難、血尿、膿尿、排便障害、リボン状の細い糞、血便、便秘、後肢の運動失調（細菌感染などによる痛みに起因する）などがみられる。前立腺疾患としては以下のものがあげられる。

- **前立腺の過形成**：細胞間隙や管腔の容積の増大に起因する（図1-267）。未去勢の高齢雄犬で好発する。
- **前立腺嚢胞**：管腔の容積の増大。前立腺の過形成や前立腺炎に二次的に生じることも多い。
- **前立腺炎**：細菌感染に起因する。前立腺過形成では易感染性になっているといわれている。
- **前立腺膿瘍**：細菌感染に起因する。
- **前立腺癌**：前立腺癌でもシストや嚢胞の形成がみられることがある。前立腺癌は非常に大きくなることも、あまり大きくならないままのこともある。同じ領域に移行上皮癌などもできることがある。
- まれな病態としてウォルフ管の拡張がある。子宮蓄膿に似た所見で、両側性の腫大がみられる。

X線では前立腺の輪郭しか評価できないので、診断には内部構造を評価できる超音波検査の方が優れている。X線検査では前立腺疾患の場合、以下の所見が観察される。

- 前立腺肥大では、通常膀胱が頭側へ変位する。
- 前立腺が非対称性に腫れていることもある。陽性造影を行うと、膀胱と前立腺との相対的な関係が明確になる（図1-268）。
- 直腸を背側に変位させる。著しく腫大すると外側にも変位させることもある。

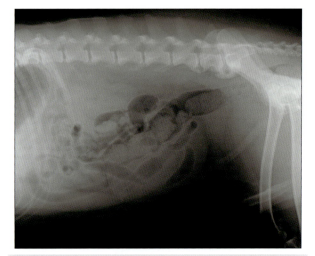

図1-267　犬の前立腺過形成

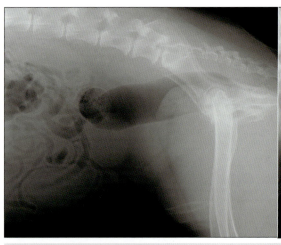 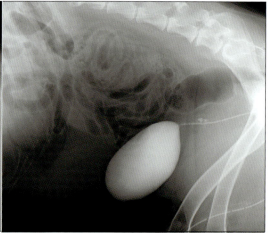

図1-268　前立腺と膀胱の観察
左X線像では、直腸腹側の膀胱の位置にいくつかの軟部組織陰影がみえる。尿路造影により、膀胱の位置を確認することができる。この症例では嚢胞化した前立腺の一部が膀胱よりも頭側にシスト状構造を形成していた。

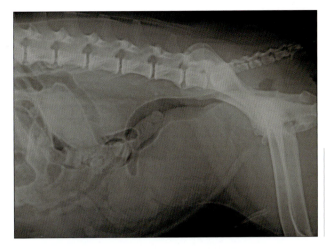

図1-269 膀胱付近に軟部組織陰影が2つみえるX線像
通常、尾側の軟部組織陰影が前立腺であることが多い。陽性造影や超音波検査で確認する。この症例では、尾側の陰影が腫大した前立腺であり、直腸が背側に変位している。超音波検査の後なのか、超音波ゼリーによるアーチファクトがみられる。

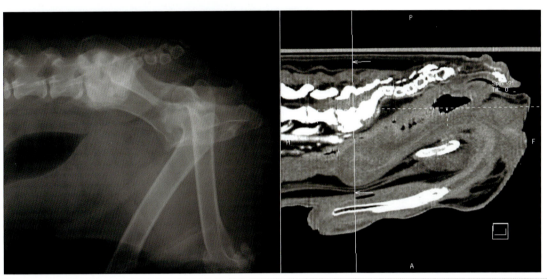

図1-270 前立腺の腫大
前立腺が腫大しており、その背側で直腸が圧迫されている。仙骨付近にも骨新生がみられる。CT矢状断では、前立腺と直腸との境界が不明瞭であり、腫瘍とその浸潤が疑われる。

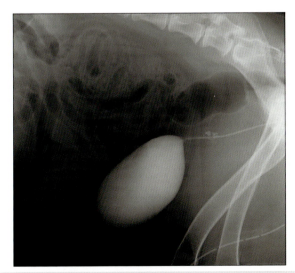

図1-271 尿道からの陽性造影
膀胱の陽性造影に伴い、前立腺にわずかな造影剤の貯留がみられる。臨床的には問題ではない。

- 非常に大きな前立腺腫瘍では、直腸は背側に圧迫される（図1-269）。
- 直検や超音波検査で、腫大した前立腺がスムースな辺縁を形成している場合は、良性疾患のことが多い。
- 直検や超音波検査で、腫大した前立腺の表面が粗造な場合は、腫瘍や急性の前立腺炎を考慮する。前立腺マッサージ等による細胞診を考慮する。
- 前立腺内の石灰化病変は、長期間にわたる前立腺炎の持続や前立腺癌を示唆することが多い。
- 前立腺癌では、直腸の圧迫や周辺組織への浸潤がみられることがある（図1-270）。
- 去勢してある動物では、前立腺は小さくなっていることが多い。前立腺腫大がみられる場合には、前立腺癌の可能性を考慮する。

- 前立腺内のガスは、ガス産生菌の感染が原因であることが多い。
- 尿道からの陽性造影が前立腺の評価に有用なことがある（図 1-271）。
  > 造影剤の前立腺内への流入は正常な動物でもみられる。
  > しかし、前立腺内への造影剤の貯留は異常な所見である。ただし、超音波による観察や、尿や前立腺マッサージによる細胞診で直接的な所見を得る方が臨床的には有用であろう（感染、腫瘍など）。
  > 前立腺の中央付近で尿道の背側に欠損像がみられることがあるが、これは精丘に関連するもので正常な所見である。

> **! 診療のポイントとピットホール**
>
> 前立腺腫大は、高齢の犬では非常によく遭遇する病態である。過形成や感染に起因することが多いが、時に腫瘍のこともある。前立腺の形が不整の場合には、腫瘍も疑い、前立腺マッサージによる細胞診などを試みてもよい。また、特に去勢済みの症例で前立腺が腫大しているときは、前立腺癌の可能性があるので、慎重に診断を進める必要がある。

17 精巣：腹腔内に存在する腫瘍化した精巣をみつける。

- 腹腔内の停留精巣は、腫瘍化していない場合には、単純X線で確認できないことが多い。
- 腫瘍化して大きくなるとX線で描出されるが、他臓器由来の腫瘍との鑑別はX線だけでは困難である（図 1-272）。
- 精巣腫瘍は、腹腔内の腫瘍として描出されるが、他の情報（睾丸が一つしかないなど）と併せて評価する。
- 腫瘍化した精巣は通常、もとの形をおおむね保っているが、表面は粗になることも多い。
- 腫瘍化した精巣は通常、同側の腎臓の尾側から鼠径管の間にみつかることが多い。

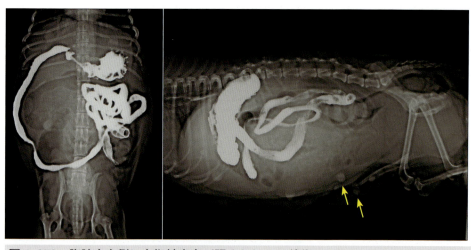

図 1-272　腹腔内右側に占拠性病変が認められる X 線像
腹腔内の精巣腫瘍であった。雄犬であるが、雌性化の徴候（乳頭の発達：矢印）がみられている。

18 腹部腫瘤

　腫瘤の大きさや周辺臓器との位置関係を評価しながら由来臓器を推定する。一般に、固定された臓器では、重力による腫瘤移動は小さい。一方、固定がゆるい臓器では重力に従い腹腔内を腹側方向に移動した場所でみつかる。

- 固定のゆるい臓器は、消化管、腸間膜リンパ、脾臓、卵巣、精巣である。
  - これらの臓器は腹腔内で動き、一定の位置でみつからない（図1-273）。
  - ガスを含んだ消化管の変位は、占拠性病変の存在を疑わせる所見である。
  - 脾臓（特に体や尾部）の腫瘤は、時に著しく大きくなる。その場合も占拠性病変となり、消化管を変位させる（図1-274）。
  - 卵巣は腹腔臓器であり、後腹壁の臓器ではない。腫大すると靱帯が重さのために伸びて固定がゆるくなる。位置から他臓器由来の腫瘤と鑑別することは困難である。
  - 腫大した卵巣は、腹腔壁と十二指腸（右卵巣）、腹腔壁と下行結腸の間（左卵巣）に入り、それらの臓器を内側へと変位させることがある。
  - 腫大した卵巣は、同側の腎臓の尾側を腹側へと引っ張ることがある。
  - 腹腔内の停留精巣は、腫瘍化して非常に大きくなることがある。固定はゆるい（図1-272参照）。
  - これらの腫瘍について、手術支援を目的に、由来臓器や主要な血管との位置関係をCT検査で明らかにすることがある（図1-274）。

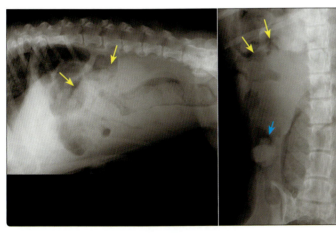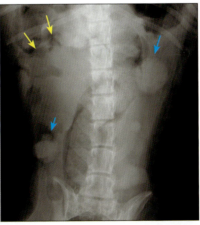

図1-273　腹部の腫瘤
腹部に大きな占拠性腫瘤（黄矢印）が存在し、胃が頭側へ押されている。糞便等のため腫瘤の輪郭の確認は難しい。体表には乳腺腫を疑わせる腫瘤もみられる（青矢印）。一般に、腹腔内で固定されていない腫瘤の由来をX線で推定することは難しい。

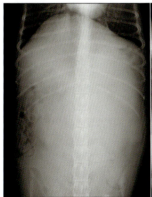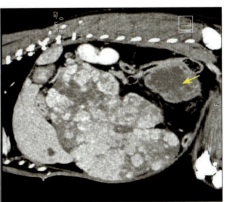

図1-274　腹部内の占拠病変
腹腔内左側を中心に占拠性病変がみられる。右はCTの矢状断で腫瘤が脾臓由来であり、腹腔内尾側に転移巣（矢印）もある。

■腎臓の腫瘤

- 腎臓は後腹壁の臓器なので、腫大しても腹部背側にとどまることが多い（図1-275, 1-276）。
- 右腎の腫瘤は、X線で肝臓の後方と重なってしまい腫瘤の輪郭を確認することが困難なことがある。
- 右腎の腫瘤では、十二指腸が腹側、内側へと変位する。
- 左腎は右腎に比べて通常のX線検査で描出されやすい。下行結腸を内側、腹側へと変位させる。
- 猫の腎臓リンパ腫では、腫瘍ではあるが、両側性に腎臓が腫大することが多い（図1-276）。
- 腎臓の腫瘍であることを確認するために、超音波検査、CT、静脈性の尿路造影等を行うことがある。

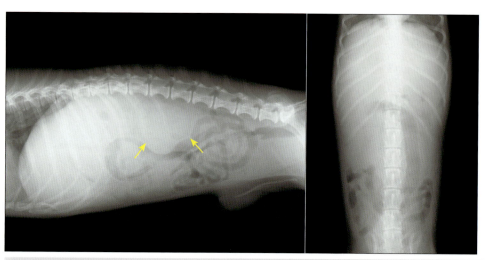

図1-275 腎臓の腫大
右の腎臓が腫大しており（矢印）、その影響で消化管が腹側へ変位している。腹腔内のコントラストが悪く腎臓があまり描出されていない。

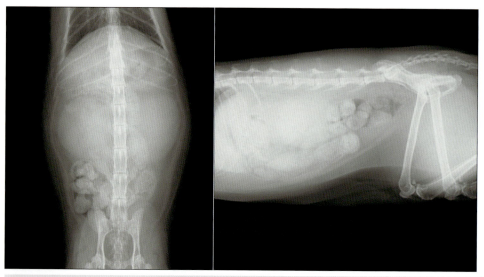

図1-276 猫の腎臓リンパ腫の症例
両側の腎臓が腫大している。猫の腎臓リンパ腫では、両側が肥大することが多い。腎臓は、腫大しているが変位はしていない。消化管の腹側への変位がみられる。

■肝臓の腫瘍
- 固定されているため、腹腔頭側から動かない（図1-277）。腫大すると胃を後方に変位させる。
- 時に有茎状の腫瘤が胃の後方で大きくなり、胃を前方へ圧迫することもある。

■前立腺の腫瘍
- 通常は骨盤腔内にあるが、膀胱が拡張すると、それに連られてやや腹腔の方へ出てくることがある。しかし通常、元々の位置にとどまる（図1-269参照）。
- 前立腺の全体的な腫大では、膀胱が頭側へ変位する。
- 前立腺の腫大により、直腸が左右どちらかに変位することがある。

■腸骨下の腫瘤
- 後腹壁の尾側にX線不透過性の腫瘤としてみられる。結腸を腹側へと変位させる（図1-278, 1-279）。
- 多くは腸骨下リンパ節や腰下リンパ節の腫大である。後肢の炎症や膿瘍形成が原因のこともあるが、腫瘍の転移であることが多い。
- 通常はラテラル像で評価する。VD、DV像では

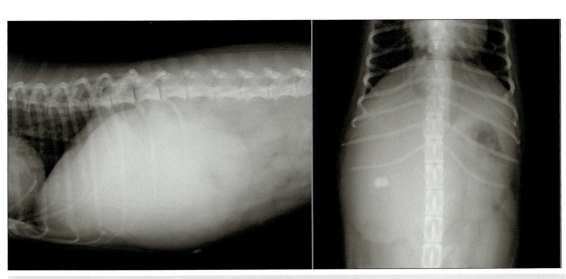

図1-277　腹腔内（上腹部）にみられた大きな腫瘤
肝臓由来の腫瘤であり、腫瘤は肝臓の位置にとどまっている。この症例は肝癌であった。石灰化している陰影は体表の腫瘤である。

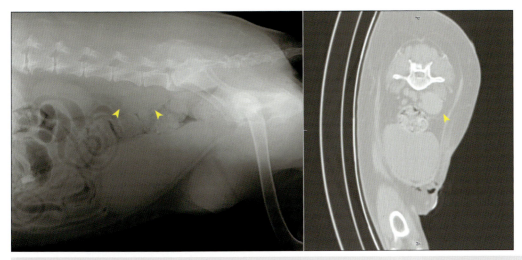

図1-278　肥満細胞腫の症例
直腸背側に腫瘤（矢頭）がみられる。腸骨下リンパの腫脹と考えられ、鼠径部のリンパの位置にも腫瘤がみられる。また、右のCTではX線像でみられた直腸背側にリンパ節転移を疑わせる軟部組織陰影（矢頭）がみられる。

描出しにくい。

■骨盤腔内の腫瘍
● 骨、直腸、膣、肛門嚢に由来する腫瘍により、骨盤腔内に占拠性病変が認められることがある。
● 直腸の変位がみられる（図1-278〜1-280）。
● この部位は骨盤に囲まれているため、超音波で描出しにくい。手術などのために正確な情報が必要な場合は、CT検査を考慮する。

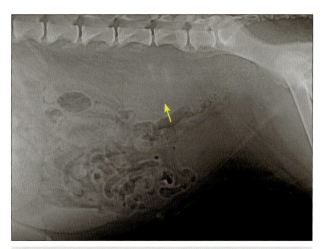

図1-279　後肢に肥満細胞ができていた症例
直腸背側に転移を疑わせる大きな軟部組織陰影（矢印）が描出されている。

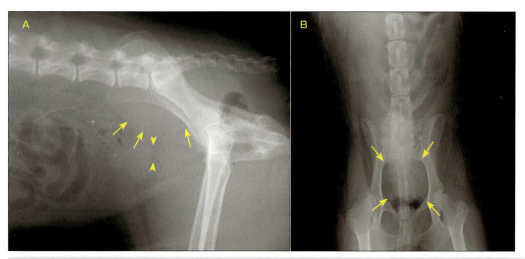

図1-280　骨盤腔内にある大きな腫瘍
A：骨盤腔が軟部組織の陰影（矢印）で占拠されており、直腸（矢頭）が腹側へ変位している。BのDV像では骨盤腔内に軟部組織陰影を示す腫瘤（矢印）がみられる。移行上皮癌であった。

診療のポイントとピットホール

　腹腔内腫瘍について術前に由来臓器が判明していれば、手術適応の判断や手術計画を適確に立案することができる。臓器の固定を考えて評価すれば、単純X線でもある程度由来臓器を推定することができる。しかし、超音波検査で腫瘍の内部構造を調べた方が、より正確な由来臓器の推定や血流の様子が判明するだろう。またCT検査を用いれば、主要な血管との関係など手術に必要な情報を得ることができる。

骨・関節疾患の X 線検査

1 成長期の骨格疾患

■離断性骨軟骨症（Osteochondritis：OCD）

大型犬6〜9カ月齢で好発する。病態としては関節軟骨の肥厚が起こり、軟骨の亀裂が生じ、フラップまたは遊離断片が形成される。発生する部位は、上腕骨骨頭の後面が最も多い。その他、上腕骨の遠位内側や、大腿骨遠位の滑車の外側および内側面、足根骨滑車の内側および外側面などにも発生する。両側性に発症することもある。肩関節の骨軟骨症では、フラップの大きさは痛みや症状と関連する。

- 肩関節の骨軟骨症のX線所見。
  > 軟骨下骨の不整と平坦化（図1-281）。
  > 病変部を囲む骨の硬化像。
  > 石灰化した軟骨フラップや遊離軟骨の存在。
  > 退行性の関節症。
  > 関節内にガスがみられることがあるが、これは真空現象と呼ばれ、関節の動きにより生じる。肩関節では骨軟骨炎に関連してみられることが多い。
  > 軟骨のフラップは、石灰化していない場合にはX線で描出されない。
  > 関節内のフラップは、関節鏡や関節造影により可視化できることがある（図1-281）。
  > 関節造影には、非イオン性の造影剤が用いられる。
  > 病変発生から時間が経過すると、関節症に一致したX線所見がみられるようになる。

- L7-S1の骨軟骨症のX線所見：骨軟骨症に類似した所見がS1の前面背側にみられることがある。この所見がある場合には、馬尾症候群を発症しやすい。
  > S1の前面背側の辺縁の平坦化と変形（図1-282）。
  > S1椎体の背側から骨の棘状の突起（骨棘）が脊柱内へ入っているのが描出されることがある。時に、骨の突起は、基部がX線透過性のことがあり、その場合には遊離しているようにみえる。
  > 椎体の骨端の硬化。
  > 平坦化した領域に近接して骨片が存在することがある。
  > L7-S1間に続発性の骨変化がみられることがある（図1-283）。

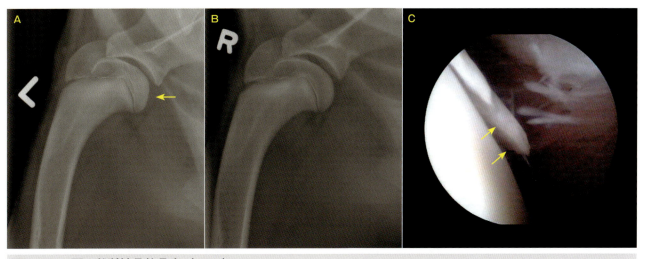

図1-281　肩の離断性骨軟骨症（OCD）
肩のOCDの写真で、A（左前肢）の上腕骨尾側にが平坦化している（矢印）。B（右前肢）は正常である。C：同じく症例の関節鏡の写真。離団した軟骨フラップが観察される（矢印）。（A〜C写真提供：コーネル大学／林 慶先生のご厚意により掲載）

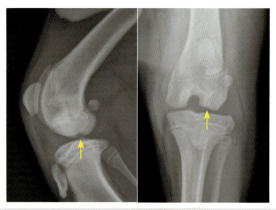

図1-282　大腿骨遠位の外側滑車のOCD
大腿骨の遠位外側の滑車に欠損領域が観察される（矢印）。
（写真提供：コーネル大学／林 慶先生のご厚意により掲載）

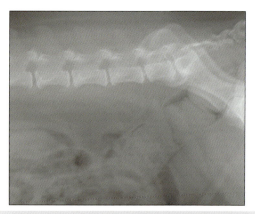

図1-283　L7-S1の明らかな骨新生
二次性の変化だが、原因が離断性骨軟骨症かどうかは不明である。

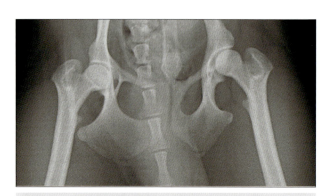

図1-284　正常な股関節のX線像
大股骨頭が寛骨臼にきれいに収まっている。

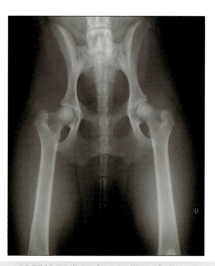

図1-285　股関節形成不全の初期の変化
大腿骨頭と寛骨球との間がわずかにゆるんでいる。

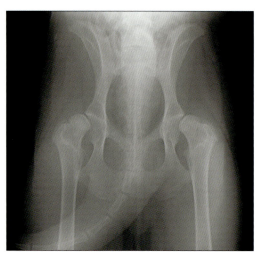

図1-286　骨関節異形成の初期X線像
初期の二次的な関節の変化（大腿骨頭の平坦化、骨化など）がみられる。この症例では関節のゆるみが著しい。

■ 股関節異形成

大型犬の成長期にみられる疾患で、遺伝性の素因が存在すると考えられている。その他に、環境要因、栄養が関与する。正常な股関節は、太股骨頭が寛骨球にきれいに収まっている（図1-284）。

- 最も初期の変化として、太股骨頭と寛骨臼の間に関節のゆるみがみられる（図1-285, 1-286）。
- その後は、退行性関節症（Degenerative Joint Disease：DJD）と一致する以下のような所見がみられるようになる（図1-287〜1-289）。
  > 関節周囲の骨棘の形成。
  > 大腿骨や寛骨臼軟骨下骨の硬化。
  > 骨の新生：大腿骨頸後面にX線吸収性のラインとして描出される単一の骨棘等（図1-287）。

X線検査

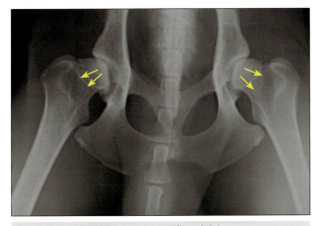

図 1-287 股関節のカバーが浅い症例
右の骨頭は、平坦化および硬化しており、大股骨の頸部は太くなっている。左の関節にも同様の変化がみられている。また、本症でしばしばみられるX線吸収性のラインが大腿骨頸に描出されている（矢印）。

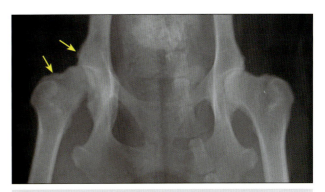

図 1-288 二次的な変化を伴う股関節形成不全
大腿骨頸部は太く、股関節面は不整になり、寛骨球も浅くなっている。また、骨の硬化や新生も認められる（矢印）。

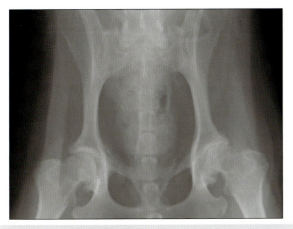

図 1-289 退行性関節症
大腿骨の二次的な変化が明らかである。股関節のカバーはよく保たれているが、寛骨臼の硬化が著しい。関節面も不整である。

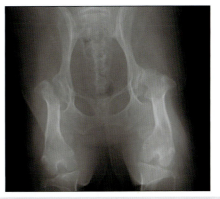

図 1-290 骨頭切除
重度の関節症のために痛みがある症例では、緩和のために骨頭切除術が行われることがある。この症例では、右関節の切除が行われている。左関節は寛骨球が浅く亜脱臼の状態である。

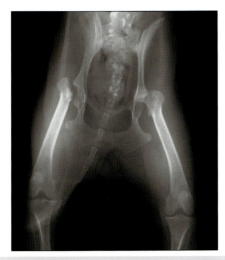

図 1-291 骨頭切除
股関節形成不全のため、右股関節は骨頭切除されている。左の寛骨臼は浅く、骨頭は脱臼している。

> 関節症の病態が進むと、大股骨頭が球形から平坦な形へ変化する。
> 大腿骨頸部は太くなり、表面は骨新生や骨棘の形成により不整になる
> 寛骨球はカップ状の形状が崩れて浅くなる。
> 軟骨下骨でのシスト形成がみられることがある（まれ）。
> 進行した症例では、緩和治療のため太股骨頭の切除を行うことがある（図 1-290, 1-291）。

● 股関節の評価方法はいくつかある。
> 後肢を伸ばした状態でVD方向の撮影。
> 後肢を自然に広げた状態で撮影。

> OFA（Orthopedic Foundation for Animals）の評価で要求される撮像法。診断や繁殖への供試の判断を目的に撮影される。
  * 特に道具は必要ない。若齢での判断が難しい。OFAでは、正式には24カ月齢以上の動物が評価の対象である。
  * 犬を仰臥位にする。
  * 後肢を伸展させ、後肢が平行になるようにする。
  * 後肢をやや内転させ、膝蓋骨が大腿骨の前面にのるようにする
  * X線が大腿骨の中央に入るように、また腰と大腿骨全体が写真に入るようにする。
  * 骨盤が左右対称になるようにポジションを整える。
  * 評価はExcellentからSevere dysplasiaまでの7段階で行われる。

> PennHIP：専用の道具が必要。比較的若齢（4カ月齢くらい）から用いられる。診断や、予後予測を目的として行われる。
  * 仰臥位にして、大腿骨を自然な状態にして、骨頭を寛骨臼に押しこんだ状態で1枚撮影する。
  * 次に専用の器具（平行な棒）を左右大腿骨の間に挟み、大股骨をその棒に押しつけることで寛骨臼と大股骨頭の間にゆるみを作って再度撮影する。
  * 寛骨臼と大股骨頭との距離を2枚のX線写真で測定し、DI（Distraction Index：骨頭と寛骨臼の距離の比で股関節がどれだけゆるむかの指標）を算出する。
  * DIは将来的にDJDに進行するかどうかの予後指標として用いられることがある。

❗ 診療のポイントとピットホール

　股関節異形成では、診断目的により実施する検査手技も異なる。また、最終的な治療手技のオプションも診断方法を考えるうえで重要である。多くの場合、症例は歩様異常や跛行などにより来院する。そのような例では、疼痛の除去や関節症の発症予防が目的となる。治療成績は外科医の個人的な能力に大きく依存するため、治療成績のデータを客観的に評価することが困難な分野であり、第一選択は決まっていない。予防処置としての三点骨切術等に意義があると考えている場合には、二次的な関節症を発症する前に手術を実施することが大切である。手術適応を決める際には、関節症を発症するか予測することが必要となり、その目的のためにPennHIP法などが用いられることがある。予防的な手術を実施せず、疼痛の発生時などに関節置換や骨頭切除を考える場合には、積極的に予後予測をする意義はあまりないかもしれない。治療まで見据えて合理的に診察を進めるべきであろう。

X線検査

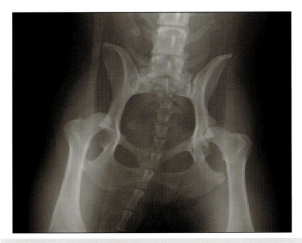

図1-292 股関節脱臼
右股関節が脱臼している。

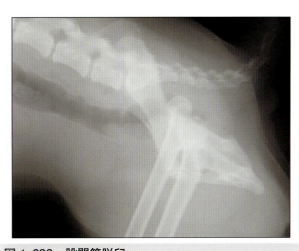

図1-293 股関節脱臼
ラテラル方向からの撮影では、大腿骨頭は寛骨臼の頭背側に脱臼していることが撮影されることが多い。

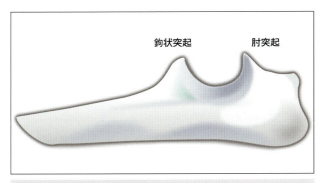

図1-294 尺骨の模式図
鉤状突起（coronoid process：CP）と肘突起（anconeal process：AP）の位置が示されている。
（イラスト：山口大学／下川孝子先生）

図1-295
肘突起の癒合不全であり、尺骨と肘突起（矢印）が癒合していない。
（イラスト：山口大学／下川孝子先生）

■股関節脱臼
- 物理的な衝撃により股関節がはずれてしまうことがある。
- 重度の股関節形成不全では、股関節が容易に脱臼することがある。
- 股関節脱臼では、骨頭は寛骨臼の頭背側にはずれることが多い（図1-292, 1-293）。

■肘関節の異形成
　成長期にみられる異常で、退行性の関節症に進行していくものをまとめた名称である。形態的には、以下の3つの病態を指す（図1-294）。
- 肘突起の癒合不全（図1-295）。
- 内側鉤状突起離断（図1-296, 1-297）。
- 上腕骨遠位内側の離断性骨軟骨症（図1-298, 1-299）。

■肘突起の癒合不全
- 大型犬に多い。正常な成長では肘突起は4〜5カ月で尺骨と癒合する。
- 発症は両側性のことが多い。診断時には左右の肘を撮影する。通常のラテラル像とともに肘を屈曲させて撮影する。
- 肘突起の癒合不全のX線所見。
  > 5〜6カ月齢以上の年齢で尺骨と肘突起の間にX線透過性のラインがみられる場合には異常である。
  > X線透過性のラインは鮮明であることも、不整で広いこともある。
  > 時間が経過すると関節症のため、癒合不全が不鮮明になることもある。

107

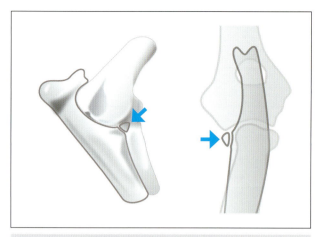

図1-296 内側鉤状突起離断の模式図
（イラスト：山口大学／下川孝子先生）

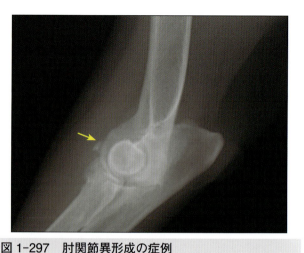

図1-297 肘関節異形成の症例
この症例では、二次的な関節症により関節面が不整になっており、関節周囲の骨新生もみられる。いわゆる関節ネズミ（矢印）も観察される。肘関節の関節症は、肘関節異形成の二次的な変化であることがある。

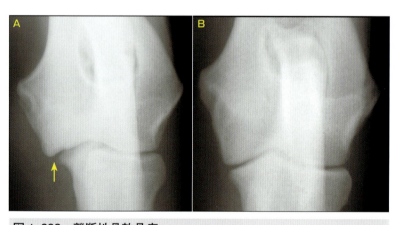

図1-298 離断性骨軟骨症
Aは上腕骨遠位内側の離断性骨軟骨症（矢印）。Bは正常。
（写真提供：コーネル大学／林 慶先生のご厚意により掲載）

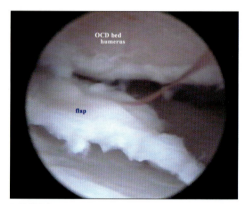

図1-299 上腕骨遠位の離断性骨軟骨症の関節鏡写真
離断部分と離断した軟骨フラップが観察できる。（写真提供：コーネル大学／林 慶先生のご厚意により掲載）

■尺骨の内側鉤状突起の離断

- 肘関節の異常としては最も多い。
- 大型犬で多くみられ、しばしば両側性に発生する。4～6カ月齢から症状がみられはじめる。
- 鉤状突起の離断は、X線では他の骨との重なりや骨新生のため確認しにくい。そのため、まず本症に伴う骨の変化を認識し、その後、本疾患を疑い詳細な撮像を行うことになるであろう。ラテラル方向および前後方向に加え、肘関節を屈曲させてX線撮影を行う。
- 読影では肘の内側に形成される退行性の骨変化を探す。前方斜め25°方向から撮影するとより描出されやすいとされる。
- CTを用いた高解像度画像による診断も有用なことがある。
- 内側鉤状突起離断のX線所見。
  > 離断した内側鉤状突起が描出されることがある。
  > 肘筋の近位に骨の新生がみられることがある。
  > 尺骨の滑車痕や鉤状突起に隣接する関節の軟骨下骨に骨硬化像がみられる。

> 上腕骨-尺骨および上腕骨-橈骨の間隙が広がることがある。
> ラテラル像で病変を描出することは難しいが、内側鉤状突起付近に異常がみられることがある（太くなっている、鈍化している、突起が存在しないなど。
> 前後方向では内側鉤状突起の鈍化や大きな骨棘がみられることがある。
> 退行性の関節症がみられることがある（図1-297）。

■ 上腕骨遠位内側の離断性骨軟骨症（OCD）
● 上腕骨遠位端に軟骨フラップが形成される（図1-298, 1-299）。

■ レッグペルテス病（大腿骨頭の非化膿性壊死）
● 若い小型犬種で多くみられる。大腿骨骨端への血流障害が原因と考えられている。
● 症状は4～11カ月齢、主として5～8カ月齢でみられることが多い。
● 初期にはX線で異常が認められない。
● 欠損部を修復し、壊死部を除去しようとする整復過程で骨吸収像がみられるようになる。
● 病的な二次的骨折がみられることがある。
● X線所見（図1-300）。
  > 初期の病変では、軟骨下骨の深い位置に線状のX線欠損像がみられる。
  > 大腿骨骨端がX線透過性になる。
  > 大腿骨頭の平坦化、関節面の不整になる。
  > 大腿骨頭の遊離がみられることがある。
  > 罹患後肢の廃用性筋萎縮と関節症がみられることがある。
● 治療として大腿骨頭の切除を行うことが多い。

■ 汎骨炎
● 大型犬の5～12カ月齢で多くみられる。
● 長骨に多く発生し自然に治癒していく。
● 組織学的には骨芽細胞の活性が強く、その結果、骨のX線吸収が高くなる。
● 1つの骨に限局することもあるし、多数の骨に発生することもある。
● 骨病変は順次、他の骨へ移っていくこともあり、症状が数カ月間持続することもある。
● X線所見（図1-301）。
  > 初期には海綿骨がすりガラス状にX線吸収が増強される。
  > 骨髄が一様に描出される。滑らかで連続的な骨膜周囲の骨新生がみられることがある。
  > 縁取りされた結節状のX線吸収巣が、長骨の骨幹、特に栄養孔の周りに認められることがある。
  > 後期には骨のX線不透過性は改善され、粗造な海綿骨の肥厚が観察される。骨周囲のリモデリングに伴って皮質骨が肥厚することがある。

■ 肥大性骨異栄養症
● 大型～超大型犬種の2～7カ月齢で発症する。
● 原因は不明だが、サプリメントやビタミンの過剰、あるいは不足、細菌感染の関与が指摘されている。
● 遠位橈骨、尺骨、頸骨など長骨の成長板が障害を受ける。下顎骨、中手骨、肋軟骨も障害を受けることがある。
● X線写真では、異常は四肢に左右対称にみられることが多い。

> **! 診療のポイントとピットホール**
>
> レッグペルテス病をはじめ、多くの成長期の骨疾患には、犬種や発症年齢に特徴がある。まず、症状とシグナルメントから鑑別疾患リストを挙げられるようになっている必要がある。疾患とそのX線所見の知識がなければX線をみても病変を見落としてしまう。あらゆる疾患についていえることだが、X線診断技術の前に、疾患についての知識が必要である。

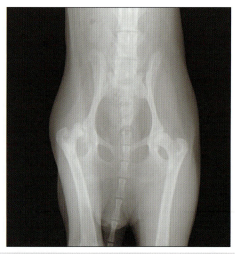

図1-300 レッグペルテスの症例
右の大腿骨頭が平坦化している。

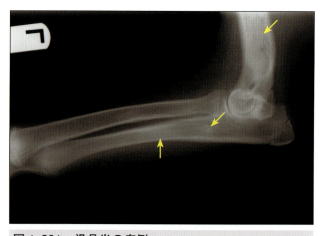

図1-301 汎骨炎の症例
上腕骨と尺骨の骨髄の一部がX線吸収性が強くなっている（矢印）。
（写真提供：コーネル大学／林 慶先生のご厚意により掲載）

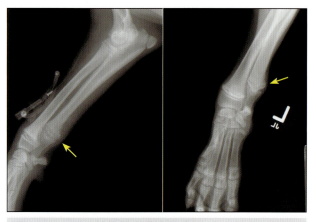

図1-302 肥大性骨異栄養症の症例
成長板に近接した領域の骨吸収と、その周辺での骨の硬化像（矢印）が認められる。
（写真提供：コーネル大学／林 慶先生のご厚意により掲載）

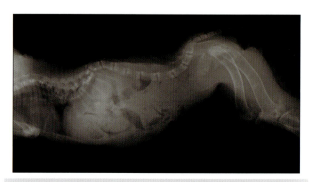

図1-303 栄養性二次性上皮小体機能亢進症の症例
骨のX線吸収が低下しており、脊椎も湾曲している。
（写真提供：たいら動物病院（鹿児島県）／野上理加先生のご厚意により掲載）

- X線所見（図1-302）。
  - 骨幹の成長板に隣接した骨にX線吸収像がみられ、成長板が2重になっているようにみえる。
  - X線吸収領域に隣接して骨の硬化像がみられる。
  - 骨端に骨新生がみられることがある。この骨新生は通常、皮質骨とは離れている。
  - 慢性で重度の症例では、骨幹端の骨膜周囲に増殖性変化がみられる。増殖性変化が骨端軟骨にまで及ぶこともある。
  - 病変部に軟部組織の腫脹がみられることがある。

■栄養性二次性上皮小体機能亢進症

- 低カルシウム、高リン食を与えることで上皮小体ホルモンのレベルが上昇し、骨からのカルシウム吸収が起こり全身的な骨粗鬆症を起こす。
- X線所見（図1-303）。
  - 全身的に骨のX線吸収が低下する。軟部組織と同程度のX線吸収になることもある。
  - 頭蓋では歯槽硬線の喪失がみられる。
  - 病的な骨折や異常な癒合がみられることがある。

2 骨の腫瘍と感染

臨床の現場では、骨の腫瘍、炎症、感染を区別する必要がある。X線検査だけで鑑別することは難しいが、病歴、シグナルメント、病変の部位などの情報と組み合わせて判断していく。確定診断としては生検が必要となる。

■骨腫瘍の見分け方：X線的に攻撃的な所見がみられるか？

- 経時的変化。
  - 骨肉腫などの攻撃的な病変では、経時的にX線写真を撮っていくと病変部に増悪がみられる。しかし骨肉腫の転移は早期に起きるため、いたずらに経過を観察すべきではない。
- **骨融解のパターン**：骨融解は骨のX線吸収の減少として検出される。骨融解のパターンは病変の攻撃性の程度を評価するために便宜的に以下のように分けられることがある。
  - **地図状病変**：良性または非攻撃的な病変。孤立性の病変で、正常部分の骨との境界が明瞭。大きな病変を形成することもある。シストや内軟骨腫が原因のことが多い。
  - **虫食い状病変**：中程度に攻撃的な病変。さまざまな大きさの骨吸収病変を有する。病変部同士が癒合することもある。境界は明瞭なことも不明瞭なこともある。多くの骨腫瘍や細菌性骨髄炎、多発性骨髄腫がこのような病変を形成する。
  - **浸潤性**：非常に攻撃的な病変。X線吸収性の病変が多数存在。病変部と正常な骨との境界は不明瞭。皮質骨にも病変が存在する（攻撃性の低い病変では、皮質骨への浸潤はあまりみられない）。

■病変の発生部位：発生部位により原因を推測できることがある

- **代謝性**：通常全身性の骨病変がみられる（例：栄養性二次性上皮小体機能亢進症）。
- **骨腫瘍（原発性）**：初期には単発性で骨端付近が原発なことが多い（例：大型犬の骨肉腫は長骨端に多い）。
- **骨腫瘍（転移性）**：骨転移では複数の骨に病変がみられることが多い。真菌感染でも、類似した病変を生じることがある。
- 血行性細菌感染の発生頻度は高くない。若齢動物でみられ、通常は骨端部に病変を形成する。
- 二次的な細菌性骨髄炎は、外傷部分や術創付近にみられる。

■周辺との境界
- 良性の病変では明瞭なことが多い。

■骨新生
- 骨新生は、正常な骨、および腫瘍組織でみられる。骨髄腔内、および骨外への骨新生がある。
  - **骨髄腔内の骨新生**：骨梁の肥厚やX線吸収の増加として描出される。骨内膜仮骨形成、汎骨炎、骨の梗塞、ピルビン酸キナーゼ欠損症などでみられる。
  - **骨外への骨新生**：病変の攻撃性を評価するために以下のように分けられる。
    * **平滑で孤立性の骨新生**：骨周囲に均一に骨新生がみられる。X線吸収性の変化は少なく一様である。外傷などに起因することが多く、攻撃的な病変ではない。
    * **多層性骨新生**：骨皮質に沿った骨新生が層状にみられる。外傷、感染、腫瘍、肥大性骨異栄養症などさまざま病態でみられるが、攻撃的な病変ではないことが多い。
    * **針状円柱状骨新生**：長骨に沿って垂直に針状の骨新生がみられる。肥大性骨症が典型的。細菌感染でもみられることがある。
    * **Sunburstパターン**：病変からの放射状の骨新生で、同時に骨融解像もみられる。攻撃的な病変であり、骨腫瘍などでよくみられる。
    * **無定型骨新生**：骨周囲の軟部組織に組織化されていない骨新生がみられる。攻撃的な病変である。

> ### 診療のポイントとピットホール
>
> 骨の異常について、シグナルメント、臨床所見、X線所見など非侵襲的な検査所見から、症例の骨の疾患が以下の6つのうち、どれに分類されるか整理して疾患を絞っていくとわかりやすい。そこから骨生検などの侵襲的な検査も視野にいれ、合理的に診断や治療アプローチを計画するとよい。
>
> | ○退行性の変化 | ○腫瘍性の変化 |
> | --- | --- |
> | ○遺伝性または成長期の異常 | ○感染性、炎症性の変化 |
> | ○代謝性、内分泌性、栄養性の変化 | ○外傷性の変化 |
>
> 実際の診療でしばしば迷うのは骨腫瘍と感染である。通常の状況で飼育されている場合には骨の感染の頻度は低く骨腫瘍の発生頻度が高い。しかし、腫瘍では断脚術等の侵襲的な治療を適応する前に明確な確定診断が必要とされることも多い。その場合には、骨生検が必要となる。

３ 骨の腫瘍：骨端部にできる攻撃性の病変は第一に骨腫瘍を疑う。

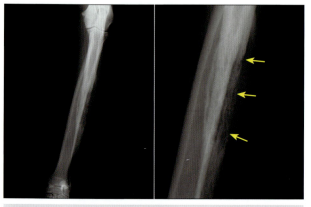

図1-304　虫食い状の骨融解像
虫食い状に骨が融解している（矢印）。X線所見からは、骨腫瘍または感染症が鑑別診断としてあげられるが、実際には腫瘍の頻度が高い。この症例は骨肉腫であった。

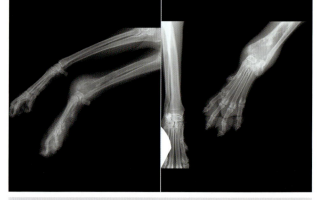

図1-305　骨肉腫の症例
ミエローマのゴールデン・レトリーバーの橈骨遠位端に明瞭な骨吸収がみられた。骨肉腫であった。

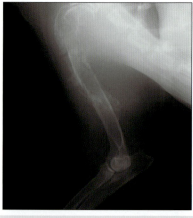

図1-306　骨の破壊像
上腕骨に攻撃的な骨破壊像がみられる。骨肉腫であった。

■骨肉腫（図1-304～1-307）

- 犬では骨の腫瘍として最も頻度が高い。
- 大型犬や超大型犬で好発する。
- 好発部位は長骨端、特に近位上腕骨、遠位橈骨（肘から遠く）、遠位大腿骨、近位脛骨（膝の近く）である。しかし、他の部位でも起きる。
- 猫では、犬ほど多くないが発生がみられる。
- 骨肉腫は通常、関節を超えて浸潤しない。しかし腫瘍が大きくなれば浸潤することはある。
- 骨梗塞、骨折、骨折の内固定に反応した続発性の骨肉腫が報告されている。外科処置を行った部位では、感染との鑑別が重要になる。

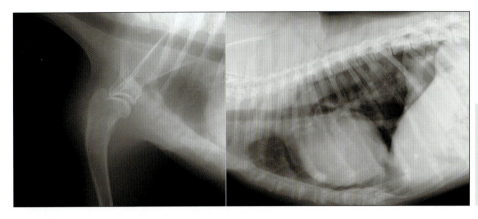

図1-307 骨吸収像
跛行を主訴に来院した犬で、上腕骨近位に弱い骨吸収がみられる。骨肉腫であった。右は同じ症例の胸部X線で、すでに肺への転移がみられる。骨肉腫では、早期に転移することが多い。

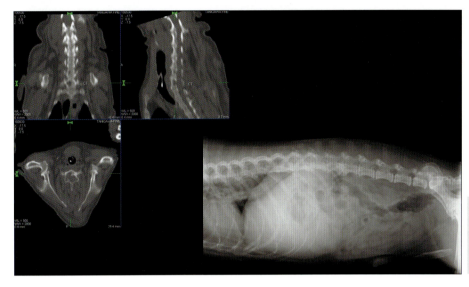

図1-308 多発性の骨吸収がみられた症例
脊椎を中心にパンチアウトと呼ばれる多発性のX線吸収性巣がみられる。左はCT像

- 真菌感染でも類似した病変がみられることがあるがまれである。真菌の感染は若齢動物に多い。
- 細菌性の骨髄炎は外傷や手術の後に局所的に生じることが多い。

■ 多発性の骨病変の鑑別
- 多発性の骨病変の症例では、腫瘍の骨転移や真菌による骨髄炎が主な鑑別疾患としてあげられる。
- しかし、腫瘍の転移と真菌感染をX線所見のみから鑑別することは困難である。
- 真菌感染はまれ。若齢の動物が罹患することが多い。
- 真菌感染は猫よりも犬で発生が多い。
- 真菌症は血行性に移行し、骨端に病変を作りやすい。
- 腫瘍の骨転移は上皮系の腫瘍で起こりやすい。

- 細菌性の骨髄炎は、犬や猫では少ない。血行性ではなく、外傷や外科の術創から起きることが多い。
- 多発性骨髄腫では、多数の骨吸収性病変がみられることがある（図1-308）。血清蛋白泳動でのM蛋白の検出が、診断に有効なことが多い。

■ 指の骨の病変の鑑別
- 爪下の病変は、腫瘍か感染性かを鑑別することが難しい。
- 犬では、爪下の腫瘍が比較的多く認められる。
- 犬では扁平上皮癌が多く、大型犬で被毛の黒い犬種で多いとされる。
- 犬ではメラノーマもみられる。
- 重度な指端皮膚炎（感染）でも攻撃的な骨病変が認められることがあり、両者をX線で鑑別することは困難。しかし骨融解の傾向が強い場合には、腫瘍の可能性が高く断指を含む精査が必要だろう。

> **診療のポイントとピットホール**
>
> 骨肉腫は大型犬でよくみられる疾患である。初期の病変では、X線での変化は軽微なこともあるが、進行が早いため骨吸収像などを見逃さないようにする。また犬の骨肉腫では、ほとんどの症例で最終的には肺転移を起こす。断脚等を考える場合には、胸部のX線撮影で転移を見逃さないようにする。しかし、明確な転移巣がみられない場合でも、すでに微少病変として転移しているケースが多い。転移があっても鎮痛を目的として断脚等の処置を行うことがあるが、十分にインフォームドコンセントを得ておくことが必要である。

4 関節疾患のX線像：加齢や他の関節疾患に伴ってみられる非炎症性の変化である。

　関節症を疑わせる所見は以下のとおりである。関節症の模式図と正常な膝のX線像を図1-309〜1-311に示した。

■関節滑液の増加
- 滑液が多量に貯留している場合には、X線で検出可能。多くの場合、関節液の貯留は関節内のX線吸収領域の増加として認識される（図1-312）。
- X線では関節軟骨、滑液、滑膜、関節包を識別することはできない。
- 膝関節の場合は、ラテラル像で脂肪組織が辺縁に押しやられた像"fat pad"がみられることがある。

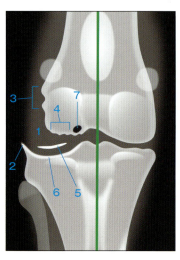

図1-309　退行性関節症の模式図
1：関節液の貯留のためX線吸収が増加し、2：骨棘が形成される。3：関節周囲に骨新生がみられるようになる。4：関節面が不整となる。5：滑膜などの関節の軟部組織の石灰化がみられることがある。6：軟骨下骨が硬化することもある。7：時に、軟骨下骨にシストがみられることもある。
（イラスト：山口大学／下川孝子先生）

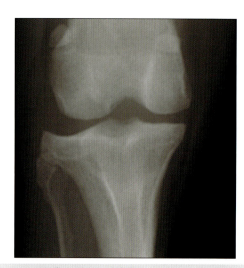

図1-310　正常な膝のX線像

X線検査

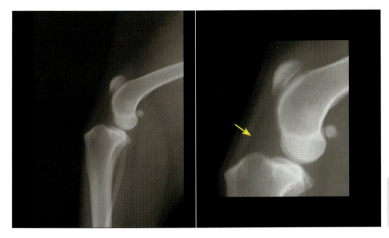

図1-311 正常な膝のX線像
膝関節では通常、図のようにX線透過性の脂肪（矢印）が腱などとコントラストを形成する。

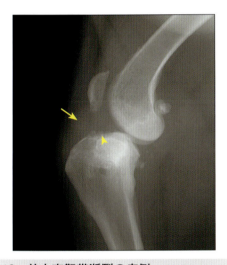

図1-312 前十字靱帯断裂の症例
大腿骨と脛骨のアライントメントが異常で、脛骨が頭側に滑っている。関節液の貯留（矢印）、不整な関節辺縁（矢頭）、骨新生がみられる。

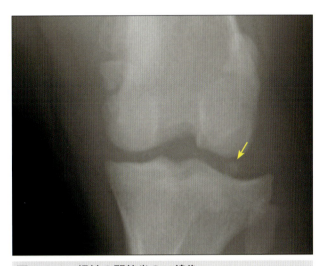

図1-313 慢性の関節炎のX線像
関節間隙の拡大（主観的）、関節内で石灰化している組織（矢印）や関節液の貯留が認められる。

■関節領域の間隙の増大
- 病態の初期では、滑膜からの浸出液増加により間隙が広くなる（図1-313）。
- しかし、病態が進行すると軟骨の摩擦のため間隙が狭くなったようにみえる場合がある（図1-314）。
- 撮影時の負重によっても関節間隙の描出が異なる。

■軟骨下骨のX線透過性の亢進
- 軟骨下骨は、正常な状態では軟骨により滑液と隔てられているが、軟骨が障害を受けると骨吸収が起きる。
- 軟骨下骨が虫食い様の辺縁として観察される。
- 軟骨下骨の吸収は、関節リウマチや感染性の関節疾患で起きやすい（p117～関節リウマチの項参照）

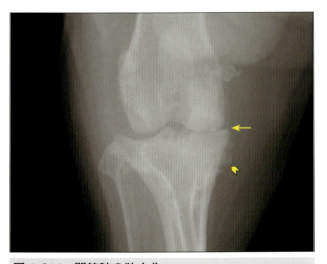

図1-314 関節腔の狭小化
この症例では、膝関節周囲の骨新生（矢頭）と骨棘の形成（矢印）が明らかである。関節腔は狭くなっているようにみえる。

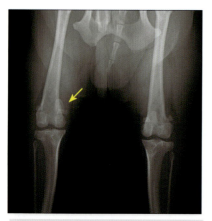

図1-315　膝蓋骨脱臼
膝蓋骨の脱臼は小型犬で多くみられる。この症例では、右後肢の膝蓋骨が内方へ変位している（矢印）。

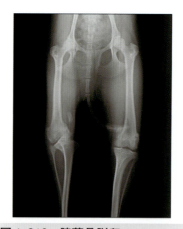

図1-316　膝蓋骨脱臼
この症例では両側の膝蓋骨が内方へ変位している。特に右後肢の膝蓋骨の変位と後肢の骨のアライメントの変化が著しい。

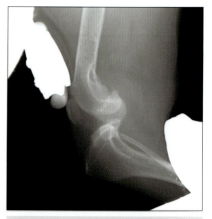

図1-317　前十字靱帯の断裂
主に触診により判断される。断裂による膝の変位が大きい場合には、この症例のようにX線でも確認できる。力を加えることで脛骨が前方へ滑っている。

■軟骨下骨でのシスト形成
- 退行性関節症や他の関節疾患で時々みられる。

■軟骨周囲の骨の硬化像
- 退行性関節症などでは軟骨下骨において1〜2mm程度の幅でX線吸収が増加することがある。

■軟骨周囲の骨の増殖
- 退行性関節症では、軟骨滑膜移行部において線維性軟骨が形成される。関節周囲の線維性軟骨が徐々に骨化することでX線的に描出される骨棘が形成される（図1-314）。
- 骨棘が大きくなると関節の動きに制約がでてくる。

■関節軟部組織の石灰化
- 慢性的な関節病変では関節腔内、滑膜などに石灰化がみられることがある。
- 関節内に骨軟骨腫が認められることもある。
- 半月板の石灰化がみられることがある。
- ジョイントマウスとは、関節内にみられる遊離した辺縁明瞭な石灰化陰影のことである（図1-313）。

■関節の変位
- 膝蓋骨脱臼では、膝蓋骨の位置がずれる（図1-315）。これにより力の伝わり方が変化するため、骨の配置も変化する（図1-316）。しかし、膝蓋骨脱臼には外力を加えないと変位しない場合もあり、触診の方がわかりやすいかもしれない。
- 前十字靱帯断裂では、外力を加えて撮影すると骨の配列の変化が明瞭になることがある（図1-317）。しかし、X線像で確認されるような変位は触診でもわかることが多い。

■関節造影
- 関節面を詳細に観察したい場合に行う。
- 犬の肩の離断性骨軟骨症には、イオヘキソールなどの造影剤を2〜4mL/head投与する（大型犬）。
- 関節造影により骨化していないX線透過性のジョイントマウスを描出する。
- 大型犬では、関節鏡による観察も行われるようになっている（図1-318）。

X線検査

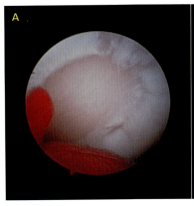
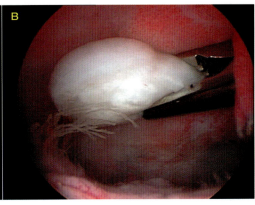

図1-318 膝関節の離断性骨軟骨症
Aは離断面で、関節面から軟骨が脱落している。Bは離断した軟骨組織を除去している様子。（写真提供：コーネル大学／林 慶先生のご厚意により掲載）

■退行性関節症
(Degenerative Joint Disease：DJD)

退行性関節症の模式図を**図1-309**に示す。
- 最も高頻度にみられる関節の異常である。
- 中型から大型犬の体重を支持する関節で多くみられる。
- 股関節で最も多く、肩、膝、肘関節でもよくみられる。
- 特発性、加齢性、および成長期の関節疾患に二次的に発生することもある。
- 外傷や関節の不安定性およびその他に要因により、二次的に起こることもある。
- 非化膿性非炎症性の病態である。
- 体重を支持しない関節における靱帯付着部にも同様の変化がみられることがある。
- X線所見は罹患関節や病期により異なるが、よくみられる変化は以下のとおりである。
  > 初期には関節容積の増加：関節間隙が広がっているようにみえる（**図1-313参照**）
  > 股関節形成不全の初期病変では関節のゆるみがみられるだけで、DJDの所見はみられない（股関節のゆるみは将来的に関節症に発展することが多い）。
  > 骨棘形成は関節症のわかりやすいX線所見の1つである（病態が進んだ症例で観察される）。
  > 持続的な摩耗により関節軟骨の菲薄化が観察されるようになる（体重負重時）。
  > 軟骨下骨が象牙質化することでX線吸収が増加する。また逆に、体重負荷面が圧迫・壊死することでX線透過性となることがある。
  > 軟骨下にシスト形成がみられることがある。
  > 関接の可動域の低下、軟骨下骨の強度の減少、衝撃吸収性の低下により骨の変形がみられることがある。

■犬の特発性多発性関節炎
- 犬で多い疾患であり（関節リウマチよりも多い）、発熱、元気消失、動きたがらない、跛行などを主訴に来院する。
- 跛行が主訴の場合には、他の関節疾患との鑑別が必要になる。
- X線では関節液の貯留以外に異常がみられないことが特徴であるが、他の原因を除外し、CRPの上昇と関節液穿刺により関節炎の存在を証明することが必要である。
- 治療には免疫抑制量のグルココルチコイドを使用するので、感染症を除外するために関節液の培養検査を早期に実施するとよい。診断的な抗菌剤投与も許容されるであろう。

■感染性関節炎
- 血行性の感染性関節炎は、犬猫では少なく、免疫介在性の関節炎よりもかなりまれ。
- 初期には、他の関節炎と同様、関節の腫脹、関節液の貯留がみられる。
- 大きな関節に好発する傾向がある。
- 慢性化すると軟骨が破壊され、軟骨下骨に骨髄炎が生じる。
- 軟骨下でのシスト形成やその周囲の骨硬化がみられる。

■関節リウマチ
- 免疫介在性の多発性関節炎では骨破壊はみられない。骨破壊が起きる関節リウマチと鑑別される。

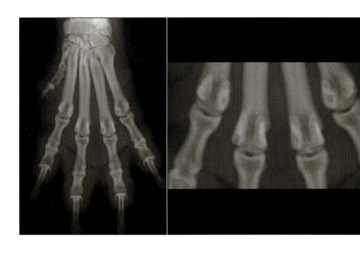

図 1-319　犬の正常な四肢端の X 線像
正常な犬の指の関節。関節リウマチでは四肢の小関節が最もおかされやすい。

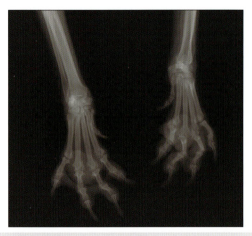

図 1-320　関節リウマチの症例
初期には関節のびらん性の変化はわかりにくいが、この症例では、指の関節の多くが破壊されている。

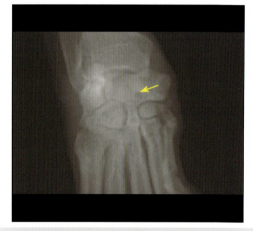

図 1-321　関節リウマチの症例
図 1-320 の症例の拡大で、手根関節にも軟骨下にシスト形成がみられる（矢印）。

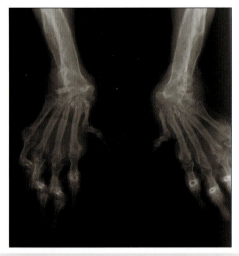

図 1-322　進行した関節リウマチの症例
指のほとんどの関節に加え、手根関節も骨融解、破壊されており、指が全体的に外側を向いている。

- 関節リウマチでは、四肢端（指）の関節の病変が最初に検出されることが多い（小さな関節が罹患しやすい）。
- 関節の腫脹や関節液の貯留がみられる。
- 正常な四肢端の X 線像を図 1-319 に示した。関節リウマチでは病期が進行するに従い以下の所見がみられるようになる（図 1-320 〜 1-322）。関節周辺の骨破壊が特徴的な所見である。
  > 軟骨周囲の骨の X 線吸収の低下。
  > 軟骨下骨でのシスト形成と骨破壊。
  > 軟骨周囲での骨融解とびらん。
  > 関節腔の狭小化。
  > 罹患関節に隣接する骨端部の X 線吸収の低下。
  > 関節の脱臼や亜脱臼。

診療のポイントとピットホール

犬では、多発性関節炎と比較して関節リウマチの発生頻度は低い。関節リウマチが疑われる場合、血中のリウマチ因子などの測定が行われるが、血清学的検査の診断的な意義は高くない。そのため、X線所見は多発性関節炎と関節リウマチの鑑別のために重要である。多発性関節炎では骨破壊がみられないのに対し、関節リウマチでは無治療の場合に進行性の骨破壊がみられる。この骨破壊は不可逆的なため、骨破壊を起こさないように早期に治療を開始する必要がある。

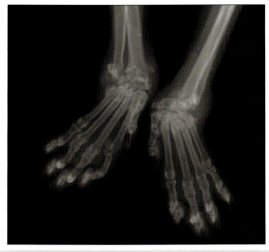

図1-323 猫の進行性関節炎
リウマチに類似した骨の進行性破壊がみられる。この症例では、手根関節の破壊が著しい。

■猫のびらん性の関節炎
- ヒトの関節リウマチに類似する。
- 高齢の猫に好発し軟骨下の骨びらんが特徴的である（図1-323）。
- 骨棘形成や軟骨下のシスト形成、関節の亜脱臼などがみられる。

■肺性肥大性骨症
- 通常は肺の疾患（腫瘍など）に関連して発生する（図1-324）。
- メカニズムは不明だが、末梢への血流の増加が関係すると考えられている。
- 末端の長骨に骨新生がみられる。その結果、骨周囲が結節状または針状にみえるようになる（図1-325）。

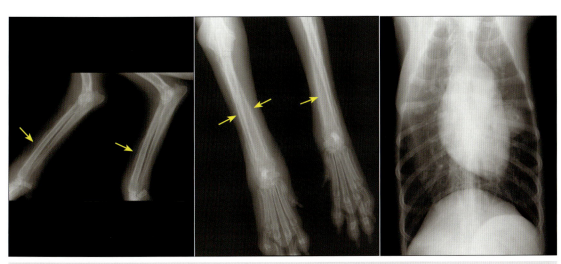

図1-324 肥大性骨症
肺の病変に伴い長骨の骨新生（矢印）がみられる。跛行などで来院するが、肥大性骨症に一致した所見がある場合には、胸部を精査するべきである。

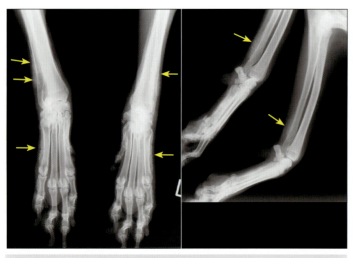

図1-325　肺に転移性腫瘍がある症例の前肢
長骨の周辺に骨新生がみられる（矢印）。

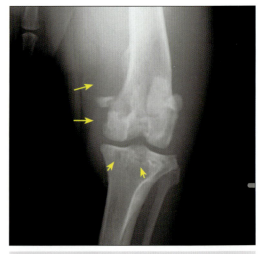

図1-326　膝関節にできたガングリオン
大腿骨遠位に軟部組織陰影がみられる（大きい矢印）。膝関節が一部不整になっており、脛骨にも骨吸収性のシストがみられる（小さい矢印）。

- 病変は指に始まり体幹の骨へと広がっていく。
- 原因となる肺の腫瘍が切除されると骨の病変も改善する。

■滑膜の軟骨腫
- 滑膜からの遊離片と考えられる。
- 石灰化している場合には境界明瞭である。多発性のこともある。

■滑膜肉腫
- 中年齢の中型～大型犬でみられる。
- 膝蓋骨と肘関節で多い。
- 腫瘍の成長はゆっくりとしていることが多い。
- X線では一部、石灰化像として描出されることがある。
- 病期の初期には骨膜周囲の骨棘形成としてみられ、その後、腫瘍に隣接する骨のびらん像が描出されるようになる。
- 海綿骨の破壊が著しい。関節に隣接する両方の骨で病変がみられることが多く、骨肉腫と鑑別される。
- 局所浸潤性が強く、転移も多い。
- 関節に腫瘍があり、その両側の骨の破壊が重度な場合には滑膜肉腫が強く疑われる。

■その他の腫瘍
- 肘や膝の関節を中心に関節液様の液体が貯留するガングリオンがみられることがある（図1-326）。組織は関節包から発生していることが多い。良性腫瘍であるが、骨吸収像や関節症がみられることがある。

頭部のX線像

　以前は頭蓋の診断のためにさまざまなX線撮影技術が利用されてきたが、CT、MRI、細径内視鏡（鼻など）が利用されるようになり、頭蓋の疾患については単純X線よりも簡単に、かつ有益な情報が得られるようになっている。ここでは単純X線検査が有用な頭蓋疾患を中心に解説する。

1　頭蓋の疾患

■頭蓋・下顎骨の骨症
- ウェスティー、スコッチ・テリアなどが好発犬種とされる。骨のX線吸収の増加がみられる。
- 4～11カ月齢の成長期の動物でよくみられる。
- 頭頂骨の後頭部、頭頂部、側頭部に発生することがある。
- 複数の部位に発生することがあり、しばしば対称的である。
- 顎関節の周辺にできた場合には、ブリッジ形成と硬化により開口障害が起きることがある。

■頭蓋骨の腫瘍（図1-327, 1-328）
- 骨破壊の原因として最も多いのは、骨腫瘍や軟部組織の腫瘍である。
- 骨腫瘍としては、骨肉腫が最も多くみられる。
- 頭頂部に発生する骨肉腫は四肢のものとは異なり、辺縁が明瞭で石灰化した顆粒状の領域を伴うことが多い。
- その他の部位に生じる骨肉腫は、四肢の骨肉腫に類似する。
- 骨腫は均一の骨組織で形成されており、滑らかで境界明瞭な辺縁をもつ。
- 骨腫では骨の破壊を生じることは少ない。
- 軟部組織の腫瘍では、骨新生より骨破壊が強くみられる。
- 感染症による骨髄炎でも骨破壊が起きるため鑑別が必要である。
- 鼻腔には腫瘍が多く発生する。

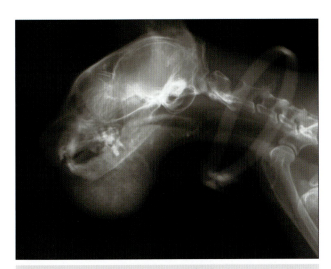

図1-327　猫の下顎にできた骨肉腫
腫瘤内に骨化がみられる。

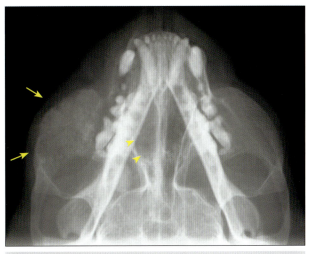

図1-328　頬骨から発生した骨肉腫
頬骨の骨融解がみられる（矢印）。鼻腔のX線透過性も左右不対照である（矢頭）。

2 中耳／内耳の疾患

■中耳炎・内耳炎
- 犬や猫では内耳炎や中耳炎に起因する顔面神経麻痺や斜頸が多くみられる（図1-329）。
- 眼振を伴うこともある。
- 単純X線検査により、これらの部位を描出することができる（図1-330）。
- DV像により耳道や鼓室の不透過性を評価する。
- 開口、または斜めからの撮影を行うこともあるが、CT撮影を行った方が明確に高感度に病変を描出できる。
- 鼓室胞に液体貯留がある場合には、軟部組織の陰影として観察される。左右の耳道や鼓室胞のX線透過性を比較する（図1-331）。
- 慢性の外耳炎に続発する場合には、耳道の狭小化や石灰化などが観察されることがある。
- CT検査の方が明らかに高感度である。正確な病変の描出にはCTを用いる（図1-332）。

■耳道の腫瘍
- 扁平上皮癌や耳垢腺癌が多い。
- どちらも骨破壊や骨新生を生じることがある。
- 正確な病変の描出にはCTがよい。

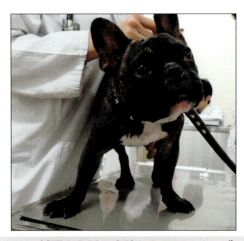

図1-329　斜頸を主訴に来院したフレンチ・ブルドッグ
中耳炎・内耳炎による斜頸は発症頻度が高く、重要な鑑別診断になる。

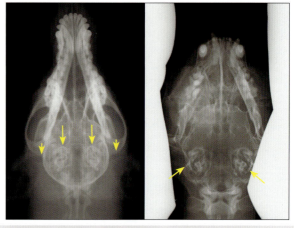

図1-330　中耳、内耳の評価
中耳、内耳の評価には、DV方向で頭部X線を撮影するとよい。鼓室胞（大きい矢印）や耳道（小さい矢印）が描出される。

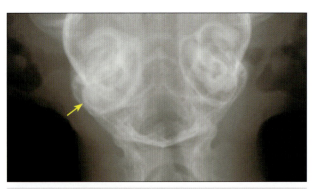

図1-331　鼓室胞の透過性の評価
この動物では、右側の鼓室胞のX線透過性が低下している。また、左右の鼓室胞ともに、慢性炎症に起因すると推測される骨の硬化像がみられる（矢印）。

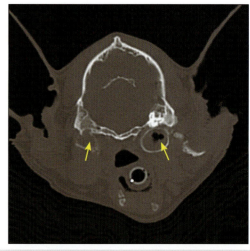

図1-332　頭部のCT像
CTにより鼓室胞や耳道の様子を正確に描出することができる。この症例では左右の鼓室胞（矢印）が液体で満たされている。

X線検査

> **診療のポイントとピットホール**
>
> **耳道疾患における単純X線とCTの使い分け**
>
> 　耳道の疾患で、病変部が耳道の深部まで及んでいる場合、全耳道切除や鼓室包切開など比較的侵襲性が大きな処置が必要なことがある。時に、手術による顔面神経麻痺などの合併症も発生するため手術適応の判断や術式のプランニングは慎重に行うべきである。覚醒している動物では、X線撮影時のポジショニングは制限される。麻酔をかけて検査を実施するのであれば、より正確な情報が得られるCT撮影を考慮すべきであろう。MRIでも描出は可能だが、一般にCTの方が空間分解能が高い。またCTは耳道など空気が存在する臓器ではよいコントラストが出るため、解像度の高い画像が得られやすい。

■鼻咽頭ポリープ
- 猫でみられる。
- 多くの例で軟部組織陰影がX線で確認される。
- 多くの例で鼓室胞の異常（壁の肥厚）が認められる。
- しかし、診断には内視鏡（鼻腔）等での確認が必要である。

3　歯の疾患

- 歯の数が先天的に少ないことがある（特に、短頭種）。
- 歯の数が多いこともしばしばみられる。
- 7カ月齢までには通常すべての歯が抜け替わる。
- X線では、萌芽していない歯も確認できる。埋伏歯や濾胞性歯囊胞の診断には、X線検査が有用である。

■歯根部の感染（歯根膿瘍）
- 開口での撮影が必要で、通常、鎮静・麻酔下で撮影する。
- X線により抜歯等の処置が必要な歯を特定することができる。
- 単純X線は空間分解能が高く、歯根部膿瘍の診断にはきわめて有用な検査である。
- 歯根部の感染は主に高齢の動物でみられる。外観的に眼下の皮下の腫脹や排膿がみられることがある（図1-333）。
- X線撮影では鎮静・麻酔処置が必要なことが多い。開口し、斜め方向からX線を入射する。
- X線では根尖部周辺に骨吸収像がみられる（図1-334, 1-335）。
- 重度になると歯槽骨の吸収、硬板の喪失、歯槽の

図1-333　眼下からの排膿
犬では、目の腹側から排膿がみられることがときどきある。歯根部の膿瘍であることが多い。

間隙の広がりがみられる。
- 重症例では罹患した歯の周囲の骨融解と硬化および骨髄炎がみられることがある（図1-336）。
- 歯が折れる、または削れるなどして歯髄が露出している場合には、歯髄の感染、壊死、吸収が歯髄腔の広がりとして観察される。また、歯根部の膿瘍や瘻管形成の原因になることがある。

■上皮小体機能亢進症
- 栄養性の上皮小体機能亢進症では歯槽周辺の骨融解がみられことがある。
- 全身性の疾患であり、全身の骨にも菲薄化などの

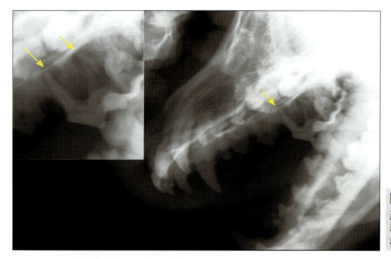

図1-334 歯根部の骨吸収
顔を少し傾けたラテラル像により、歯根部の骨吸収を描出できる。第4前臼歯の歯根部周囲に骨吸収がみられている（矢印）。

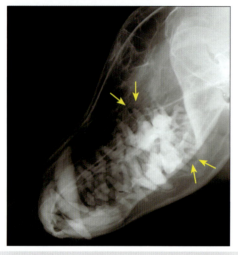

図1-335 歯根部の骨吸収
いくつかの歯で歯根部の骨吸収がみられる（矢印）。

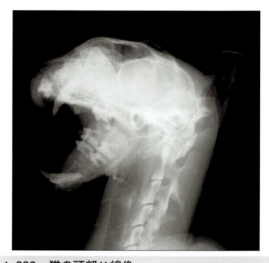

図1-336 猫の頭部X線像
原因はわからないが、下顎骨の吸収が進みX線透過性になっている。病的な骨折を起こしやすい状況にあり、抜歯、給餌や経口投薬時には注意が必要である。

変化がみられる（図1-303参照）。

■歯の腫瘍

- 歯やその周辺の組織から発生する腫瘍のために骨破壊がみられることがある。
- 良性の腫瘍は、辺縁が明瞭なことが多く、骨破壊よりも硬化を伴うことが多い。
- エプーリスは、線維性、骨性、棘細胞性に分類される。
- 歯由来の腫瘍としては、エナメル上皮腫が最も多くみられる（図1-337）。周辺の骨融解や骨新生がみられることもある。
- 歯牙腫は比較的若い犬でみられ、顔面の腫脹を呈する。痛みを伴わない。歯牙腫は腫瘍内に歯のような構造物を含むことがある。
- 歯とその周囲の腫瘍の確定診断には病理組織検査が必要。また腫瘍の広がりを把握するためにはCTが有用であろう。

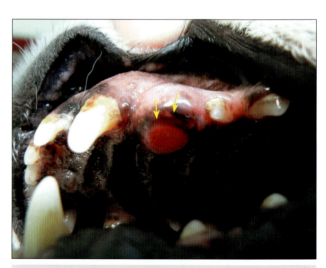

図1-337 エナメル上皮腫（矢印）

X線検査

■歯原性嚢胞

- チワワ等の若齢犬（2〜6歳）で埋伏歯に関連したシスト形成がみられることがある。エナメル上皮の嚢胞化に起因すると考えられている（図1-338）。
- シストは液体を含む。X線では埋伏歯とシスト形成部位の骨吸収を伴う（図1-338）。

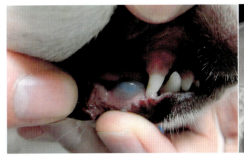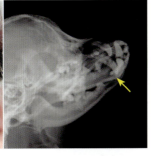

図1-338　2歳齢チワワの下顎第一前臼歯にできた歯原性嚢胞
右X線では、シスト形成に伴う骨吸収と埋伏歯の陰影（矢印）が観察される。

4　鼻の評価：CT検査が有効であるが、X線でも鼻腔内の軟部組織陰影を検出できる。

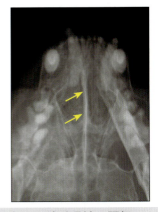

図1-339　鼻腔のX線透過性の評価
鼻出血や慢性的な鼻汁がみられたときに、感染や腫瘍を疑い、鼻の単純X線が撮影される。鼻中隔（矢印）の変位や、鼻腔左右のX線吸収性の違いを評価する。この症例では、右側鼻腔がややX線不透過である。

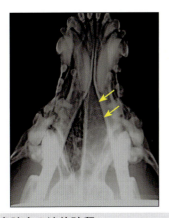

図1-340　鼻腔内の液体貯留
この症例では、左鼻腔（矢印）のX線透過性が低下している。

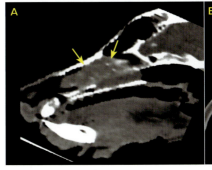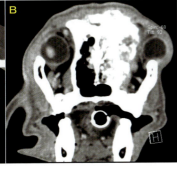

図1-341　鼻腔のCT像
AのCT像は軟骨肉腫の犬の矢状断であり、CTにより腫瘍の広がりが描出されている（矢印）。一部石灰化した腫瘤がみられる。組織学的には軟骨肉腫であった。Bは別の症例で組織診断できていないが、左鼻腔を中心とした骨破壊が明らかである。CT検査ではX線検査に比べ、腫瘍の位置や拡がりを正確に把握でき、生検が容易になる。

■鼻腔、副鼻腔

- 鼻腔のDV方向の撮影で鼻中隔の変位や左右鼻腔のX線透過性の違いを評価する（図1-339）。
- 鼻腔内に腫瘍や液体貯留がみられる場合にはX線透過性が低下する（図1-340）。
- 鑑別診断には、鼻腔腫瘍、鼻炎、真菌感染、異物、歯根部からの感染があげられる。
- X線検査はCT検査と比べ感度がよくない。生検や手術の適応などのために腫瘍の正確な位置情報が必要な場合にはCT検査が適している（図1-341）。
- 確定診断には生検が必要である。

> **診療のポイントとピットホール**

鼻汁やくしゃみ、鼻出血などは動物ではしばしば遭遇する症状である。治療を考えたときに、どこまで診断を突き詰めていく必要があるのだろうか？

まず、腫瘍と他の疾患（例えば、感染症）は、治療方法が異なるので明確に鑑別する必要がある。鼻腔は大半が骨で囲まれているため、単純X線では有用な情報はあまり得られない。CT撮影でも確定診断は難しいが、病変部の形態や性質からある程度、腫瘍かどうか推測できることが多く、侵襲的な検査を実施する根拠が得られる。腫瘍の治療を考えた場合、腫瘍の種類や場所に関係なく、治療の第一選択は放射線治療となることが多い（猫の鼻リンパ腫では化学療法も考慮する）。鼻の腫瘍が、外科手術だけで有益な結果が得られることはほとんどない。放射線治療は現在、多くの施設でCTによる病変の描出とコンピューターによる照射プランニングが行われるため、治療前にCT撮影を受けることになる。また、放射線治療は局所療法なので、肺などへの遠隔転移についての情報は放射線治療を実施するかどうかの判断に影響する。その目的のためにも、肺野も含めたCT撮影を行うべきである。結局のところ、積極的な治療が選択肢となりうる場合には、ほとんどの症例でCT検査を行うことになる。

さらにCT検査を行えば、採材のための適切な部位についても情報が得られ、生検時の診断精度も向上する。最近では細径の内視鏡や硬性鏡を用いた生検も行われるようになっており（図1-342）、鼻腔内の生検や異物の除去にも利用されるようになっている。CT撮影後にこれらの処置を計画的に実施することで動物への負担を減らし、より精度の高い診断と治療を行うことができるようになっている。

図1-342　内視鏡による鼻腔の観察
鎮静下で細径の内視鏡を使って猫の鼻腔を観察している。生検も可能である。

5 口腔や眼窩の評価：X線での評価は難しい。診断治療プランの立案にはCT撮影が望ましい。

- 口腔には、扁平上皮癌、黒色腫などをはじめ多く悪性腫瘍が発生する。
- 口腔の腫瘍が疑われる症例では、単純X線により得られる情報は少ない。
- 治療を考えるうえで、肺野の転移（特に黒色腫）をX線で評価しておいた方がよいが、生検等で鎮静を行う場合には、CT撮影を行うことで、より正確に転移を評価することができるであろう。
- 眼球の変位や顔面の変形がみられる場合、鼻腔、口腔、眼窩の腫瘍などが疑われる。単純X線で得られる情報は少なく、腫瘍の広がりや転移を評価するためにはCTが適している。

脊椎疾患の X 線像

1 基本

- 犬・猫では、椎骨の数は頸椎7、胸椎13、腰椎7、仙椎3である。
- ラテラル像では、C2（軸椎）の棘突起はC1（環椎）に重なる（図1-343, 1-344）。
- C6の横突起の腹側に大きな薄板があり、ランドマークとして使用される（図1-343）。
- 肋骨の頭部は対応する椎体の頭側に位置する（図1-345, 1-346）。椎間板を評価する場合、X線撮影時には、ビームを椎骨に垂直に入れることが重要である。
- 一般的に隣接する椎間の広さは等しい（図1-345, 1-346）。
- しかし、T10～11の椎間は他の椎間よりも狭くみえることがある（図1-345, 1-346）。
- 隣接する椎骨の形、大きさ、X線吸収性は類似している。
- L3とL4の椎体の腹側縁は、横隔膜が付着するため輪郭が不明瞭になることがある（腫瘍等による骨融解像と間違わないこと）。
- L7～S1の角度は個体により異なる。さらに、腰部の屈曲や伸展によっても変化する。
- 脊柱管の配列にはギャップはない（図1-346）。

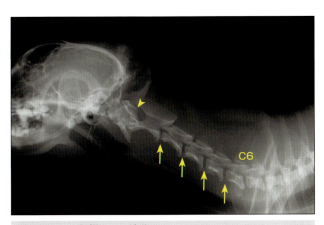

図1-343　脊椎のX線像
頸部脊髄疾患の症状がみられる場合に撮影される。椎間板領域（矢印）の狭小化などの所見に注意して評価する。環軸亜脱臼が疑われる場合には、軸椎の棘突起と環椎の背側に注目して評価する（矢頭）。この症例では、C2-C3間の椎間がやや狭くなっている。C6は、腹側に薄板があり、ランドマークとして使用される。

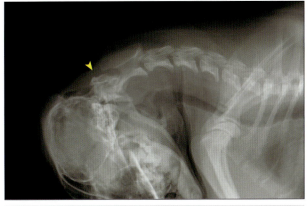

図1-344　頸部を屈曲させて撮影
頸環軸脱臼を評価するためにこのポジショニングでの撮影が行われるが、疾患のある動物では脊髄損傷の可能性があるため慎重に行う。この症例では、軸椎の棘突起は環椎に覆い被さっている（矢頭）。特に異常は認められない。

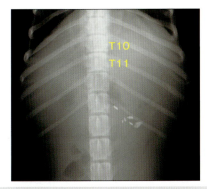

図1-345　胸腰椎付近のX線像
肋骨は椎体の頭側から起始している。この症例では、異物がみられる。

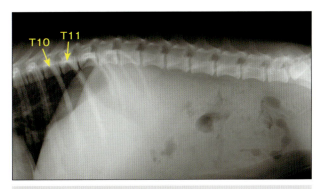

図1-346　胸椎腰椎のラテラル像
椎間の広さを評価するために用いられる。

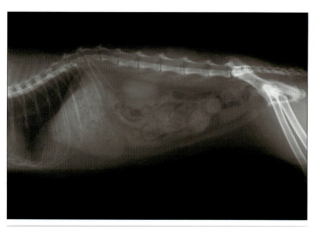

図 1-347　椎体の数の異常
この猫では腰椎が6つしかない。

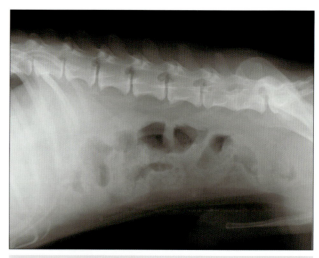

図 1-348　腰椎の癒合
この犬では、L6とL7の癒合がみられる。

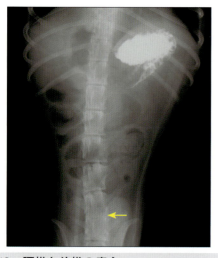

図 1-349　腰椎と仙椎の癒合
この動物では、腰椎に骨癒合（矢印）がみられる。また最後肋骨が片側しかない。

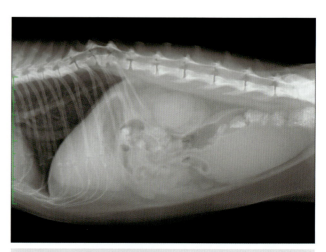

図 1-350　椎骨の形成異常
この猫では、T12-13 の椎骨の形成が異常で、T12 がくさび型になっている。

- 腰椎の数が多いことや少ないことがある（図1-347）。
- T13 の形成不全や S1 の癒合不全を腰椎数の増加と見間違わないように注意する。
- L6 や L7 は、他の椎骨と骨癒合することがある（図 1-348, 1-349）。
- ブルドッグやパグなどの短頭種では、先天的にくさび形の椎骨が形成される半側脊椎がみられることがある（図 1-350 〜 1-352）。半側脊椎などと呼ばれる。
- 椎骨の骨折では配列の異常がみられる（図1-353, 1-354）。

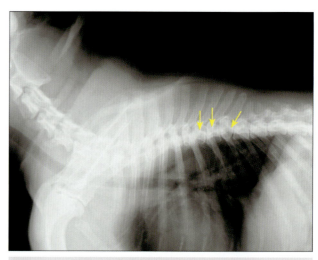

図 1-351　椎骨の形成に異常がみられる症例
複数の椎骨が台形またはくさび型になっている（矢印）。パグやブルドッグなどの短頭種に多く、時に歩様異常など脊髄障害の症状を伴うことがある。

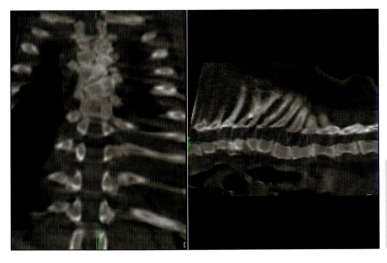

図1-352 胸椎の形成異常
パグやブルドッグなどの短頭犬種では、胸椎など先天性の形成異常がみられることがある。この症例も複数の椎骨の形態が異常になっている。脊椎が直線的に配列されないため、X線で確認しにくいことも多い。

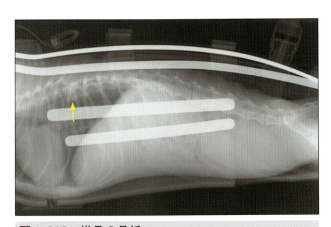

図1-353 椎骨の骨折
事故により椎骨が骨折しており、椎骨の配列にギャップがある（矢印）。固定用の金属器具も写っている。

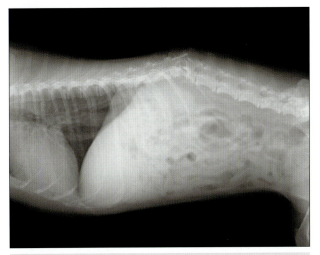

図1-354 椎骨の骨折
事故によってL1が骨折しており、脊椎の配列にギャップができている。

■環椎軸椎の脱臼／亜脱臼

- C2の歯突起は、正常ではDV像でC1の脊柱の中央にみられる（図1-355）。歯突起骨折などで変位した歯突起が観察されることがある（図1-356）。
- 環椎軸椎の脱臼、あるいは亜脱臼が疑われる症例は、ラテラル方向で撮影する。C2の棘突起とC1との重なりが少なくなる（図1-357）。
- 頸を屈曲させてラテラル方向で撮影すると、C2棘突起とC1の離解が強調されるため診断が容易になる（図1-357）。しかし、屈曲させすぎると脊髄を損傷する可能性がある。
- 確定診断には、CT、MRIが有用である（図1-358, 1-359）。
- 後頭骨形成不全などがCTでみつかることがある。脊髄空洞症など他の疾患を併発していることも多いが、単独の疾患として臨床的な意義は不明なため、単純X線で後頭骨形成不全だけを対象に撮像を試みることは少ない。

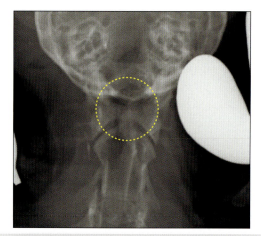

図 1-355　歯突起の位置
正常な症例で、C2 の歯突起が C1 の上に描出されている。

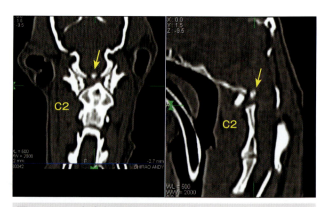

図 1-356　歯突起骨折の症例
CT 像で遊離した歯突起がみられる（矢印）。X 線での判別は困難であった。

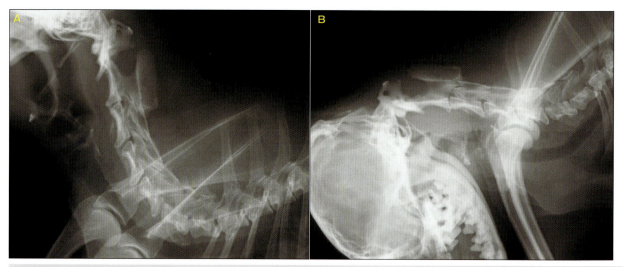

図 1-357　環軸亜脱臼の症例
A:C1 背側と C2 棘突起の重なる部分が少なくなっている。B は首を湾曲させて撮影した X 線像。C1-C2 が離開していることが明らかである。しかし、このポジションでは、首の屈曲により脊髄の損傷を生じる危険があるため注意深く行うこと。

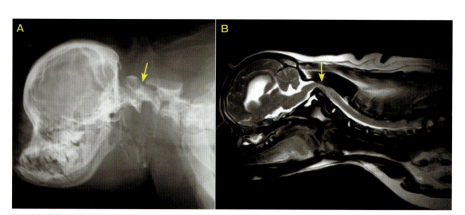

図 1-358　環軸亜脱臼の症例
A は X 線のラテラル像であり、X 線で軸椎の棘突起と環椎の重なりがほとんどない（矢印）。B は MRI の T2 強調画像であり、その部位で脊髄の狭窄（矢印）がみられる。

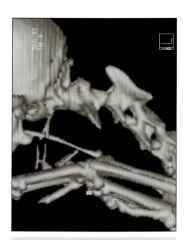

図 1-359　環軸脱臼の症例
CT 検査により、屈曲等のストレスをかけることなく環椎-軸椎間のギャップが描出されている。

コラム6 脊髄造影法

目的
脊髄造影は、脊椎の圧迫場所を明らかにして手術の適応や部位を決めるために必須な検査であった。最近ではMRIなども普及してきているが、それらの機器が、利用できない場合には現在でも有用な検査である。また、同じ方法により脳脊髄液も採取できる。

手技
脊髄造影に認可された非イオン性の造影剤（例：イオヘキソール240、300 mgI/mL）を使用する。通常0.3mL/kg、最大で0.45mL/kg程度を投与する。大槽（図1-360）またはL5・L6（図1-361）から造影剤を注入する。所見により硬膜外、硬膜内髄外、髄内病変を鑑別する（図1-362）が、脊髄が膨化している場合や腫瘍などでは判別が難しいことも多い。利用可能ならMRI検査を優先した方がよい。

読影
- 頸椎尾側では硬膜外のスペースが広く、脊髄が変異している印象を受けることがあるが、これは正常である。
- C1・C2で欠損像がみられることがあるが、これは硬膜外の軟部組織によるもので、正常である。
- 頸部の椎間板の背側で小さな欠損像がみえることがあるが、これは頸部椎間板の過形成によるものであり問題ない。
- 臨床症状の重篤さと圧迫の程度は必ずしも相関があるわけではない。しかし、臨床的な症状の原因となる病変は通常、明らかな脊髄の圧迫を示す。
- 胸椎の前部は構造上、椎間板ヘルニアが起きることはまれである。
- 犬の脊髄はL5・L6で終わるが造影剤がL7・S1より尾側にも流入することがある。
- 硬膜外の圧迫病変としては、椎間板の突出、硬膜外の腫瘍などがある。
- 脊髄自体の変性や炎症などは、単純X線や脊髄造影X線では描出されない。

図1-360　大槽穿刺の位置を示す
後頭骨と環椎の間を穿刺する。通常は横臥位に動物を寝かして、動物の正中が床面と水平を保つようにして首を屈曲させる。環椎翼の左右の前縁、および後頭骨稜を触知し、その3点で形成される三角形の重心付近から、床面に水平に刺入する。針先を下顎の先端からやや尾側方向付近に向けて進める。針先が後頭骨にぶつかった場合には、5mm程度引き抜き、針先をやや尾側方向に向けて刺しなおすとよい。または右のように後頭骨稜のやや尾側から環椎翼の前縁の延長線上、正中に向けて針を進める方法もある。

図1-361　腰椎からの脊椎造影法
いくつかの手技があるが、図には正中からほぼ垂直に刺入する方法を示している。L6の棘突起のすぐ頭側から脊椎に対してほぼ垂直に刺入する。

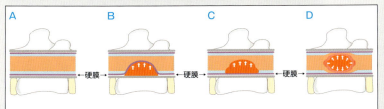

図1-362　脊髄造影検査で描出される病変の模式図
A: 正常、B: 硬膜外、C: 硬膜内髄外、D: 髄内に分類される。脊髄造影では硬膜の下にあるクモ膜下腔に造影剤を注入する。その際圧迫病変の局在によって見え方がことなってくる。Bの硬膜外からの圧迫では、硬膜（造影剤で縁取られている）が圧迫される。椎間板ヘルニアではこのようにみられることが多い。Cでは腫瘍が硬膜内のため、硬膜が外から押される様子は観察されないが、造影剤が脊柱管の片側によるかもしれない。髄膜腫はこのタイプである。Dは髄内の病変で、造影剤の流れが阻害される。脊髄の浮腫や脊髄由来腫瘍はこのタイプになる。
（イラスト：山口大学／下川孝子先生）

> [!] **診療のポイントとピットホール**
>
> 頸部の脊髄疾患では、頸部痛や歩様異常、運動失調、起立不能などの症状で来院することが多い。臨床症状と神経学的検査から脳疾患を除外し、脊髄の病変を疑うことから開始する。頸部脊髄の疾患としては、環軸脱臼、脊髄空洞症、椎間板ヘルニア、腫瘍など、鑑別すべき疾患は多い。多くの疾患で侵襲的な治療が必要になることを考慮し、疾患、部位の特定（手術が必要な場合）が可能となるように適切な診断方法を選択する。しかし実際には、検査実施前に症状から疾患を推測することは困難なので、最初から最も正確なMRI検査を実施するか、MRIの実施が難しい場合には検査の限界についてもオーナーに説明しておいた方がよいであろう。単純X線で診断できるのは環軸の脱臼/亜脱臼くらいだし、その場合にも脊髄空洞症など単純X線で検出できない疾患を併発していることもある。脊髄造影検査では、椎間板ヘルニアや脊髄腫瘍などを検出できるだろう。

■椎間板ヘルニア

- 犬の頸椎および胸椎尾側（T10）から腰椎に好発する。胸椎頭側での発生はほとんどない。
- X線像でみられる所見は以下のとおりである。
  > 単純X線ラテラル像では、椎間の狭小化がみられることが多い（図1-363〜1-365）。しかし、その所見だけでは侵襲的な手術を行う理由として不十分である。脊髄造影検査やMRI、CT検査を行う必要がある。
  > 脊髄造影やMRI検査により硬膜外から脊髄を圧迫している部位を決定する（図1-366, 1-367）。
  > 椎間板の変性による石灰化がみられることがある（図1-366）。そこが原因病変であることもあるが、石灰化は常に椎間板の突出を示唆するわけではない。また、複数の椎間板に石灰化がみられることもある（図1-368）。
  > 神経学的検査からの情報を基に病変部位を絞り込み、脊髄造影検査を行えば椎間板ヘルニアのほとんどの病変を描出できるであろう。症状があるにもかかわらず、脊髄造影検査で描出できない場合には、他の脊髄疾患を疑いMRI検査を考慮することになる。

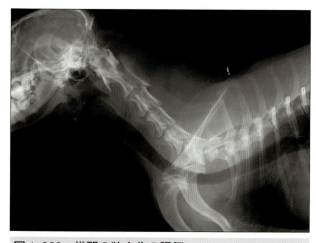

図1-363 椎間の狭小化の評価
椎間板疾患を疑う場合、単純X線では椎間に平行になるようにX線を入射し、椎間の狭小化を評価する。この症例では、C2-3間が狭小化している。胸部背側皮下にマイクロチップがみられる。

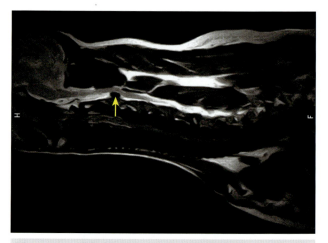

図1-364 頸部脊髄のMRI T2強調画像
図1-363と同一の個体で、C2-3の椎間板突出（矢印）により脊髄を圧迫している。マイクロチップからやや離れた部位の撮像であり、影響はみられないが、マイクロチップから近い部位を撮影する場合には注意が必要である。

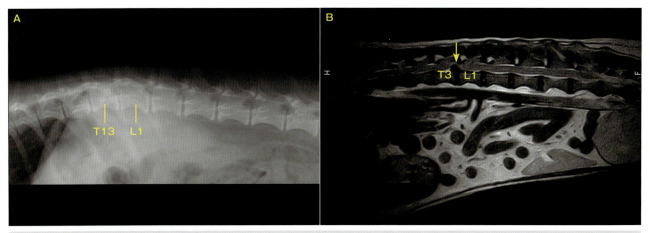

図1-365 椎間の狭小化の評価
A：単純X線でT13-L1の狭小化がみられる。B：MRIのT2強調画像では、T13-L1に椎間板の突出による脊髄の圧迫がみられる（矢印）。

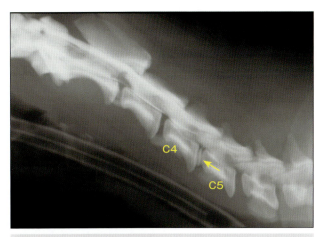

図1-366 頸部の脊髄造影
この症例では、C4-5の椎間板が石灰化しており、（矢印）その部位で脊髄が硬膜外から圧迫を受けている。
（写真提供：とがさき動物病院（埼玉県）/諸角元二先生のご厚意により掲載）

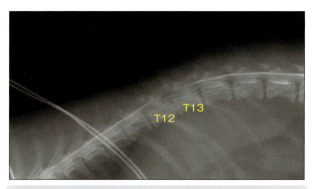

図1-367 胸腰部のヘルニアが疑われる症例
T12-13の椎間板が石灰化しており、造影剤の流れも阻害されている。造影所見としては、髄内病変が疑われ、脊髄浮腫の可能性がある。

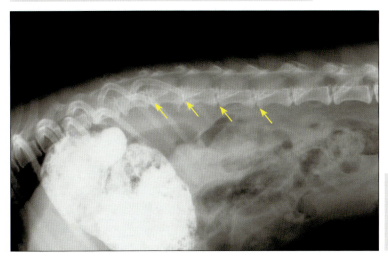

図1-368 複数の椎間板の石灰化（矢印）がみられる症例
ダックスフンドなど椎間板ヘルニアの好発犬種にしばしばみられる。責任病変の描出には、脊髄造影検査やMRI検査が必要であろう。

診療のポイントとピットホール

　神経疾患において神経学的検査は、疾患部位の推定に必須の検査である。低磁場のMRIでは全身を一度に撮影することができない。そのため神経学的検査により病変部を推定して検査を行う必要がある。しかし、時に画像で異常がみつかる部位と神経学的検査による病変部が一致しないことがある。神経学的な検査は関連する部位に異常があることを示すが、画像検査は形態の異常を示しているだけである。画像検査では描出が難しい神経疾患（例えば、変性性脊髄症）も存在する可能性がある。特に外科手術など侵襲的な介入を計画する場合には、神経学的検査の所見を優先して考えるべきである。

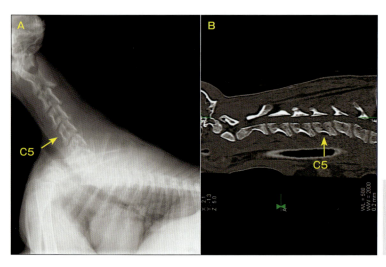

図1-369　ウォブラー症候群
まだ若い症例であるが、A：単純X線でC5-6間に椎骨の骨新生など関節症に関連した変化がみられる。B：CTの矢状断では、C6が背側へ変位している。

■ウォブラー症候群

- 頸椎の不安定により運動失調などがみられる。
- 大型犬、特にドーベルマン・ピンシャー、グレート・デーンなどで多くみられる。
- C4-7に発現しやすい。
- 頸部を伸展および屈曲させてラテラル像で評価する。
- 椎体の頭側縁が背側に変位しているようにみえる（図1-369）。
- 変位したままその位置で固定されてしまうこともある。
- その他のウォブラー症候群のX線所見としては以下のものがある。
  > 椎骨の関節面の異常（不安定化に起因する二次的な骨新生など）。
  > 椎体の頭側面の平坦化（不安定化に起因する）。
  > 二次的な椎間板の石灰化や椎間板ヘルニアなど。
- しかし、X線では椎体の変化がみられないこともあり、その場合、CTやMRI検査が必要になる。

X線検査

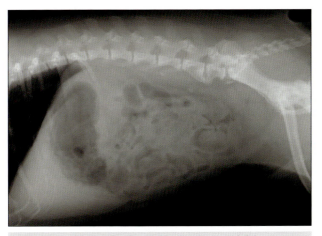

図1-370 馬尾症候群の症状がみられた症例
腰椎の数が少ない。また、L5-L6が骨でつながり、L6-S1間にも骨新生がみられる。

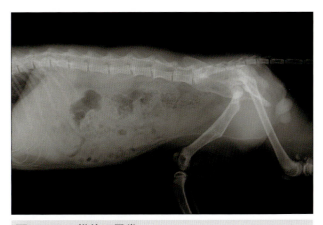

図1-371 椎体の異常
この猫では、腰椎（L4-6）の配列が乱れている。また、大腿骨に骨折痕がみられるが、とくに症状はみられなかった。過去に事故に遭遇していることが推測される。

■馬尾症候群

- 犬では、脊椎の配列異常により椎骨関節の退行性変化が生じ、それに起因する腰椎／仙椎の狭窄による腰部痛、後肢跛行、固有位置感覚の低下などがみられることがある。これは、尾側腰髄の神経根圧迫によるもので、馬尾症候群と呼ばれる。
- 椎骨の配列の不安定性を確認するために、通常の撮影の他に関節を伸展や屈曲をさせて撮影することがある。
- 屈曲位でL7‐S1間でS1の腹側への変位がみられることがある。
- 骨の新生や椎間板の突出によって脊柱管が狭窄していることがある（図1-370）。
- L7とS1の癒合が原因になっていることもある。

■椎骨の異常

- 椎骨の癒合や配列の乱れが描出されることがある（腰椎、仙椎に多い：図1-348, 1-349参照, 1-371）。
- 椎体の圧迫骨折では、椎体の矮小化や石灰化がみられることがある（図1-354参照）。
- 半側脊椎では椎体が台形状・くさび状に描出される。パグ、フレンチ・ブルドッグなどの短頭種で多い（図1-351, 1-352参照）。
- 二分脊椎は犬の短頭種やマンクス猫で多くみられ、X線で棘突起が2本描出される。脊椎構造が異常なため、単純X線像で異常の概要を把握することが困難なこともある。
- 栄養性二次性上皮小体機能亢進症では、X線吸収性が低下した椎骨が描出される。椎骨以外の全身の骨にも同様の病変が観察される。

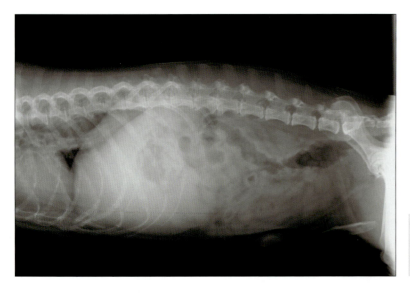

図1-372　多発性ミエローマの症例
複数の椎骨に骨吸収巣がみられる。ミエローマの症例でしばしばみられる所見である。肝腫もみられる。

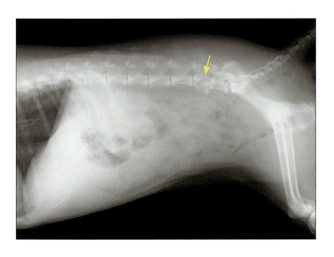

図1-373　椎骨に骨融解がみられた症例
L6に骨吸収像（矢印）がみられる。この症例は、膀胱腫瘍があり、骨への転移と推測される。

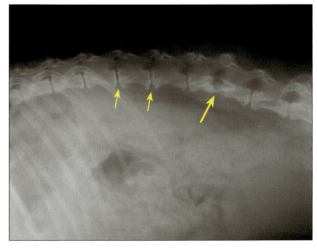

図1-374　椎骨の骨吸収性病変
椎間板を超える椎体の骨吸収像（大きい矢印）は、椎間板椎体炎を疑わせる所見である。その他の椎体にも、変形性脊椎症に関連した椎骨の退行性変化がみられている（小さい矢印）。椎骨融解の原因を確定診断するためには、細胞診や培養検査が必要であるが、この部位の採材は困難である。試験的な抗生剤投与も考慮される。

■ **椎骨の骨髄炎・腫瘍による骨吸収像**
- 椎骨の感染により骨融解がみられることがある。融解部位の辺縁は通常不明瞭である。血行性の感染であることが多い。
- 腫瘍の転移や骨髄腫などでも同様の病変がみられることがあり（パンチアウト：図1-372, 1-373）、感染との鑑別は困難である。

■ **椎間板椎体炎**
- 椎間板の感染で、隣接する椎体にも波及する。
- 椎間板と隣接する椎骨に骨吸収性の病変がみられる（図1-374）。
- 椎間板と隣接する骨の融解と骨新生がみられる。

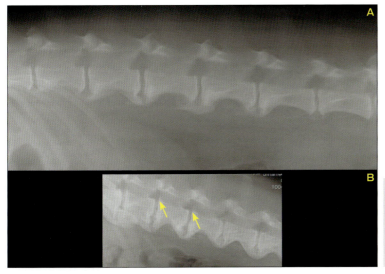

図1-375　変形性脊椎症
AのX線像では、腰椎腹側の広い範囲に変形性脊椎症がみられる。Bでは、腰椎腹側の骨新生が著しく、また一部では背側への骨新生もみられる（矢印）。椎骨背側での骨新生は、時に脊髄を圧迫し、神経症状の原因となることがある。

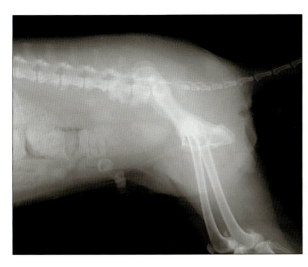

図1-376　椎骨の腫瘍が疑われるX線像
L6-7に骨吸収と骨新生がみられる。また、その腹側には軟部組織陰影が認められ、腫瘍の転移または浸潤が強く疑われる。腫瘍の影響か、結腸は腹側に変位しており、宿便が著しい。

■変形性脊椎症
- 非炎症性の椎体のリモデリングであり、退行性の変化である。罹患した椎体の腹側に骨新生が認められることが多い（図1-375）。
- 背側や神経根に骨新生があると、疼痛などの症状を呈するようになることもある。

■椎骨の腫瘍
- 原発性の腫瘍としては、骨肉腫が多い。
- 転移性の腫瘍としては、上皮由来の癌が多い。
- 腫瘍により椎骨の破壊や骨新生がみられる（図1-376）。
- ミエローマなどの造血器の腫瘍では多発性の骨融解像がみられることがある。

第2章　超音波検査

　超音波検査は近年目覚ましく進歩している。超音波検査は循環器領域において心筋の動きや血流をダイナミックに観測できるため臨床現場では最も重要な診断機器である。また腹部の検査でも、内部構造を二次元的に観測できるためX線よりも詳細な観察が可能である。肝臓、腎臓、膀胱、脾臓などの主要な臓器に加え、機器の改良と技術的な進歩により、副腎、膵臓、消化管などの臓器も超音波検査での評価が標準になっている。超音波を勉強する場合、X線とは大きく異なることがある。X線では撮影方法が比較的容易で広い範囲をみられるため"読影"を主に学ぶ。これに対し、超音波は比較的狭い範囲しか描出できず、説明なしの画像だけでは読影が困難なことが多い。超音波検査を修得するためには、読影とともに描出方法のトレーニングが必須となる。描出方法を紙面でトレーニングすることは難しいが、本書に掲載されている画像を参考にして自ら描出するトレーニングを行ってほしい。

桃井康行

超音波の基本

鹿児島大学共同獣医学部臨床獣医学講座画像診断学分野　桃井康行

1　長所と短所

近年、超音波診断装置は機器の進歩と技術の向上により小動物臨床では不可欠な診断機器となっている。以下に超音波検査の長所と短所を簡単にまとめた。

■超音波画像診断の長所
- 非侵襲的な検査であり、X線検査で不可避な放射線被ばくもない。通常は麻酔や鎮静が不要。
- 軟部組織の内部構造を詳細に観察できる。
- 心臓や血流の動きをリアルタイムで観察できる。

■超音波画像診断の短所
- 骨や空気の入った組織など観察が困難な部位がある（骨、脊髄、頭蓋内（脳）、肺などは超音波検査不向き）。
- 比較的狭い範囲を詳細に観察できる反面、全体像をつかみにくい。
- 術者の技能に大きく依存する。

2　プローブ

プローブ（探触子：図2-1）から超音波が発射され反射波を受信することにより生体の画像を描写する。使用するプローブには、いくつかの種類がある。特徴は以下の通りである。

■コンベックス型
- 振動素子が扇状に配列されており、広角に画像が描出される。腹部検査などで一般的に用いられる（図2-1A）。

■リニア型
- 振動素子が直線状に配列されている。画像の描出も直線状である。特に近い部位の詳細な構造の描出に優れる（図2-1B）。

■セクタ型
- 振動素子は直線上に配列されているが、電子制御により送信のタイミングを変えることで広角な画像を得ることができる（図2-2）。体との接着面を広くとることが困難な、小動物の肋間からのアプローチなどに便利である。

図2-1　超音波に使用するプローブ
A：コンベックスタイプ。腹部超音波検査に広く用いられる。
B：リニアタイプ。浅いところの解像度がよい。
C：セクタタイプ。プローブを接触させる部位が制限させるときなどに用いやすい。扇状の画像が得られる。

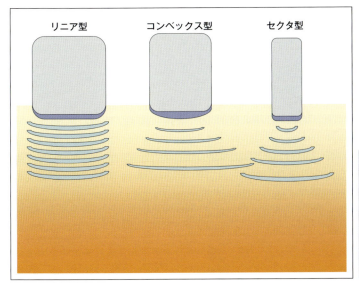

図2-2　各超音波プローブの形状を示す
リニア型はビーム方向が垂直のため、描出される領域も長方形になる。一般には、腹部や表面から近い部位の観察に使用され近距離の視野幅が大きい。コンベックス型は接触面が曲面で、腹部臓器に用いられることが多い。ビーム方向が扇状になるため、深部の視野幅が広くなる。セクタ型は接触面は直線状だが、電子制御によりビームは扇状に出る。主に胸部検査に用いられる。

3 超音波装置の基本的事項

　超音波装置の条件を設定する。通常、メーカーが装置購入時に"心臓"、"腹部"など臓器や症例のサイズごとにプリセットの条件を設定しており、それを選ぶことで観察可能である。しかし超音波での観察中に条件設定を変えることもある。重要な項目について説明する。

■周波数
　撮像のために振動素子から発信される音波の周波数で、以下の特徴がある。
- 周波数が高いほど解像度が高くなる。
- 周波数が低いほど深部まで届く。

　そのため、小さな組織の観察では周波数を上げ、大きな動物で深い部位を観察するときには周波数を下げるのが一般的である。犬や猫の臓器を観察する場合では、目的に応じて5〜10MHz程度のプローブを用いることが多い。

■フレームレート
　モニターに映し出される画像をフレームと呼び、フレームレートは1秒間に描出されるフレーム数である。1秒間に10枚の画像が得られる場合フレームレートは10である。フレームレートが高いほど動きがなめらかな画像となる。フレームレートを高くするには、視野の深度を浅くする、視野幅を狭くする、走査線の幅を広くする（しかし解像度が低下する）、などの方法がある。一般に心臓などの動きを観察する場合には、フレームレートを高めに設定し、腹腔臓器など動きが重要ではない臓器では、フレームレートを低く設定して解像度を上げる。

■画像描出法
　超音波でよく利用される描出方法（モード）には以下のものがある。
- B（Brightness）モード法：二次元の位置情報をリアルタイムで描出する（図2-3）。

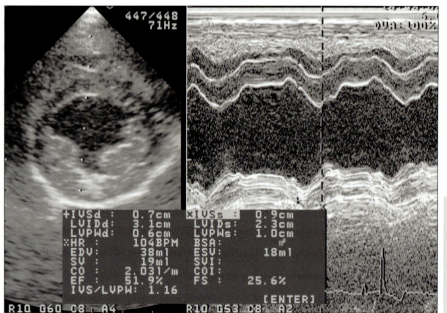

図2-3 Bモード法（左）とMモード法（右）
Bモード法（左）は、形態観察のために多用される最も基本的な描出法。Mモード法（右）は、横軸に時間をとり、Bモード点線上の動きを観察する。心臓の評価と計測によく用いられる。

- M（Motion）モード法：縦軸に任意の直線上のエコー像を、横軸に時間をとり、臓器の動きを観察する。心筋や弁の動きの計測によく用いられる（図2-3）。
- カラードプラ法：Bモードイメージ上に速度の情報をカラーイメージとして描出する。心臓の弁逆流などを視覚的に評価するために非常に有用である（図2-4）。
- パルスドプラ法：特定の点の流れの方向や流速を計測するために用いられる。心臓の弁部における逆流や狭窄の評価に用いられる（図2-4）。より速い流速の評価には、連続波ドプラ法が用いられる（p159〜160参照）。

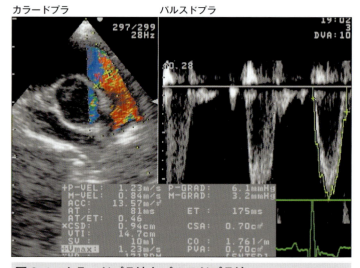

図2-4 カラードプラ法とパルスドプラ法
左：カラードプラ法では、Bモード上に流速に関する情報がカラーで表示される。右室の流出路が描出されている。通常、カラードプラで異常血流など問題の部位を把握、測定位置を指定し、右図のパルスドプラ法で流速を評価する。

4　エコーの準備と基本

- プローブと体の間に空気が入らないように毛刈りを行うと観察しやすい。また、エコーゼリーの塗布が必要。
- 体位は特に決まりはないが、心臓を観察する場合には、肺が重なると超音波での観察が困難になるため、プローブを体の下側から当てるようにする。
- 腸管や肺など空気で満たされている部位があるとその深層は観察できない。
- 血液、膀胱、腹水などの液体は超音波をあまり反射しないので黒く描出される（図 2-5）
- 肝臓、腎臓、脾臓などの実質性の臓器は中程度のエコー源性を示す（図 2-5）。
- 骨や結石などでは表面で超音波が反射される。そのためその物体より後方には、超音波ビームが到達せず描出されない領域ができる（図 2-6）。
- 描出される画像は反射強度により、無エコー性、低エコー性、高エコー性、混合パターンなどと評価される（図 2-7）

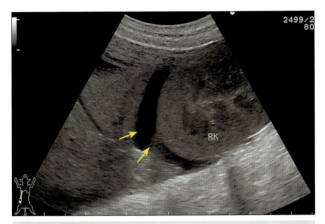

図 2-5　腹腔の超音波像
右腎（RK）と肝臓が描出されている。腎臓の頭側に液体がみられ、黒い無エコー領域として描出されている（矢印）。

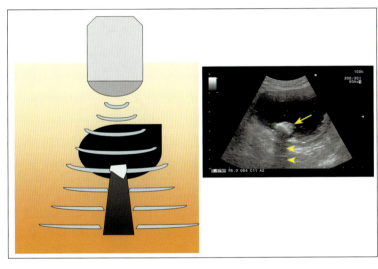

図 2-6　膀胱の超音波像
右図のエコー図ではでは膀胱内に結石（矢印）がみられる。結石のような異物がある場合、超音波の大部分が異物の表面で反射してしまい、後方に超音波が到達せず陰影が描出されにくくなる（矢頭）。これを"シャドー"と呼ぶことがある。

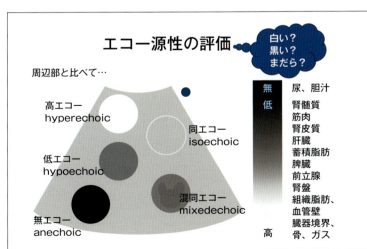

図 2-7　超音波で描出される M モード像の評価の基本
X線とは異なり、組織のエコー源性は相対的に表現される。黒く描出されるところは無エコー、やや黒っぽいところが低エコー、周辺組織と同じグレースケールで描出されると同エコー、白く描出されると高エコーと表現される。1つの病変に低エコーと高エコーの病変が混在する場合には混合エコーと呼ばれる。
（イラスト：山口大学／下川孝子先生）

5 注意したいアーチファクト

■**多重反射**
- 強い反射体とプローブの間で複数回の反射が起こり、反射体の深い位置に虚像が形成される（図2-8, 2-9）。

■**サイドローブ**
- 超音波ビームには送信方向に出るメインローブ（主極）の他に、目的方向とは異なった方向にサイドローブ（副極）と呼ばれるビームが生じている。このサイドローブの場所に強い反射組織がある場合、メインローブ上に実際には存在しない虚像が表示される（図2-10）。

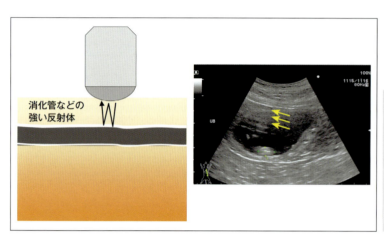

図2-8　多重反射の模式図（左）と超音波像
消化管や空気など超音波を強く反射する物体があると、超音波が跳ね返り、プローブへ戻り、また物体面で反射する、という過程が繰り返し起こる。その結果、超音波像としてはプローブに平行なラインが複数本観察されることになる。右図は膀胱を描出したもので膀胱結石がみられるが、体表付近に強い反射体があるため多重反射によるライン（矢印）が観察されている。アーチファクトを減らすには多重反射を起こす部位を避けて観察する。

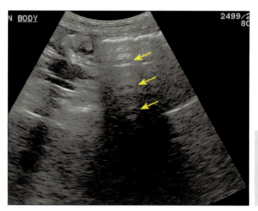

図2-9　多重反射によるアーチファクト
アーチファクトの1つ。表面近いところに強い反射体（この例では、異物と空気の入った消化管）があると、プローブと反射体の間に複数回反射が起こり、虚像が形成される。反射体より深部にある組織は描出困難である。この症例は、消化管異物であるが、異物により多重反射が起きている（矢印）。

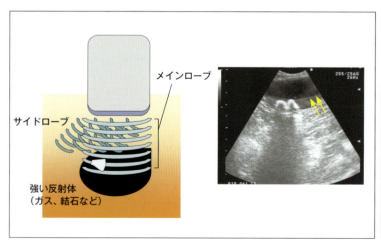

図2-10　サイドローブの模式図
超音波プローブからは、探査用の超音波ビームの他に目的方向とは異なる方向にビームが出ている（サイドローブ）。このサイドローブ上に強い反射体があるとメインローブ上の画像として虚像が表示される。右は膀胱の超音波像で、膀胱内に結石がみられるが、結石の表面で超音波を強く反射するため、その影響で膀胱内にあたかも泥砂があるかのような虚像（矢印）が形成されている。アーチファクトを引き起こしている物体を含まないような平面で観察するようにするとよい。

■ミラー現象（鏡像、ミラーイメージ）

- 横隔膜などのよく超音波を反射する面を鏡面として、胆嚢や肝内の腫瘍などが、横隔膜の下側に虚像として描出される現象（図2-11）。

■スライス厚

- 膀胱や胆嚢などを観察するとき超音波ビームの厚さのために周囲の組織が腔内にあるように表示される。胆泥や尿石と間違えやすい（図2-12）。

■シャドー

- 反射が強い物質が存在するため、その後方にある組織に超音波がとどかず画面上に表示されない（図2-6の矢頭）。逆にこの像がみられることで、そこに超音波を強く反射する物体があることが示唆されることがある。

■後方増強像

- 胆嚢など低エコーな領域では超音波ビームがあまり減衰していないため、その後方に多くのビームが到達し強い反射陰影が得られる。これにより見かけ上の高エコーとなることがある（図2-13）。

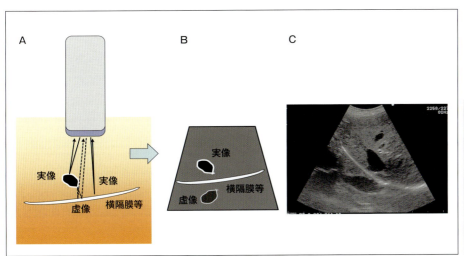

図2-11　ミラー現象
横隔膜などの反射が強い組織があると、そこで反射した超音波による虚像が深部に描出されることがある。虚像は、原因となっている組織を挟んで実像と対称になるように形成される。これが生じることを理解していれば、像の特徴から誤診することはない。超音波の入射方向を変えて観察してもよい。

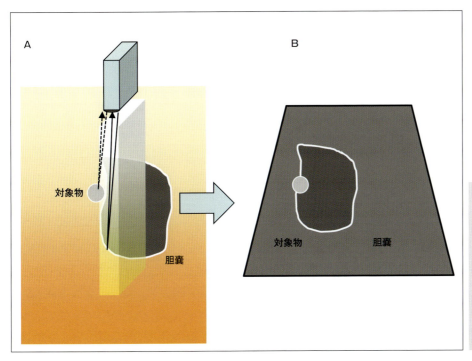

図2-12　スライス厚
超音波はよく絞られたビームであるが、実際的には厚みをもつ。その厚みのため、対称の外にある組織が対象物内に描出されることがある。プローブを回転させるなどすれば消失する。Aの胆嚢の超音波模式図では、胆嚢外の対象物がスライス厚のためにBのように胆嚢内にみえてしまう。プローブを回転させるなどして消失するか確認するとよい。

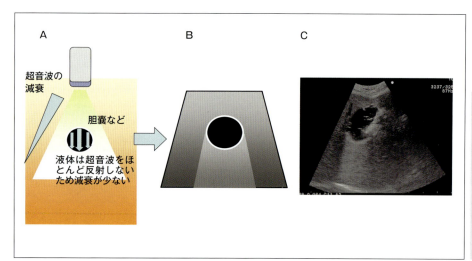

図 2-13　後方増強像
A：胆嚢など低エコーな領域の後方では、超音波ビームがあまり減衰しないため、深部の組織に強い超音波が到達する。その結果、Bに示すように低エコーな領域の後方部分のエコー源性が高くなる。Cは胆嚢の超音波像であり、胆嚢内に浮遊物がみられているが胆嚢の後方の肝実質が他の部位より見かけ上、高エコーになっている。

コラム 7　ハーモニックとパワードプラ

最近の超音波装置の技術進歩は早く、新しい描出法を装備する機種も多い。機種やメーカーにより特性も異なる。以下に新しい多くの機種で採用されている代表的な描出法をあげた。

■ハーモニック

超音波が生体で進むと送信した基本波の周波数の整数倍の周波数の高調波が発生する。このうち2倍の周波数をもつ高調波を使って映像化する。生体から発生する高調波を使用するティッシュハーモニックは多重反射やサイドローブなどのアーチファクトの影響が軽減され、コントラスト分解能が改善する。一方で、距離分解能や時間分解能が低下する。ハーモニックを利用した超音波造影が行われるようになっており、肝内腫瘤の鑑別等に応用されている（p189 コラム 8 参照）。

■パワードプラ

カラードプラ法と類似した方法である。カラードプラが流速と方向を描出しているのに対してパワードプラでは流量を描出している。流速の遅い血流や細い血管走行を調べるときに利用される（図2-14）。

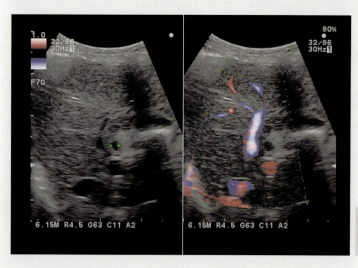

図 2-14
肝臓の超音波像であり、左は通常のBモード。右はパワードプラによる描出である。血流のある領域が識別できる。

胸部の超音波

鹿児島大学共同獣医学部臨床獣医学講座画像診断学分野
鹿児島大学共同獣医学部附属動物病院　三浦直樹

1　心エコー検査

- 心臓の機能評価検査としては、超音波検査が最も頻繁に用いられる。
- 心臓カテーテル検査も心機能評価や心奇形の確定診断には有用。しかし、施設やカテーテル等の器具、さらに麻酔が必要である。
- 超音波検査は心臓の動き、血流の変化や流速をダイナミックに観察できる。そのため、心疾患の診断や心機能評価では第一選択となる。
- 心エコー検査はBモードでの形態の観察が基本となる。その後、Mモードで収縮率など機能的な心臓の動きなどを計測する。
- さらに、カラードプラ法により、逆流などの異常血流を検出し、パルスドプラ、連続波ドプラ法などで流速を測定し圧較差を評価する。最近では組織ドプラなど特殊な方法も利用されるようになっている。

2　心エコー検査の際の一般的な注意点

- 常に心電図波形を同時に表示すること。心電図によりカラードプラなどで検出した異常血流が収縮期、拡張期など、どのタイミングで生じているかわかる。
- 心臓超音波検査では常に立体像を理解することが望ましい（図2-15）。プローブのポジションを認識するために、いくつかの基本画像を描出できるようにしておくと描出が容易になる（p148〜160「心エコーの基本画像」の項参照）。

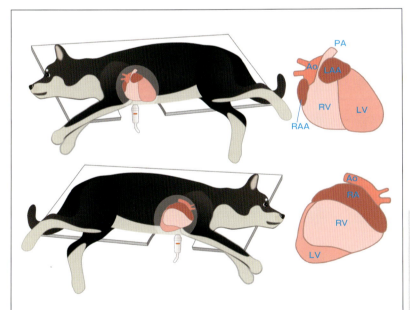

図2-15　心エコー検査時の基本的な保定
動物を右下にしたとき（上）と左下にしたとき（下）の画像と心臓の立体的な位置関係を示している。
PA：肺動脈、Ao：大動脈、LAA：左心耳、RAA：右心耳、RV：右心室、LV：左心室
（イラスト：山口大学／下川孝子先生）

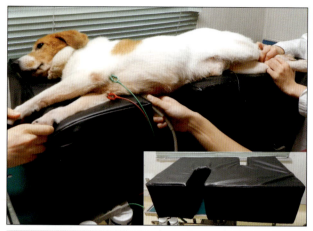

図 2-16　超音波用マットの使用例
超音波検査では、心臓が胸壁に最も近いところからプローブを当てることが基本である。そのために、写真のようなデザインのマットを使用すると便利である。

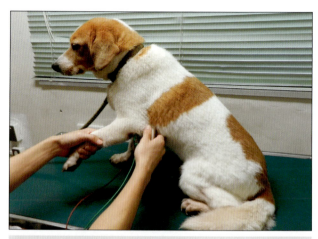

図 2-17　呼吸困難な場合の体位
呼吸が苦しい動物では無理に横臥位にしない。胸水が溜まっている場合は胸水を先に抜去することも考慮する。

- 動物の体位は重要。心臓が胸壁に最も近いところからプローブを当てるようにする。心臓が体壁に近くなるように動物の下側からプローブを当てることが多い。その際に特別なマットを使用するとよい（図2-16）。
- 一般的には左右の横臥位で観察するのがよいが、重度の呼吸困難を示す動物では、無理に体位を変えず動物が楽な姿勢（例：座位など）で検査する（図2-17）。

- ドプラ検査では適切な流速レンジ（1m/sec程度）と流速方向を設定する。正常な心臓内の血流は、通常1m/sec以下である（動脈血流出路では1.5m/sec程度のこともある）。
- カラードプラのゲインは、1度ノイズが出るまで上げて、その後、ノイズが消えるところまで落とす。また、遅い流速設定（例えば腹部の設定）では、折り返し現象によりモザイクパターンが出現する。逆流によるモザイクパターンと間違えないこと。

3　心エコーの基本画像

■Bモードでの観察

- 右側傍胸骨長軸断面（図2-18～2-21）：最も基本的なアプローチで、心臓の長軸方向に心臓断面を描出する。左心室流出路（大動脈弁）、左心室流入路（僧帽弁）、右心室流入路（三尖弁）と心室自由壁、中隔、左右の心房を観察するときに使用する。

〈方法〉

通常は右側の第4～5肋間を使用するが、症例によって心臓が最もよく描写される肋間からアプローチすればよい。プローブはあまり動かさず、角度を変えるか回転させる程度にするのがポイントである。

〈基本画面〉

両房室弁を中心に描出し、左心房、左心室、右心房、右心室を表示（**図 2-20**）させる。そこから、プローブを脊椎と平行になる方向へ少しだけ回転させると、左心室流出路（大動脈弁を中心にした心臓の長軸断面）が表示される（**図 2-21**）。

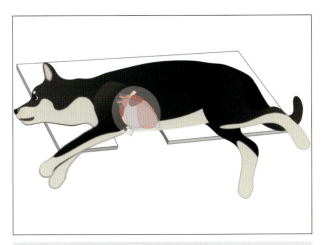

図 2-18　右側傍胸骨長軸断面の観察（イラスト：山口大学／下川孝子先生）

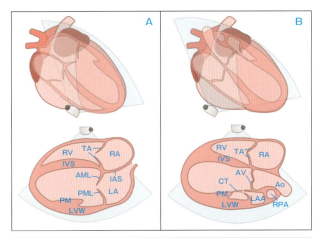

図 2-19　Aは左心室および右心室の流入路が描出されており、僧帽弁、三尖弁が観察できる。Bでは大動脈弁が描出されている
RV：右心室、TA：三尖弁、RA：右心房、IVS：心室中隔、IAS：心房中隔、AML：僧帽弁前尖、PML：僧帽弁後尖、LA：左心房、PM：乳頭筋、LVW：左室後壁厚、AV：大動脈弁、Ao：大動脈、CT：腱索、LAA：左心耳、R：右肺動脈（イラスト：山口大学／下川孝子先生）

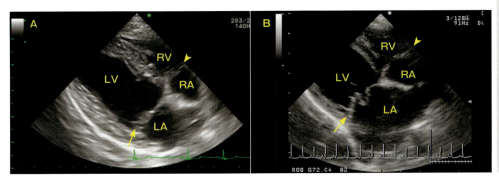

図 2-20　右側傍胸骨長軸断面
A：左心室、右心室の流入路であり、僧帽弁、三尖弁が観察できる。B：僧帽弁の肥厚、左心房への逸脱と左心房の拡大がみられる。
LV：左心室、RV：右心室、RA：右心房、LA：右心室
矢印：僧帽弁、矢頭：三尖弁
（写真提供：かみむら動物病院（鹿児島県）／上村利也先生のご厚意により掲載）

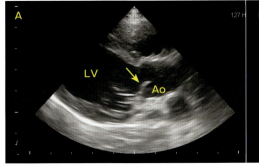
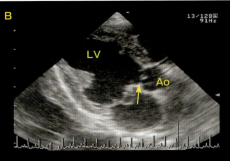

図 2-21　右側傍胸骨長軸断面
A、Bともに左心室流出路が描出され、大動脈弁が観察できる。
LV：左心室、Ao：大動脈、矢印：大動脈弁
（写真提供：かみむら動物病院（鹿児島県）／上村利也先生のご厚意により掲載）

> **右側アプローチ長軸像の観察ポイント**
>
> - 左心室自由壁と中隔の動きを観察できる。収縮時心筋に局所的に動きが悪いところがないか確認する。
> - 房室弁と大動脈弁の動きを評価する（正常な犬での動きをマスターしておき、症例では、常に注意して観察することが大切）。
> - 心室内で極端に高エコーの領域がないか確認する（血栓、心内膜炎など）。
> - 心室中隔を評価する：犬では、中隔は左右心室間をほぼ直線的に隔てるか、わずかに右心室方向へ凸となっている。猫ではわずかに右心室側に凸となる。犬では左心室側への変位が著しい場合には、右心室の容量負荷、左心室の容量の低下、心室中隔の肥大が示唆される。右心室側への著しい変位には左心室の重度の容量負荷を示唆する所見である。
> - 僧帽弁を評価する：僧帽弁は通常は弁の基部から先端まで厚さは一定である。正常ならば弁が左心房内へ逸脱することはない。
> - 心室壁の厚さを評価する：右心室壁の厚さは左心室自由壁の厚さの1/2程度である。内腔の狭小化や心室筋の肥大は圧負荷を示唆する。
> - 内腔の広さを評価する：右心室腔の大きさは左心室腔の1/3程度である。
> - 右心系の観察が難しい場合は、短軸像や他のアプローチも使用する。

- 右側傍胸骨短軸断面（**図2-22〜2-27**）：心臓の長軸に垂直な面で心室や大動脈を描出する。心室自由壁、中隔壁、右心室流出路、肺動脈を観察しやすい。

〈方法〉
長軸像を描出しておき、プローブをおよそ90°回転させて観察する。

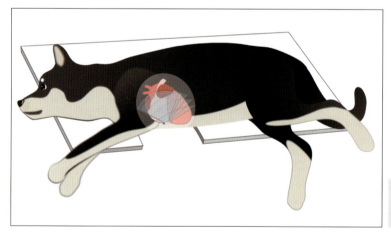

図2-22 右側傍胸骨短軸断面の観察
（イラスト：山口大学／下川孝子先生）

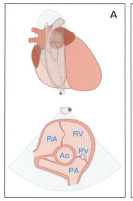 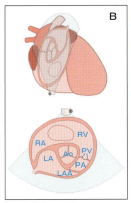 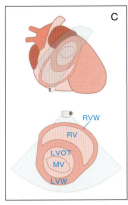 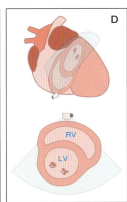 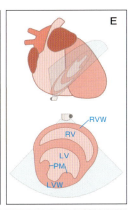

図 2-23 　右側傍胸骨短軸断面の観察
A〜E：プローブは体表の同一の位置から動かさず、プローブの方向を心基底部（A）から徐々に心尖部（E）へと変えて観察した際の模式図を示している。
RA：右心房、RV：右心室、Ao：大動脈、PA：肺動脈、PV：肺動脈弁、LA：左心房、LAA：左心耳、RVW：右心室壁、LVOT：左室流出路、MV：僧帽弁、LVW 左室後壁厚：、LV：左心室、PM：乳頭筋（イラスト：山口大学／下川孝子先生）

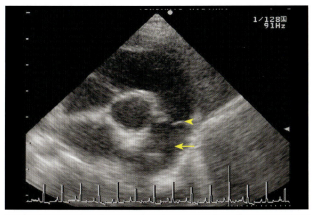

図 2-24 　右側傍胸骨短軸断面（肺動脈：矢印、肺動脈弁：矢頭）：図 2-23A に相当
この断面はフィラリア虫体の描出や肺動脈の異常、動脈管開存の描出に用いられる。

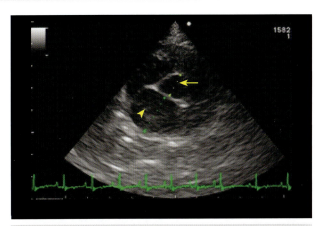

図 2-25 　右側傍胸骨短軸断面（大動脈：矢印、左心房：矢頭）：図 2-23B に相当
この断面は、左心房の拡張を評価するために大動脈との比（LA/Ao）を計測する際によく用いられる。

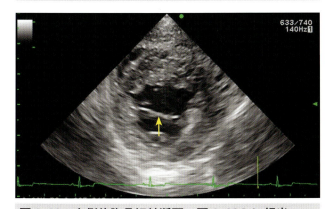

図 2-26 　右側傍胸骨短軸断面：図 2-23C に相当
僧帽弁（矢印）が口を閉じたり開いたりする様子が観察できる。

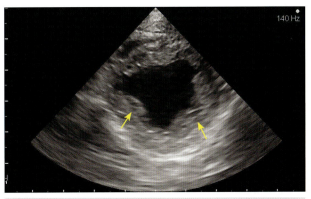

図 2-27 　右側傍胸骨短軸断面：図 2-23D に相当
この断面では、両側の乳頭筋（矢印）が同心円状に中央へと収縮する様子が観察できる。心内膜、心筋のエコー源性の変化も観察する。

〈基本画面〉
　大動脈を中心に右心室-肺動脈弁-肺動脈が描出される画像（右心室流出路レベル 図 2-23A，2-24)、大動脈が描出される画像（大動脈レベル：図 2-23B，2-25)、僧帽弁開口部が描出される画像（僧帽弁レベル：図 2-23C，D，2-26)、そして両側の乳頭筋が描出される画像（乳頭筋レベル：図 2-23E，2-27）を表示できるようにする。

> **右側アプローチ短軸像のポイント**
>
> - 肺動脈弁と肺動脈が観察される（右心室流出路レベル）。
>   - 正常では肺動脈と大動脈の直径はほぼ同じ大きさである。
>   - 肺動脈は正常では弁の位置から左右の分岐まで太さは一定である。
>   - この断面で、右室流出路の流速（肺動脈の流速）を測定できる。
>
> - さらにプローブを心尖部側へ動かすと、大動脈弁の3つの弁尖を観察できる（大動脈レベル）。
>   - 閉鎖時には"ベンツマーク"となっており、正常では大きさが均一。
>   - この断面では左心房/大動脈比（LA/Ao比）を測定する。
>
> - さらにプローブを心尖部側へ動かすと僧帽弁口が観察される（僧帽弁レベル）。
>   - 僧帽弁の動きを確認する。
>
> - さらにプローブを心尖部側へ動かすと、左右の乳頭筋の大きさが均一にみえる断面が描出される（乳頭筋レベル）。
>   - 左心室自由壁と中隔の動きを観察する（局所的に動きが悪い部位はないか？）。
>   - 正常では心室中隔は右心室側に凸になっている。
>   - 正常では左心室腔は円形である。

- 左尾側（心尖）傍肋骨長軸断面（図2-28～2-31）：左横臥位での心尖部からの長軸断面像は、左心室の流入路と流出路の流速測定等に有用である。以下にこれらの観察部位での観察ポイントを示す。

〈方法〉
通常は左側の第5～7肋間の胸骨に近い位置から観察するが、心臓が最もよく描出される肋間を使用する。この位置からは左心房と左心室（2腔断面）、および左心房-左心室と右心房-右心室（4腔断面）を基本画像として描出できる（図2-30）。さらに、4腔断面から大動脈の流出路を表示でき（図2-31）、この画面は心室への流入と流出と逆流の流速測定に有用である。

さらに約90°回転させると、4腔断面に対して垂直な面で左心房-左心室（2腔断面）を観察できる（図2-29C）。

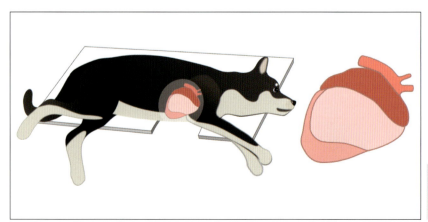

図2-28　左尾側（心尖）傍肋骨長軸断面からの観察
（イラスト：山口大学／下川孝子先生）

超音波検査

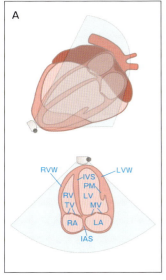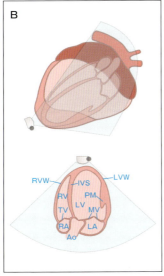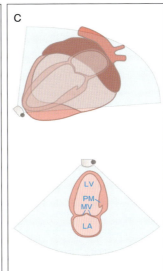

図2-29 左尾側（心尖）傍肋骨長軸断面からの観察
A：4腔断面像（左心房-左心室、右心房-右心室）が描出される。
B：5腔断面像（Aの4腔断面像からプローブをわずかにひねると大動脈流出路も描出される）。
C：2腔断面像（左心房-左心室が描出される）。

RVW：右心室壁、RV：右心室、TV：三尖弁、RA：右心房、IVS：心室中隔、IAS：心房中隔、PM：乳頭筋、LV：左心室、LA：右心房、MV：僧帽弁、Ao：大動脈
（イラスト：山口大学／下川孝子先生）

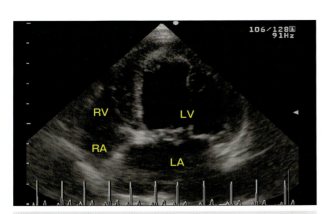

図2-30 左尾側（心尖）傍肋骨長軸断面。4腔断面。
写真は僧帽弁閉鎖不全の症例。循環血液量の増加と僧帽弁逆流により、LAとLVの拡大がみられる。僧帽弁の肥厚もみられる。RV：右心室、RA：右心房、LV：左心室、LA：左心房（写真提供：ペットクリニックハレルヤ（福岡県）／平川篤先生のご厚意により掲載）

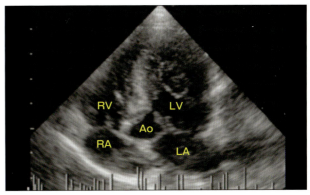

図2-31 左尾側（心尖）傍肋骨長軸断面。5腔断面。
RV：右心室、RA：右心房、LV：左心室、Ao：大動脈、LA：左心房
（写真提供：ペットクリニックハレルヤ（福岡県）／平川篤先生のご厚意により掲載）

 左側アプローチ長軸像のポイント

- 4腔断面では左右の各心腔の大きさを相対的に評価ができる。また、各弁の評価も可能である。特に、弁の心房への逸脱など弁の動きの評価に適している。
- 4腔断面は左心室の流入路を流れを超音波の向きと平行に近い角度で描出できるので、流速の測定にも利用できる。
- 5腔断面は大動脈弁の動き、逆流、狭窄および狭窄後拡張の評価に適している。同時に左心室流出速度の測定にも利用することができる。

これまで紹介した右側長軸、短軸、左側心尖部アプローチなどの基本アプローチの他に、左側からのアプローチとして以下の左頭側傍肋骨長軸断面、左頭側傍肋骨短軸断面も利用されることがある。

● 左頭側傍肋骨長軸断面（**図2-32A 〜D**）
〈方法〉
左横臥位で心拍が感じられる左側肋間を使用する。
〈基本画面〉
プローブをわずかに動かすことで、左心室および右心室（**図2-32A**）、右心房（**図2-32B**）、左室流出路（**図2-32C**）、右室流出路（**図2-32D**）が描出できる。

● 左頭側傍肋骨短軸断面（**図2-32E 〜G**）
〈方法〉
左頭側傍肋長軸からプローブを90°回転させる。
〈基本画面〉
右室流入路（**図2-32E**）、右室流出路（**図2-32F**）、右室流出路・肺動脈（**図2-32G**）が描出できる。

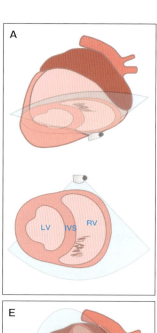
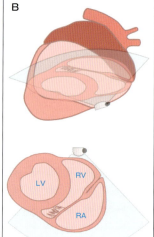
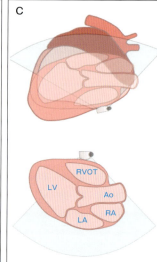
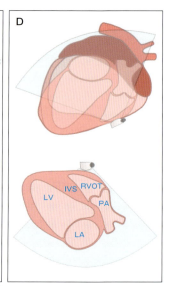
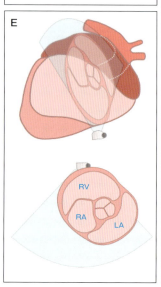
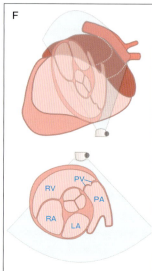
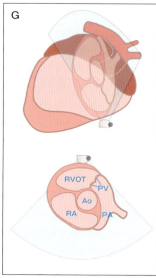

図2-32　左側からのアプローチ

左側からのアプローチは、右心系の評価に有用である。特に肺動脈分枝や右室流出路の描出（D, F）、心基底部の描出（B, G）、左右心房（C, E, F）を観察することができる。

左頭側傍肋骨長軸断面
（左横臥位での左側肋間からの長軸断面像）
A：右心室断面
B：右心室と右心房断面
C：左室流出路、右房・右心耳断面
D：右室流出－肺動脈、左室流入路

左頭側傍肋骨短軸断面
（左横臥位での左側肋間からの短軸断面像）
E：右室流入路、
F：右室流出路
G：右心流出路・肺動脈

LV：左心室、IVS：心室中隔、
RV：右心室、RA：右心房、
RVOT：右室流出路、Ao：大動脈、
RV：右心室、LA：右心房、
PA：肺動脈、PV：肺動脈弁
（イラスト：山口大学／下川孝子先生）

■Mモードでの観察

- MモードのMはMotionの頭文字であり、Bモードの断面上に1本の直線を設定し、その直線上にある部位の動きを観察する。
- 画面上では横軸に時間が、縦軸に深度（プローブからの距離）が表示される。
- Bモードの右側傍胸骨の長軸断面像（もしくは短軸断面像）で観察部位を描出し、Mモードで観察することが多い。
- 必ず同時に心電図を表示させること。
- Mモードでは、心室や弁について拡張期や収縮期での動きを観察し計測する。
- 左心室レベルMモード（図2-33）
  > 計測は短軸像の腱索レベルで行うのが望ましい（図2-23D）。しかし、小型犬や猫で腱索レベルでの描出が困難な場合は乳頭筋レベルで観察してもよい（図2-27）。
  > 長軸像を用いた計測も可能。その場合には、僧帽弁の先端と乳頭筋の間で左心室内腔が最も広くなる位置に断面をとるようにする（図2-19, 2-21）。
  > 心室は円柱状であるため、長軸および短軸のどちらで計測しても同じ結果が得られる。
  > 左心室レベルのMモードを用いることで、拡張期と収縮期の心室中隔厚、左心室腔内径、左心室自由壁厚を測定できる（図2-33：測定法は後述）。
- 僧帽弁レベルMモード（図2-34）
  > 短軸像、長軸像のどちらでも観察可能である。
  > 短軸像の場合は前尖、後尖の中央を通るように断面をとる。
  > 長軸像では左室流入路時で僧帽弁の先端にMモードで観察しようとする直線を設定する。
  > 短軸、長軸いずれの場合も、直線は中隔に対して垂直に設定する。
  > 僧帽弁のMモード画像では弁の動きがM字状に観察できる。M字の山は弁が大きく開いていること示すが、最初の山は左心室の拡張に伴う急速充満期であり、その頂点はE点と呼ばれる（図2-34の○で囲んだ領域）。
  > 心室充満期の後、左房と左室の間の圧較差が低くなると、圧は平衡に近づき流入量が減少、僧帽弁は閉鎖する方向に動く（これがM字の谷の部分）。
  > 続いて拡張末期には左心房収縮により再度弁が開きM字の小さいほうの山が形成される（その頂点がA点と呼ばれる：図2-34のa参照）。
  > 中隔からE点までの距離（EPSS：E point septal separation）は、左心室収縮能の低下の指標として用いられ、よく測定される。

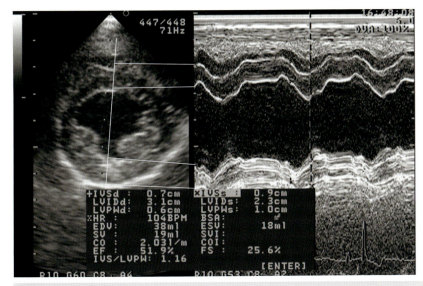 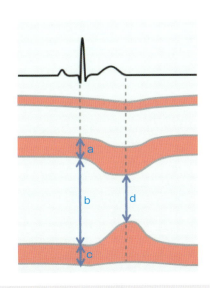

図2-33　左心室Mモード
左図のBモードでMモード観察する断面を決める。Mモード画面を用いてFS（左室内径収縮率）を測定する。また、Mモードでは左室自由壁、心室中隔の動きを観察することができる。
a：心室中隔壁厚、b：左心室拡張期末期径、c：左室自由壁厚、d：左心室収縮期末期径
（イラスト：山口大学／下川孝子先生）

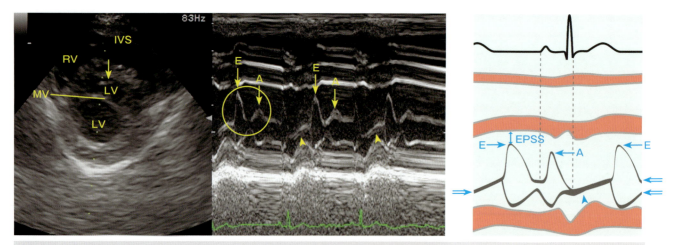

図 2-34　僧帽弁 M モード
僧帽弁前尖は M モードで特徴的な拡張期の二峰性の前方運動を呈し、M 字状の動きをする（中央の図：M モードを○で囲んだ領域：A 点が E 点より低いので完全な M ではない）。この M 字状の動きのうち拡張期初期（心電図 T 波の直後）にみられる大きなピークは E 波と呼ばれる。拡張期後期（心電図 P 波直後）の小さなピークは A 波と呼ばれる。中央の画面で A 点と E 点の間（矢頭）が心室中隔側へ移動するのが SAM サインである。SAM サイン：収縮期に僧帽弁前尖が心室中隔側へ動く現象で、肥大型心筋症や大動脈弁狭窄など左心流出路狭窄例で観察されることがある。エコー上では M モードで僧帽弁の M 字状の軌跡の A 点と E 点の間の線が中隔側に移動してみえる。RV：右心室、IVS：心室中隔、LV：左心室、MV：僧帽弁、⇐：僧帽弁の動く軌跡（イラスト：山口大学／下川孝子先生）

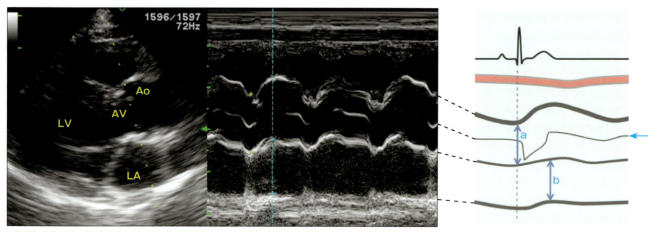

図 2-35　大動脈−左房レベル M モード
LA/Ao 比の測定にも使用される（Ao と LA を収縮期と拡張期のタイミングで測定できる）。Ao：大動脈、AV：大動脈弁、LV：左心室、LA：左心房。a：大動脈径、b：左心房径、矢印：大動脈弁の動く軌跡（イラスト：山口大学／下川孝子先生）

● LA/Ao 比の測定法（図 2-35 〜 2-37）
　> 左心房（LA）径の大動脈（Ao）径に対する比率のことであり、大動脈径の大きさはあまり変化しないことから、LA/Ao はうっ血により拡張した左心房の大きさの指標として用いられる。
　> 拡張末期に大動脈径を計測し、左心房の大きさは最も大きくなった位置で計測する。
　> 測定が容易で、僧帽弁閉鎖不全などのうっ血性心疾患の重症度の指標として汎用される。
　> 一般的に短軸像（大動脈レベルで左心房と大動脈を同時に描出できる断面）が利用される。しかし、長軸像でも計測用の画面を描出できる。
　> 短軸像での LA/Ao は正常では 1.5 以下である（図 2-36）。
　> 短軸で測定のための画像が描出できない場合には、右側傍胸骨長軸断面で僧房弁が最もよく描写できる画面で左心房径を測定することがある。この場合 LA/Ao 比は 2 〜 2.5 が正常である（図 2-37）。大動脈と左心房は同一画面に描出できないこともある。その場合には、別々に描出測定する。
　> 症例の経時的な病態変化を観察するためには、その症例で常に描写できる断面を使用して測定するように心がける。

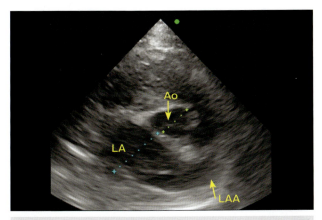

図2-36 左側傍胸骨短軸アプローチによるLA/Aoの測定
Ao：大動脈、LA：左心房、LAA：左心耳

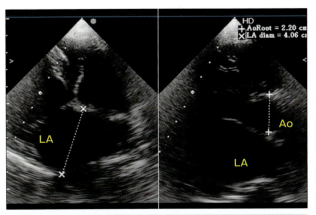

図2-37 右側傍胸骨長軸アプローチによるLAとAoの観察
LA/Aoは約2であり、この位置での計測としては正常範囲内である。

- 左心室内径短縮率（FS）の測定：左心室腱索レベルMモード
  - 右側傍胸骨短軸断面の乳頭筋が左右均一にみえる位置でMモードを用いて計測されることが多い（図2-33）。
  - 収縮率（FS）＝（LVIDd − LVIDs）/LVIDd × 100（％）の式で算出する。LVIDdは心電図のQRS波のR波の位置で測定し、LVIDsはT波の終了の位置（もしくは左心室内腔が最も小さくなった位置）で測定する（図2-33）。（LVIDd：左室拡張期末期径、LVIDs：左室収縮期末期径）
  基本的には心電図を同時に計測することが望ましいが、難しい場合はMモードの最も広くなっている位置と最も狭くなっている位置で測定する。
  - 心室自由壁と中隔の収縮が一致していない場合（脚ブロックなど）や、右心室負荷により中隔が左心室側へ変位している場合などはFSを正しく計測することはできない。

■カラードプラ法

- ドプラ法ではドプラ効果を利用して、血流の方向と速度を算出している。
- 測定の際にはドプラゲインと流速レンジを調節する。
- ドプラゲインはノイズが出現しない最大のゲインが最適である。いったんノイズが認められるまで、ゲインを上げた後、徐々にゲインを下げ、ノイズが消える時点で観察する。
- 流速レンジは測定する位置により調節し、正常な血液による折り返し現象（設定している最大流速以上のものは反対方向への血流として誤って描出されること）が認められないように設定する。一般に心臓超音波検査では0.6〜0.8m/sec程度に設定する。
- カラードプラ法ではBモード上に流速の方向が色で描出される（図2-38）。一般にプローブ端子方向へ向かう血流は赤色、プローブから遠ざかる血流は青色で表される（図2-39）。
- カラードプラは心血管内の平均血流を反映している。
- 弁膜疾患の逆流や狭窄などで生じる乱流や高速血流がある場合は、赤、青、緑、黄色が混じったモザイクパターンが観察される。
- カラードプラは血流異常のスクリーニングに利用される。カラードプラで異常がある場合には、パルスドプラ法や連続波ドプラ法を用いてその位置での流速を測定する。

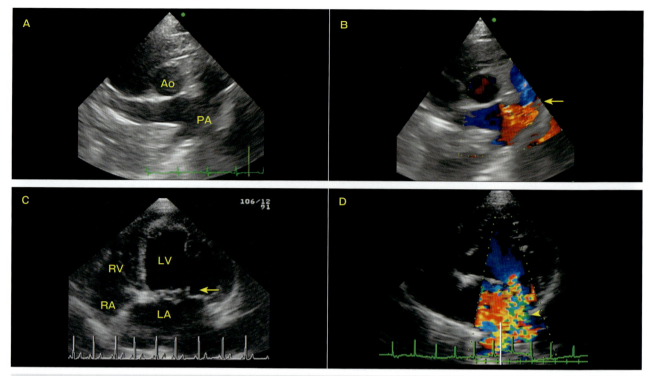

図2-38　カラードプラ法
上図（A、B）は右側傍胸骨短軸による肺動脈の血流を観察している。肺動脈弁狭窄の症例で、Bの矢印（←）部分で狭窄が生じている。下図（C、D）は、左尾側（心尖）傍胸骨長軸による4腔断面像で、左心室流入路の血流を観察している。Dは収縮期（ECG上の縦線部での画像）であり、LA内にモザイクパターンがみられ僧帽弁逆流と考えられる（矢頭）。Ao：大動脈、PA：肺動脈、RV：右心室、RA：右心房、LV：左心室、LA：左心房（写真提供：ペットクリニックハレルヤ（福岡県）/平川篤先生のご厚意により掲載）

- 心周期と血流の流れ
  > カラードプラにより血流を観察することができる。
  > 図2-39のA、Bは拡張の開始時で、僧帽弁が開放され、左心房から左心室へ血流が流入している（赤色はプローブへ向かう血流）。Cは心室収縮の開始、D〜Eは心室収縮に伴い大動脈弁が開放し、血液が流出している（青色はプローブから遠ざかる血流）。

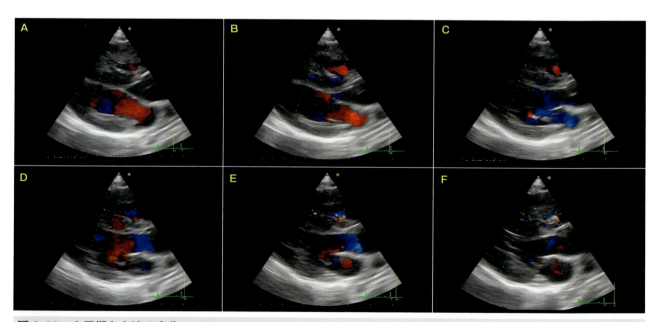

図2-39　心周期と血流の変化
右尾側（心尖）傍胸骨長軸断面像により心周期に伴う血流方向を描出している。赤くみえているのはプローブ側に向かう血流で、青くみえているのはプローブ側から遠ざかる血流である。各図下側には心電図が示されており、超音波像が得られた心電図上のタイミングがわかる。（写真提供：かみむら動物病院（鹿児島県）/上村利也先生のご厚意により掲載）

超音波検査

■パルスドプラ法

- パルスドプラ法は心臓や血管内にある一点に注目して、その部位を通過する血流速度を測定する。パルスドプラ法は、目的とする一点からの反射波のみを時間ゲート（サンプルボリューム：Sample Volume）をかけることにより、特定部位の血流の位相変化を捉える。Bモード画像を利用して流速を測定したい位置へカーソルを動かし、パルスドプラ測定を行う画面を出す。
- パルスドプラ画面では、横軸には時間経過、縦軸には流速が表示される（図2-40）。
- パルスドプラ画面で、基線よりも上方の波形はプローブに向かう血流、下方の波形はプローブから遠ざかる血流である。
- 流速が早くなると折り返し現象が生じる。
- 正常な心臓内の流速は通常1m/sec以下（大動脈流出は1m/secを少し超えることもある）である。
- パルスドプラ法は逆流、狭窄、短絡による高速血流や異常血流の測定に利用される。
- しかし、パルスドプラは、流速を測定する角度によっては正確に測定できないことがある。また、特に狭窄などに起因する著しく速い血流については正確な測定はできない。その場合には連続波ドプラで測定する。

■連続波ドプラ法

- 連続波ドプラはプローブ内への送信・受信が連続的に行われることからこの名称がつけられている。速い血流の測定が可能な描出方法である。
- パルスドプラと異なり特定の部位ではなく指定した直線上の血流速度を測定する。狭窄、短絡、逆流などに伴う高速血流の測定には有用である。

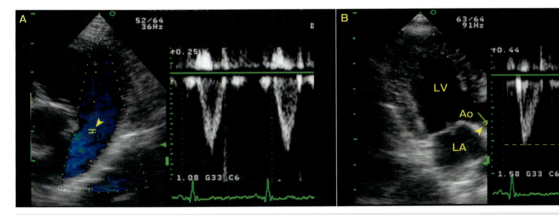

図2-40　パルスドプラ
Aは右側傍胸骨短軸による右心室流出路の血流速度を計測している。収縮期にプローブから遠ざかる方向へ血流がみられる（流速は約0.8 m /sec）。Bは右側傍胸骨長軸アプローチで少し角度を変えて左心室流出路（大動脈）の血流速度を観察している。
LV：左心室、LA：左心房、Ao：大動脈　＊エのマーク（矢頭）が流速の計測ポイントを示している。
（写真提供：ペットクリニックハレルヤ（福岡県）／平川篤先生のご厚意により掲載）

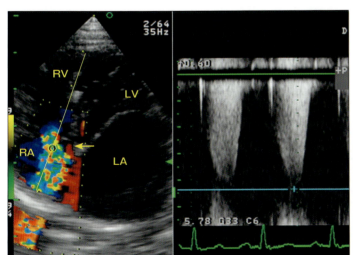

図2-41　連続波ドプラ
左尾側（心尖）傍肋骨長軸断面像による右心室流入路の流速を観察している。連続波ドプラではプローブから○印に向かう線上（Bモードで黄色の直線）の最速の流速を計測している。この症例では三尖弁の逆流（矢印）があり、流速は約4m/secであった。
LA：左心房、LV：左心室、RA：右心房、RV：右心室
（写真提供：ペットクリニックハレルヤ（福岡県）／平川篤先生のご厚意により掲載）

- 角度補正が必要で、その誤差を小さくするため、できるだけプローブに垂直方向（画面上で垂直方向）の血流を測定する。
- ドプラビーム上の最高流速を観察部位の異常血流速度として扱う（図 2-41）。

4 後天性の心疾患

■慢性の弁膜症

- 弁膜の粘液腫様の変性が主な原因である。
- 高齢の犬で多くみられ、特にトイ犬種の13歳齢以上では80％以上で病理学的に弁膜異常があるとされる。
- 僧帽弁に最も多く病変がみられるが、三尖弁やその他の弁にも生じる。
- 弁の変性により逆流が生じ、その結果、容量負荷によるうっ血性心不全となる。
- 長期的な容量負荷は結果として心筋のリモデリングを生じる。

■僧帽弁閉鎖不全／三尖弁閉鎖不全

＜僧帽弁閉鎖不全症＞

- Bモードで弁膜の肥厚や尖点付近での結節様の変化がみられる（図 2-42）。
- カラードプラで心房への逆流を説明することにより診断する（図 2-43）。
- 収縮期に僧帽弁が左心房へ逸脱する症例がみられる（図 2-44）。
- 逆流が重度になると左心房と左心室が容量負荷により拡張する。左心房拡大は僧帽弁閉鎖不全に特徴的な所見で（図 2-45）、LA/Ao 比が増加する。
- 容量負荷により左心室の収縮末期心室内径（LVIDs）が増加する。
- 収縮率（FS）は初期には上昇するが、最終的には心筋のリモデリングにより収縮不全となる。
- 突然の腱断裂により急激な悪化がみられることがある。その場合には弁の著しい逸脱がみられる。

＜三尖弁閉鎖不全症＞

- 房室弁の閉鎖不全は、三尖弁にも生じる。
- 三尖弁逆流は、三尖弁が僧帽弁と同様に粘液腫様に変性することにより生じることがある。この場合、弁の肥厚や逸脱がみられる。
- 三尖弁に異常がない場合でも、肺動脈圧上昇により三尖弁に速い流速の逆流が観察されることがある。この場合、流速からベルヌーイの式＊により肺動脈圧を算出できる（図 2-46）。

＊ベルヌーイの式：$4 \times v^2$（mmHg）
（v は流速 m/s）

- 三尖弁の逆流が認められる場合は、肺動脈弁狭窄など右心室流出路の障害の有無を評価する。

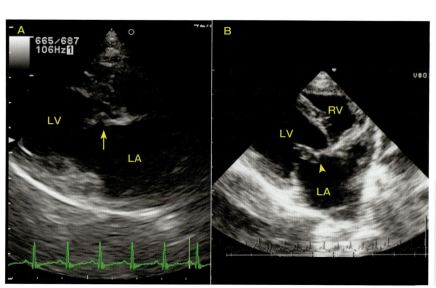

図 2-42 僧帽弁閉鎖不全の超音波所見（右側傍胸骨長軸像）
Aの症例では、Bモードで僧帽弁の弁膜の肥厚（矢印）がみられる。Bの症例では、尖点付近での弁に結節様の変化がみられる（矢頭）。
LV：左心室、LA：左心房、RV：右心室

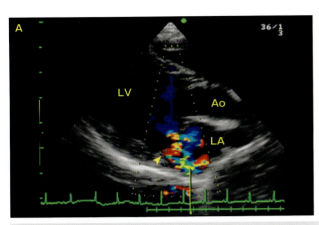
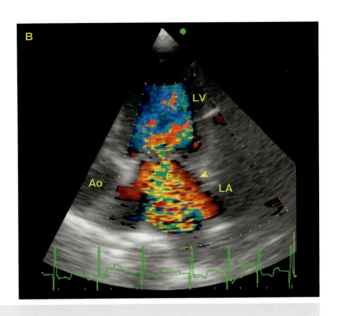

図2-43　僧帽弁閉鎖不全の超音波所見
A：傍胸骨長軸断面像。カラードプラで左心房への逆流がモザイクパターンとして観察できる（矢頭）。B：左尾側（心尖）傍肋骨長軸断面像。この症例でも、左心房への逆流および容量負荷による左心房の拡張がみられる。
LV：左心室、Ao：大動脈、LA：左心房

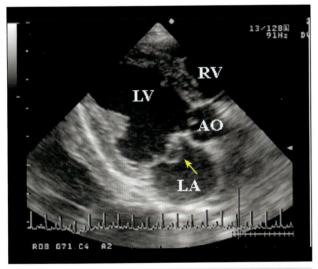

図2-44　僧帽弁閉鎖不全の超音波所見（右側傍胸骨長軸像）
この症例では、収縮期に僧帽弁の左心房への逸脱がみられている（矢印）。
RV：右心室、LV：左心室、Ao：大動脈、LA：左心房

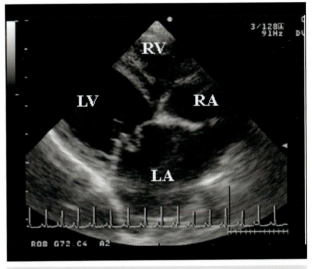

図2-45　僧帽弁閉鎖不全の超音波所見（右側傍胸骨長軸像）
この症例では僧帽弁閉鎖不全により、左心房と左心室に容量負荷による拡張がみられている。RV：右心室、RA：右心房、LV：左心室、LA：左心房（写真提供：ペットクリニックハレルヤ（福岡県）／平川篤先生のご厚意により掲載）

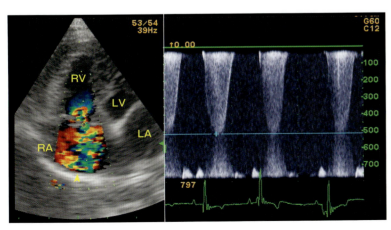

図2-46　三尖弁閉鎖不全の超音波所見変化
左図のカラードプラは、左尾側（心尖）傍肋骨長軸断面像で右心房に逆流によるモザイクパターンがみられている（矢印）。連続波ドプラで5m/secの流速が観察され、圧較差は100mmHgと計算された。三尖弁逆流がある場合、流速測定により肺高血圧の評価が可能である。
RV：右心室、LV：左心室、RA：右心房、LA：左心房
（写真提供：ペットクリニックハレルヤ（福岡県）／平川篤先生のご厚意により掲載）

■拡張型心筋症

- 拡張型心筋症は、大型犬に比較的多くみられる。
- X線では心陰影の拡大がみられることが多い。
- 診断と重症度の評価のために、超音波検査によりFS（収縮率）が計測される（図2-47）。
- 収縮率：FS（%）は、（拡張期の左心室内径－収縮期の左心室内径）／拡張期の左心室内径×100で計算され、収縮率25〜40%＝正常、20〜25%＝軽度低下、15〜20%＝中程度低下、15%未満＝重度低下と判定される。
- 典型的な例では、左心室内腔の拡張がみられる。
- 心室壁が薄くなり、僧帽弁のE点と中隔との間の距離（EPSS）の拡大がみられることがある（図2-48）。
- 弁輪の拡大により房室弁の逆流および左心房拡大が観察されることがある（図2-49）。
- 左心室収縮能の低下によりEPSSが増加する。

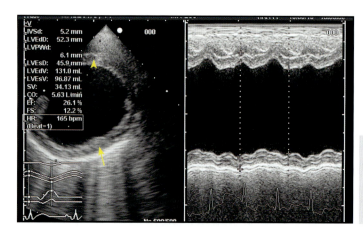

図2-47　拡張型心筋症
右側傍胸骨短軸像による乳頭筋（矢印）レベルのBモード（左）/Mモード（右）像であり、Bモードで著しく薄い左心室壁と中隔（4〜5mm）が観察される（矢頭）。Mモードでは心室内腔の著しい拡大と左心室壁の収縮低下が観察される。FSは12.2%であった。

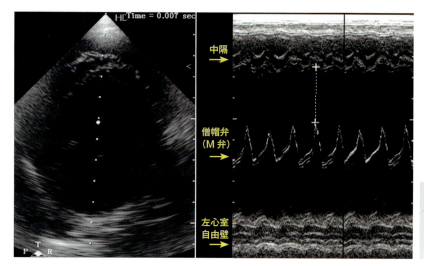

図2-48　拡張型心筋症
右側傍胸骨短軸僧帽弁レベルでの断面像であり、僧帽弁のE点と中隔との間の距離（EPSS）が著しく拡大している（右図＋……＋部分）。

超音波検査

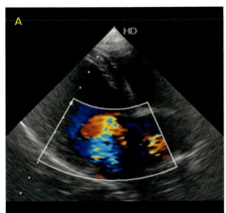
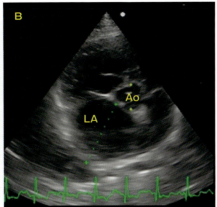

図2-49　僧帽弁逆流を生じている拡張型心筋症
Aは右側傍胸骨長軸アプローチで、拡張した左心室腔から左心房内へモザイクパターンの逆流がみられる。拡張型心筋症では、著しい左心室が拡張に伴い弁輪が拡大することにより逆流が生じることがある。Bの右側傍胸骨短軸アプローチでは、左心房の著しい拡張がみられ、LA/Ao比も著しく上昇している。
LA：左心房、Ao：大動脈

■肥大型心筋症

- 猫で多くみられ、心筋肥大を特徴とする。
- 病態としては拡張不全で、その結果、うっ血性心不全が生じる。
- 超音波検査では、心筋の求心性の肥大がみられることが多い（図2-50）。
- まれに局所的（非対称的に）に肥大することもある。中隔、自由壁、心尖部、乳頭筋などが肥大する。
- 診断はBモード断面で心室壁の肥厚を証明する。心室中隔の厚さが診断指標として最もよく用いら れ、正常では5.5mm以下であり、6.0mmを超える場合には心筋肥大と判断される。
- 左心室腔の狭小化がよくみられる。
- 左心房に血栓がみられることがある。この血栓が全身循環に入ることで、後肢の血流障害を起こすことがある。
- うっ血により左心房拡大（図2-51）がみられることがある。
- 心筋肥厚の影響により僧帽弁逆流がみられることがある。

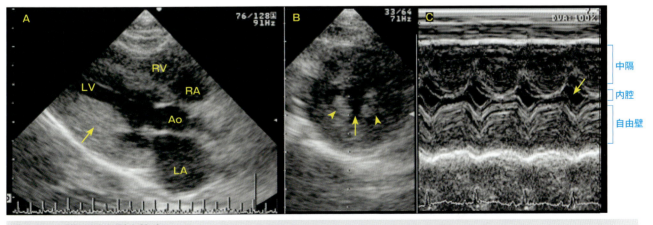

図2-50　猫の肥大型心筋症
Aの右側傍胸骨長軸像では、左心室自由壁の著しい肥大（約10mm）が観察できる（矢印）。Bの短軸像では乳頭筋の肥大（矢頭）と狭小化した左心室内腔が描出されている（矢印）。CのMモードにおいても内腔が狭く（矢印）拡張不全であることがわかる。LV：左心室、RV：右心室、RA：右心房、Ao：大動脈、LA：左心房

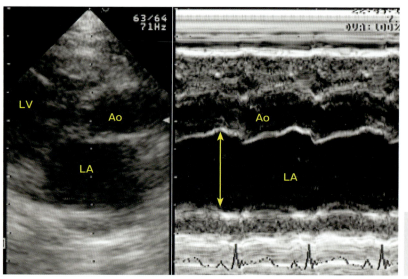

図 2-51 肥大型心筋症
右側傍胸骨長軸であり、著しい左心房拡大がみられる。
LV：左心室、Ao：大動脈、LA：左心房

■拘束型心筋症

- 病態としては心臓内膜や心筋の線維化、心筋への浸潤性の疾患により心臓の拡張が妨げられることにより生じる。
- 猫でみられることが多い。
- 超音波検査により肥大型心筋症や拡張型心筋症の所見がみられないにもかかわらず、拡張不全がみられる場合に拘束型心筋症と診断される。
- うっ血により左心房の拡張がみられる。
- 線維化に一致する心内膜の不整や肥厚がみられることがある。
- 左室流入を示すE波形の流速の増加がみられる（図 2-52, 2-53）。

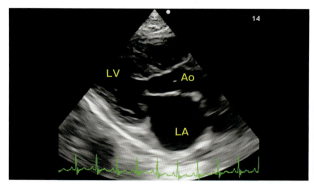

図 2-52 拘束型心筋症が強く疑われた症例
右側傍肋間長軸アプローチの左系流入、流出路。拡張期の写真で左心房の著しい拡張と心室の拡張不全がみられる。
LV：左心室、Ao：大動脈、LA：左心房
（写真提供：鹿児島大学／岩永朋子先生のご厚意により掲載）

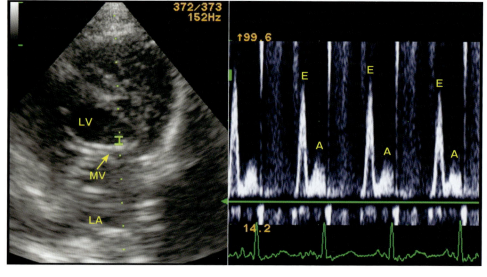

図 2-53 拘束型心筋症－E波の増加
左尾側（心尖）傍肋骨アプローチでの左心室流入路でマーク"エ"の位置でのパルスドプラ。右図では拘束型心筋症に特徴的な左房流波形のE波の上昇とA波の低下がみられる。しかし、心拍数が高い猫などでは、E波とA波の正確な評価が難しいので、他の心筋症の除外と著しい心房拡大の所見から拘束型心筋症は診断される。
LV：左心室、MV：僧帽弁、LA：左心房
（写真提供：ペットクリニックハレルヤ（福岡県）／平川篤先生のご厚意により掲載）

超音波検査

■ 心囊水と心タンポナーデ

- 心囊水の原因として、腫瘍（心基底部腫瘍、血管肉腫、中皮腫等）、特発性心囊水、うっ血性心不全、炎症や感染、僧帽弁逆流による二次性の左房破裂などがあげられる。
- 犬で多い。猫でもみられ、猫伝染性腹膜炎でもみられることがある。
- 心囊水が貯留し心腔内の拡張期圧を超えると、右心房が虚脱する。この状態を心タンポナーデという。心タンポナーデでは通常右心不全の症状がみられる。
- 超音波所見は以下の通り。
  > Bモードで心臓周囲に液体貯留が観察される（図2-54）。
  > 胸水との鑑別。
    ・胸水は胸腔全体に液体貯留がみられる。液体成分の中に肺葉が浮いている様子などが観察できる。
    ・心囊水では心臓周囲に円形の構造（拡張した心膜）が観察される。
    ・心囊水は心尖部付近に多く貯留し、心基底部では少ない。
  > 心タンポナーデでは拡張初期に右心房や右心室が心腔内に虚脱する様子が観察される（図2-55）。心電図で特徴的な所見（電気的交互軸：R波形の高さが一心拍毎に大きくなったり小さくなったりする）がみられることがある。

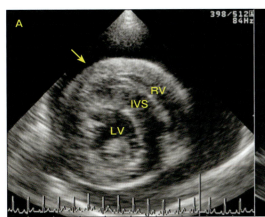
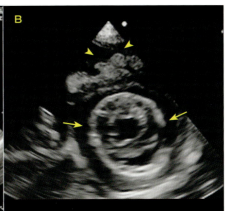

図2-54 心囊水貯留
A：右側傍胸骨アプローチによる乳頭筋レベルの短軸像で、心臓周囲に低エコー源性（矢印）の液体貯留（心囊水）がみられる。
B：左側からの短軸像で、心囊水（矢印）に加え胸水（矢頭）もみられる。
LV：左心室、IVS：心室中隔、RV：右心室

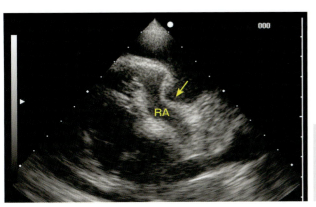

図2-55 心タンポナーデ（右側傍胸骨アプローチ）
心囊水圧の上昇により右心房虚脱（矢印）がみられる。
RA：右心房
（写真提供：ペットクリニックハレルヤ（福岡県）／平川篤先生のご厚意により掲載）

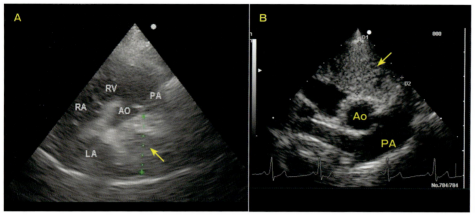

図2-56 心臓の腫瘍の2症例
AとBは2つの異なる症例であり、右側傍胸骨短軸アプローチで高エコー源性を示す腫瘤（矢印）が認められる。
B：腫瘍は血管肉腫であった。
RV：右心室、RA：右心房、Ao：大動脈、PA：肺動脈、LA：左心房
（Bの写真提供：ペットクリニックハレルヤ（福岡県）/平川篤先生のご厚意により掲載）

> 右心房や右心耳付近、心基底部（大動脈周囲）に心嚢水の原因である腫瘍を検出できることがある。中皮腫ではびまん性に広がることがあり超音波で明確な腫瘤を描出できないことが多い。
> 心臓の腫瘍は左からの長軸像で描出しやすい（図2-56）。
> 血管肉腫の頻度が高いため、心臓に腫瘍がみられる場合には、脾臓や肝臓も検査する。血管肉腫では、腫瘍は右心房から広がっていることが多い。
● 心基底部腫瘍として、化学受容体腫瘍、動脈体腫瘍、ケモデクトーマあるいは異所性甲状腺腫瘍などがあげられる。

■ フィラリア症

● 犬糸状虫（*Dirofilaria immitis*）は、右心系に寄生する。重度寄生の場合、右心不全や肺高血圧症の症状がみられるようになる。超音波検査は、少数寄生例や猫に対しても高感度な検査とされる。
● 超音波所見は以下の通り。
> 拡張した肺動脈と肺動脈内の虫体が観察できることがある（図2-57A）。心臓内では右房内に虫体がよくみられる（図2-57B）。
> 虫体は太さ2mm程度で高エコーの血管壁に平行な2本のラインとして描出される。
> 虫体が心臓内を動く様子が観察される。
> 病状が進行していくと、三尖弁閉鎖不全、右心室の肥大など肺高血圧症の所見を伴うようになる。

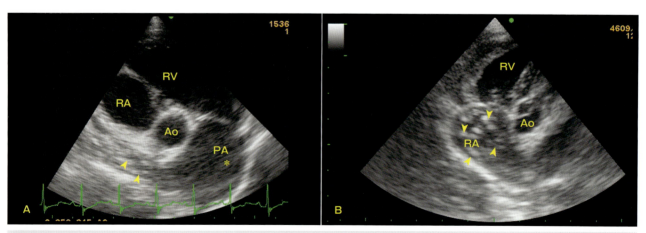

図2-57 フィラリア症
Aでは肺動脈内に高エコーの2本のラインとして虫体が描出されている（矢頭）。また、肺動脈の拡張（＊）もみられる。Bでは右心房内にフィラリア虫体が確認されている（矢頭）。RV：右心室、RA：右心房、Ao：大動脈、PA：肺動脈
（写真提供：ペットクリニックハレルヤ（福岡県）/平川篤先生のご厚意により掲載）

■肺高血圧症

- 肺高血圧とは肺動脈圧が著しく上昇した状態のことである。
- 原因としては、肺静脈圧の上昇（うっ血性左心不全や僧帽弁狭窄など）、肺循環血液量の増加（左-右シャント疾患など）、肺血管抵抗の増加（肺塞栓、フィラリア症、慢性の肺疾患による低酸素症など）があげられる。明らかな原因がみつからない場合には、特発性肺高血圧症とされる。
- 肺高血圧により右心室肥大を生じている病態のことを肺性心と呼ぶ。
- 肺高血圧症の超音波所見は次の通り。
  > 右心室心筋、乳頭筋や腱索の肥大がみられる。また右心内圧が上昇することにより、通常、右心腔へ凸型になっている心室中隔が直線的に"平坦化"する（図2-58）。
  > 右心室と右心房の拡張がみられる（特に右心房拡張は三尖弁逆流が重度のときに著しい）。
  > 右側傍肋骨アプローチで肺動脈の拡張がみられる（対大動脈比で評価する。通常は肺動脈：大動脈はおよそ1：1）。
  > 肺動脈の狭窄がない場合は、三尖弁逆流の流速を連続波ドプラ法で計測し、簡易ベルヌーイの式を用いて算出し肺動脈圧を推測する。このとき、簡易ベルヌーイの式で得られた値に予測平均右心房圧（約10mmHg）を加えた値を肺動脈収縮期圧とする。正常では、肺動脈収縮期圧は15〜25mmHgであり、持続的に25mmHgを超えると右心室の形態変化が生じ始める。（図2-59）。
  > 肺動脈弁逆流がみられることがある。

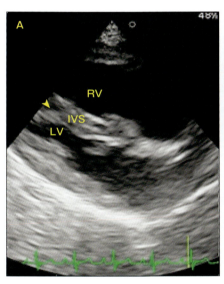
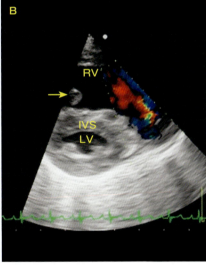

図2-58 肺高血圧症
Aの右側傍胸骨長軸では、右心室腔の拡張がみられる。心室中隔も左心室側へと平坦化している（矢頭）。Bの短軸像では右心室内の乳頭筋の肥大（矢印）と著しい右心室腔内の拡大がみられる。心室中隔も平坦化している。
RV：右心室、IVS：心室中隔、LV：左心室

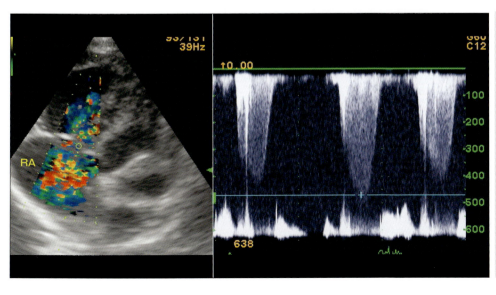

図2-59 肺高血圧による三尖弁逆流
左尾側（心尖）傍肋骨アプローチにより、カラードプラで右心房内のモザイクパターンがみられる。右心室流入路の流速を連続波ドプラにより計測したところ、4.7m/sec程度の逆流速が観察された。簡易ベルヌーイの式で$4.7^2 \times 4 = 88.4$ mmHgであり、右心房圧を10mmHgとすると、肺動脈圧は98.4mmHgと推測され、著しい肺高血圧である。
RA：右心房
（写真提供：ペットクリニックハレルヤ（福岡県）／平川篤先生のご厚意により掲載）

5 先天性の心疾患

犬や猫で比較的よくみられる先天性心疾患を紹介する。超音波検査は、先天性心疾患の診断や病態の把握には最も重要な検査である。また、超音波検査による心機能の各計測により、重症度の測定や手術適応についても判断することがある。

■肺動脈狭窄（Pulmonary Stenosis：PS）

- 肺動脈弁の形成不全が原因であることが多い。右心流出路に障害があるため右心室に圧負荷がかかる。
- 右心室壁は肥厚する。
- 狭窄の位置により、弁部狭窄、弁上部、弁下部狭窄に分類される。
- 肺動脈狭窄の超音波所見（図2-60）は次の通り。
  > Bモードの右側からの短軸像で狭窄している肺動脈流出路を観察できることがある。
  > カラードプラで肺動脈付近の高速血流によるモザイクパターンが確認される。
  > 肺動脈では狭窄部位より遠位で拡張がみられる（狭窄後拡張）（図2-60）。
  > 典型例では、右心室の圧負荷による右心室壁の肥厚と心室中隔の平坦化がみられる（図2-61）。
  > 右心室の乳頭筋が明瞭にみえることがある。
  > 弁性狭窄では肺動脈弁は肥厚し、動きに乏しい。
  > 弁後狭窄では不整な狭窄部位が観察されることがある。
- 狭窄部位では流速が速く（1.5m/sec以上）乱流がみられるようになる（正常な犬の流速は1m/sec程度）。
  > 右心房は右心の肥厚の影響のために軽度に拡張していることが多い。
  > 三尖弁逆流がみられることがある。
  > ドプラ法で狭窄部の流速を測定し、重症度判定に用いる。
  ベルヌーイの式：$4 \times V^2$（mmHg）
  （Vは流速 m/s）。
    50mmHg 未満＝軽度
    50〜80mmHg＝中程度
    80mmHg 以上＝重度
- 拡張期に肺動脈弁の逆流がみられることがある。

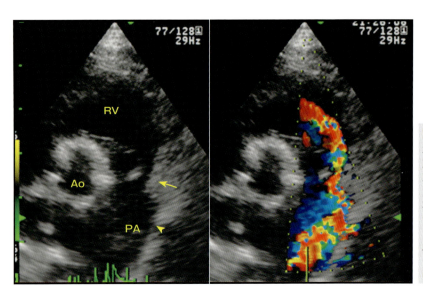

図2-60 肺動脈狭窄と拡張
右側傍胸骨アプローチ短軸像、右心室流出路肺動脈レベル断面で、左のBモードでは肺動脈の狭窄部位（矢印）と狭窄より遠位の狭窄後拡張（矢頭）がみられる。
右のカラードプラでは狭窄部位より遠位でのモザイクパターンがみられ、高速血流または乱流があることが示唆される。
Ao：大動脈、RV：右心室、PA：肺動脈
（写真提供：ペットクリニックハレルヤ（福岡県）／平川篤先生のご厚意により掲載）

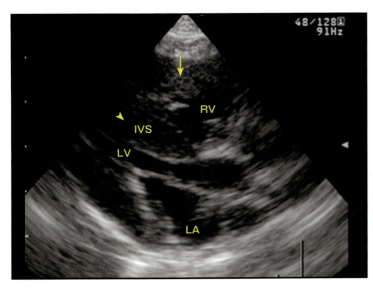

図2-61 肺動脈狭窄
右側傍胸骨アプローチ長軸断面で、肺動脈狭窄に二次的な変化として右心室壁の肥厚（矢印）と心室中隔の左心室側への変位による平坦化（矢頭）がみられる。
RV：右心室、IVS：心室中隔、LV：左心室、LA：左心房

- 治療は、重度の場合にはバルーン拡張術などを考慮する。

■ **大動脈狭窄**（Aortic Stenosis：AS）
- 大型犬に多い先天性の異常である。猫ではまれ。
- 狭窄部位は大動脈弁の弁部、弁下、弁上に分類される。このうち弁の直下にある線維性または筋線維性の組織による弁下狭窄が最も多い。
- 狭窄のために左心室に圧負荷がかかり、左心室の心筋肥大がみられる。
- 心室筋肥大の程度は狭窄の程度を反映する。
- 大動脈狭窄の超音波所見は次の通り。
  > Bモードで左心室流出路である大動脈に狭窄がみられる。
  > 弁下狭窄では中隔と僧帽弁前尖の基部で大動脈弁の直下に狭窄がみられる。（図2-62）。

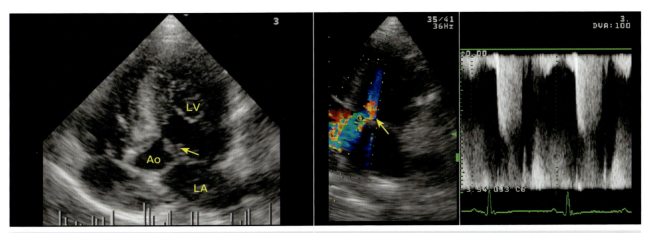

図2-62 大動脈狭窄（AS）の症例
左図のBモードでは左尾側（心尖）5腔断面図。大動脈流出路の弁下狭窄（矢印）がみられ、中央図のカラードプラでは大動脈流出路のモザイクパターンがみられる。右図の狭窄部の連続波ドプラによる計測では高速血流（4.5m/sec）が観察された。LV：左心室、Ao：大動脈、LA：左心房
（写真提供：ペットクリニックハレルヤ（福岡県）／平川篤先生のご厚意により掲載）

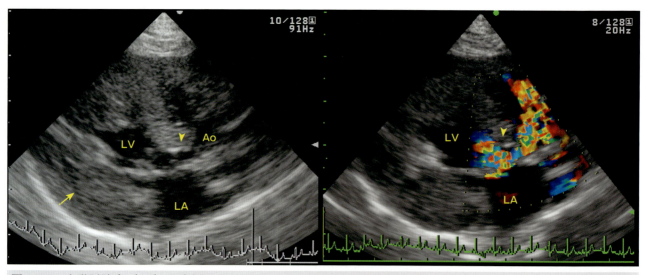

図2-63 大動脈狭窄（AS）の症例
右側傍肋間長軸アプローチによる左心室流入、流出路。
矢頭は大動脈の狭窄部位を示す。右図のカラードプラーでは狭窄部位（矢頭）と血流速の上昇によるモザイクパターンがみられる。ASでは流出路狭窄による求心性の心筋肥大がみられる。写真（Bモード）では矢印で示す左心室自由壁の著しい肥厚も観察される。
LV：左心室、Ao：大動脈、LA：左心房
（写真提供：ペットクリニックハレルヤ（福岡県）／平川篤先生のご厚意により掲載）

> 狭窄部から遠位の大動脈の拡張がみられる。
> カラードプラにより、収縮期に大動脈近位で広い範囲で乱流がみられる。また、拡張期には逆流がみられることが多い（87%）。
> 狭窄部を通過する前の流速は正常だが通過後、流速が急速に増加する
> 流速の評価は診断に有効である。
> ・正常＝1.5m/sec以下、2m/sec以上が本症の一応の診断基準。1.5〜2m/secは慎重に判断する。
> 流速からベルヌーイの式で圧較差を計算し、重症度の判定に用いる（mmHg）。
>   50mmHg未満＝軽度
>   50〜80mmHg＝中程度
>   80mmHg以上＝重度
> 二次的な変化として、流出障害による圧負荷により左室心筋の肥厚がみられることがある（図2-63）。
> 左心の乳頭筋に線維化に伴う高エコー領域が観察されることがある。
> 大動脈弁の肥厚がみられることがある。
> 左心房は正常か、または軽度に拡張する。

■動脈管開存（Patent Ductus Arteriosus：PDA）

● PDAは犬で多くみられる先天性心奇形である。猫でもみられるが、犬と比較して少ない。
● 胎子期に交通している大動脈と肺動脈を結ぶ動脈管が生後も開存する疾患である。
● 通常は肺動脈に比べ大動脈の血圧が高いため、血流は大動脈から肺動脈へ流れる。
● その結果、肺血流が増加し、心臓全体の容量負荷が増大する。
● 特に左心が駆出する血液量が増大するため左心系の拡張と左心内圧の上昇がみられる。その結果、左心不全の症状がみられることもある。
● 肺高血圧症が進行し、右心肥大がみられるようになると、右（肺動脈側）から左（大動脈側）へ血流が生じるようになる（アイゼンメンジャー化という）。
● 聴診で特徴的な連続性雑音が聴取される。
● 動脈管開存の超音波所見は次のとおり。
  > 主肺動脈の拡張がみられることが多い（図2-64）。
  > カラードプラでPDAが持続する部位付近の主肺動脈に持続性の乱流が観察される（図2-64）。
  > 流速は、正常の大動脈圧と肺動脈圧をもつ犬では4.5〜5m/sec程度となる。

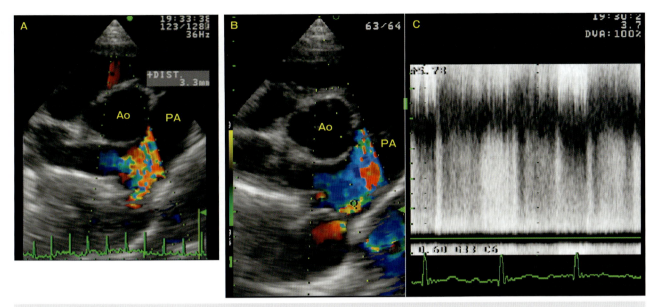

図 2-64　動脈管開存（PDA）の症例
右側傍胸骨アプローチ短軸像、肺動脈レベル。A：カラードプラで肺動脈内のモザイクパターン（乱流）がみられる。B、C：同部位の連続波ドプラでは持続性の血流（4m/sec程度）が観察された。PDAの診断は、超音波検査では肺動脈の形態変化と異常血流の検出で行われる。開存している動脈管自体の描出は難しいことが多い。Ao：大動脈、PA：肺動脈
（写真提供：ペットクリニックハレルヤ（福岡県）／平川篤先生のご厚意により掲載）

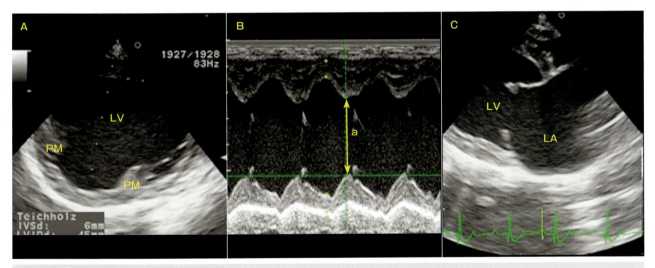

図 2-65　動脈管開存（PDA）：左心拡大
右側傍胸骨アプローチ短軸像、乳頭筋レベル。左心室の容量負荷による内腔の拡張がみられる。A：左右の乳頭筋の位置や形状から左心室の内腔拡張が示唆される。B：Mモードでは、収縮期内腔の拡大が観察できる（a）。C：左心室の内径の拡大により僧帽弁輪が広がっている。この弁輪拡大により、左心室から左心房への収縮期逆流がみられることがある。
LV：左心室、PM：乳頭筋、LA：左心房

> PDAの開口部付近で動脈血流が連続波ドプラで観察されることがある。
> 心雑音は流速と同期して変動する。
> 通常、容量負荷により左心系が拡大する（図2-65）。
> 左心室拡張に伴い、二次性の僧帽弁逆流がみられることがある（図2-66）。

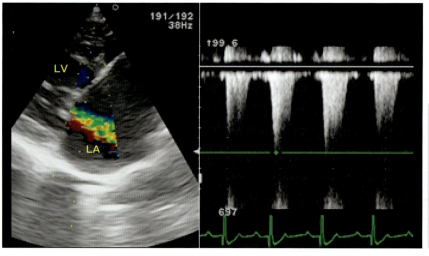

図 2-66 動脈管開存（PDA）：左心房拡張
右側傍胸骨アプローチ長軸像。左心室拡張に伴う僧帽弁の弁輪の拡大のため僧帽弁逆流がみられる。心室の著しい拡張により、広くなった僧帽弁の開口部の中心部より、比較的高速の逆流がみられる。この症例の僧帽弁の異常は観察されない。
LV：左心室、LA：左心房

> 初期には右心系は正常なことが多い。
> 右‐左短絡が生じると（図 2-67）、著しい右室の肥大、右心系の負荷増加による心室中隔の平坦化がみられるようになる。
> 右‐左短絡が生じると（図 2-67）、左心は正常またはやや縮小する傾向がある。
● PDA の治療の第一選択は短絡血管の閉塞を行うことである。
> 開胸による外科的血管結紮、もしくはカテーテルを用いたコイル塞栓術を行う。
● 血管の閉塞治療が成功すると良好な予後が期待できる。
● 治療を行わない場合には、心不全が進行する。うっ血性心不全の際と同様の治療を行うが、予後は厳しい。

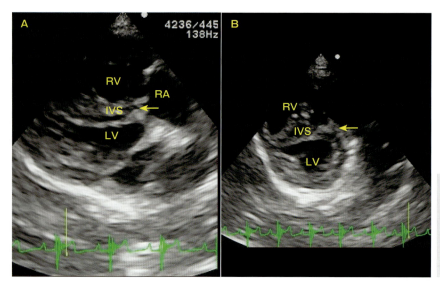

図 2-67 動脈管開存（PDA）：右左シャントへと進行した症例
右側傍胸骨アプローチ長軸像（A）と短軸像（B）で、右心系の拡大と心室中隔の平坦化（矢印）がみられる。
RV：右心室、RA：右心房、IVS：心室中隔、LV：左心室

■心室中隔欠損（Ventricular Septal Defect：VSD）

- 左右の心室間に連絡があり、心拍出とともに血流が移動する。通常、孔は1つであるが大きさはさまざまである。
- 欠損孔は、位置により流出路（Kirklin Ⅰ型）、膜様部（Kirklin Ⅱ型）、流入路（Kirklin Ⅲ型）、筋性部（Kirklin Ⅳ型）に分類できるが、犬猫ではほとんどがKirklin Ⅰ型かⅡ型である。
- 欠損部は通常心室中隔の高い位置の膜性部が多く、この場合は大動脈弁の直下に開存がみられる。
- VSDでは通常、左＞右短絡が起こり、右心流出路、肺循環および左心系に容量負荷がかかる。
- 肺血管抵抗が増加すると右＞左短絡がみられるようになることがある（アイゼンメンジャー化）。
- 心室中隔欠損の超音波所見は次の通り。
  > 長軸と短軸（心基部）のBモードで欠損部の描出を試みる（図2-68）。
  > 小さな欠損孔はBモードで描出できないこともある。
  > カラードプラを用いると小さな欠損孔でも異常血流を検出できる。
  > パルスドプラまたは連続波ドプラで欠損孔を通る流速を調べる。
  ・小さな欠損孔では速い流速（4m/s以上）が観察される。正常な左心室の収縮期圧は100〜120mmHgで、右心室は15〜20mHgである。欠損孔を通る血流は両方の心室の圧の較差に依存する。
  ・大きな欠損孔では遅い流速が観察されることがある。
  > 大動脈弁逆流を伴うことがしばしばある。
  > 欠損孔の位置や大きさ、病態の進行により、右心不全、左心不全のどちらか、または両方の病態をとりうる。
- 欠損孔を通過する血液量の程度で予後が変わる。軽度の症例では治療をせずに寿命をまっとうすることもある。
- 根治には心臓外科による短絡の閉塞が必要である。
- うっ血性心不全がみられる場合には対症療法を行う。

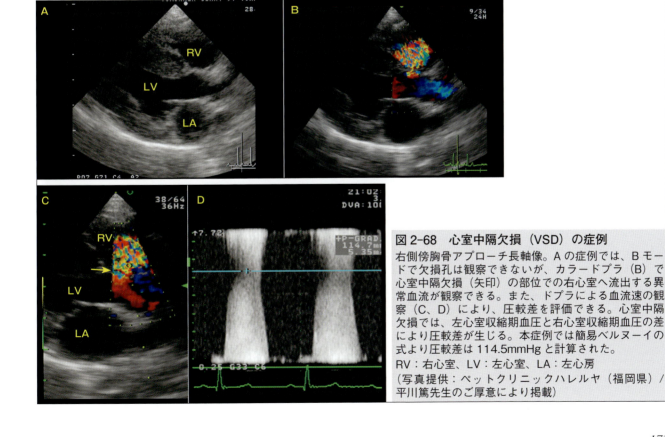

図2-68 心室中隔欠損（VSD）の症例
右側傍胸骨アプローチ長軸像。Aの症例では、Bモードで欠損孔は観察できないが、カラードプラ（B）で心室中隔欠損（矢印）の部位での右心室へ流出する異常血流が観察できる。また、ドプラによる血流速の観察（C、D）により、圧較差を評価できる。心室中隔欠損では、左心室収縮期血圧と右心室収縮期血圧の差により圧較差が生じる。本症例では簡易ベルヌーイの式より圧較差は114.5mmHgと計算された。
RV：右心室、LV：左心室、LA：左心房
（写真提供：ペットクリニックハレルヤ（福岡県）／平川篤先生のご厚意により掲載）

■心房中隔欠損（Atrial Septal Defect：ASD）

- 心房に欠損孔があり血流が左＞右へと短絡する。
- 右心圧が上昇する場合には右＞左短絡がみられることがある。
- ASDは他の心奇形を併発していることもある。
- 心房中隔欠損の超音波所見は以下の通りである。（図2-69）。
  > 左-右短絡では右心室の容量負荷がみられる。
- 右肋間からの四腔断面が観察しやすい。
  > Bモードで欠損孔を探す。心房中隔はもともと薄く描出が難しい。ビームを壁に垂直に当てるよう試みる。
  > 卵円窩の領域は特に薄く、超音波Bモードでは欠損のようにみえることがある。いくつかの角度で描出して確認する。
  > 大きな欠損孔がある場合には、右心系の容量負荷により右心室、右心房、肺動脈の拡張がみられる。心室中隔が平坦化することもある。
  > 左心室には異常がみられないことが多い。
  > 房室弁の形成不全、心室中隔の上部の欠損など重篤な心内膜床欠損を併発していることがある。
  > 確定診断はカラードプラ法が適しており、欠損孔を流れる異常血流を検出する。
  > 後大静脈や冠静脈洞からの血液の流入と欠損孔を通る血流を間違えないようにする。
  - 欠損孔を流れる血流は拡張期および収縮期にみられるが、通常心室の拡張期に強くなる。
  - 血流は通常遅く（0.5m/sec）層流であり、三尖弁逆流との区別が難しいことがある。
- 軽度のものでは無治療で生存期間をまっとうする症例もある。
- 根治術には心臓外科による短絡の閉塞が必要である。
- うっ血性心不全がみられる場合には対症療法を行う。

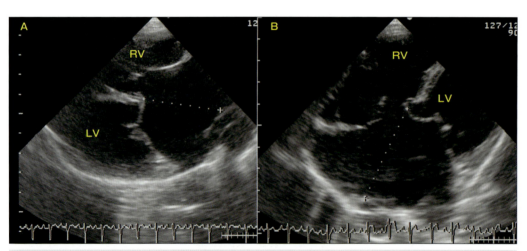

図2-69　心房中隔欠損（ASD）の症例
A：右側傍胸骨アプローチ長軸像。B：左尾側（心尖）4腔断面像。心内膜床欠損症の症例であり、左右心房の間にあるはずの心房中隔が認められない。
RV：右心室、LV：左心室
（写真提供：ペットクリニックハレルヤ（福岡県）/平川篤先生のご厚意により掲載）

超音波検査

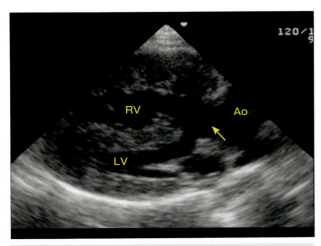

図2-70　ファロー四徴の症例
右側傍胸骨アプローチ長軸像。大動脈が両心室に騎乗（矢印）している。また、右心室自由壁の肥厚もみられる。
RV：右心室、Ao：大動脈、LV：左心室
（写真提供：ペットクリニックハレルヤ（福岡県）/ 平川篤先生のご厚意により掲載）

■ファロー四徴
- 複合心奇形であり心室中隔欠損、肺動脈狭窄、大動脈騎乗、右心室壁の肥厚がみられる。
- ファロー四徴（図2-70）の超音波所見は以下の通り。
  > 大動脈は基部が広く、左右の心室中隔に騎乗したようにみえる。
  > 右心室壁の肥大がみられる。
  　右と左の心室自由壁の厚さの比（R/L）=1.0 〜 2.3（正常では R/L = 0.4 〜 0.8）。
  > VSDは三尖弁や大動脈弁が線維性組織で連絡している付近にあることが多い。
  > 肺動脈狭窄が悪化すると右＞左短絡が増えるため低酸素症を発症する。
- 外科的整復として、根治目的の心室中隔欠損と肺動脈狭窄の整復、または、症状の緩和療法として動脈血の肺動脈への短絡を作成する方法も報告されている。
- 二次性の多血症に対しては瀉血療法やヒドロキシカルバミドによる治療が行われる。

■アイゼンメンジャー症候群
- 左右の短絡を伴う心疾患（VSD、PDA等）で肺高血圧のため右‐左短絡が起き、その結果、低酸素症、チアノーゼ、多血症などがみられる病態。
- 超音波では左右の短絡を伴う疾患を証明し、右＞左方向の血流があることを超音波や造影X線（心臓カテーテル検査）で示す。

■僧帽弁形成不全 (Mitral Dysplasia：MD)（図2-71）
- 大型犬（特にグレート・デーン、ブル・テリア）で多くみられる。
- 僧帽弁に関連するさまざまな奇形（弁の低形成、乳頭筋や腱索の形成異常）が含まれ、僧帽弁の狭窄なども含まれる。
- 僧帽弁逆流や狭窄がみられる。後天性の僧帽弁逆流症と同じく左心系容量負荷により左心房、左心室の拡張がみられる。
- 悪化すると左心不全の症状（肺水腫など）がみられるようになる。

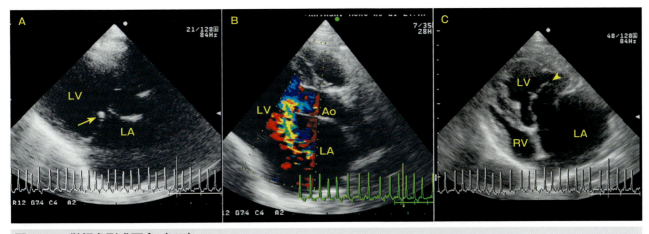

図2-71　僧帽弁形成不全（MD）
右側傍胸骨アプローチ長軸断面（A、B）では、著しく細く小さい僧帽弁（矢印）と拡張した左心房が観察され、カラードプラで左心室から左心房へのモザイクパターンがみられる。Cは左尾側（心尖）傍肋骨アプローチ長軸像。僧帽弁の起始部が左心室へと変位している（矢頭）。LV：左心室、LA：左心房、Ao：大動脈、RV：右心室
（写真提供：ペットクリニックハレルヤ（福岡県）/ 平川篤先生のご厚意により掲載）

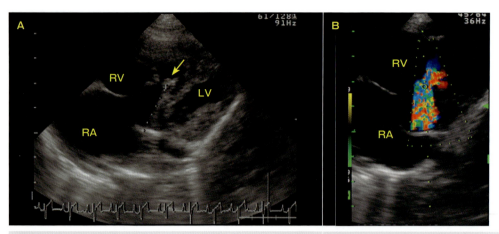

図 2-72 三尖弁形成不全
左尾側（心尖）傍肋骨アプローチ長軸断面で、Aの像では三尖弁の低形成および正常よりも心尖部側に付着している弁の基部（矢印）が観察されている。また、拡張した右心房が認められる。Bの像では同部位のカラードプラでモザイクパターンが観察される。
RV：右心室、RA：右心房、LV：左心室
（写真提供：ペットクリニックハレルヤ（福岡県）／平川篤先生のご厚意により掲載）

■三尖弁形成不全（Tricuspid dysplasia：TD）
（図 2-72）
- 大型犬（特にラブラドール・レトリーバーやジャーマン・シェパード）で多くみられる。
- 三尖弁に関連するさまざまな奇形（弁の低形成、乳頭筋や腱索の形成異常）が含まれ、三尖弁逆流や狭窄を引き起こす。
- 多くの症例で三尖弁の逆流がみられ、右心系が拡張する。
- 三尖弁の基部が心尖部側にずれて、右心室内に存在するエプスタイン奇形が知られている。超音波検査では弁の付着部を評価する。犬や猫ではまれである。
- 重症例では、右心不全の症状がみられることが多い。

■右室二腔症
- 右心室が筋線維で流入路と流出路の2つに分かれてしまう先天的な疾患。
- 人ではVSDを伴うことが多いが、犬ではVSDを伴わないこともある。

腹部の超音波

鹿児島大学共同獣医学部臨床獣医学講座画像診断学分野　桃井康行

1　知っておくべき腹部超音波のイメージ

- 正常な腹部臓器のエコー源性は以下（下に行くほどエコー源性が高い）のとおり。
  - 尿、胆嚢、腹水等の液体→腎皮質→肝→脾臓→血管壁→骨・空気。
  - しかし、エコー源性は絶対値では評価できない。他の臓器と比べることで相対的に評価する。
- 腹水は腹腔内の無エコーな領域として確認できる。腹水が少量の場合には肝葉の間などで確認しやすい。診断治療のために超音波ガイド下での腹水の穿刺もよく行われる。
- 腹腔内の脂肪組織は、高エコー源性の領域として観察される。
- 各臓器の超音波所見については後述している。

2　肝臓と胆嚢（超音波検査では臓器内の構造を評価することができる）

- 肝臓の大きさは超音波では主観的な評価になりやすい（全体的な大きさはX線の方がわかりやすい。しかし主観的）。
- 正常な肝臓実質は均一なエコー源性で、その中に肝静脈、門脈、胆管などの脈管系が観察される（図2-73, 2-74）。各脈管系の特徴は以下のとおり。
  - 肝静脈は血管壁が薄い。
  - 門脈は静脈と比較して壁が厚い（壁のエコー源性が肝実質よりも高い）。
  - 胆管は門脈と超音波検査での形態が類似するが、カラードプラにより血流を評価することで、血流のある血管系を容易に区別することができる（図2-75）。
- 肝内の血管系に異常がみられる疾患は以下の通り。
  - 肝静脈が著しく拡張している場合は、フィラリア症、三尖弁閉鎖不全など右心不全を疑う（心エコー検査で確認）（図2-76）。
  - 血管の蛇行や数多くの血管が観察される場合には門脈体循環シャント（図2-77）や動静脈瘻（まれ）を疑う。動静脈瘻では血管は拍動性。パルスドプラを使用して流速や拍動を評価してもよい。
  - 肝内を走向する大静脈等に血栓がみられることもある（図2-78）。

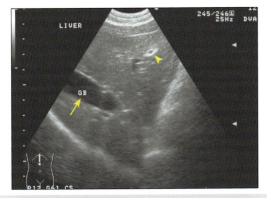

図2-73　肝臓の超音波像
肝臓実質、無エコーの胆嚢（矢印）、肝静脈（この画面では描出されていない）、門脈または胆管の管腔壁（矢頭）が描出される。

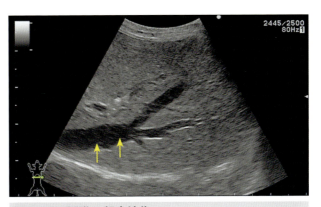

図2-74　肝臓の超音波像
一様な肝実質と肝静脈（矢印）が描出されている。肝静脈の壁は薄い。

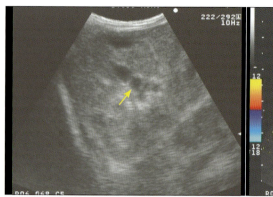
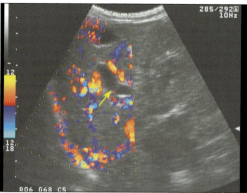

図 2-75　カラードプラ
左のBモードでは管腔状の構造物が描出されている。胆管系と血管系の区別が難しい場合、右のカラードプラ法を用いると識別が容易になる。矢印の管腔内に血流はなく、胆管であることがわかる。

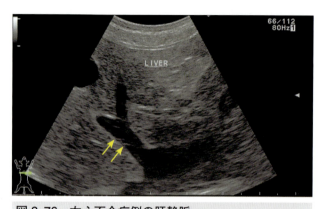

図 2-76　右心不全症例の肝静脈
肝静脈の拡張（矢印）がみられる。肝静脈の拡張がみられる場合は、フィラリア症や三尖弁閉鎖不全など、右心不全がある場合にみられる。

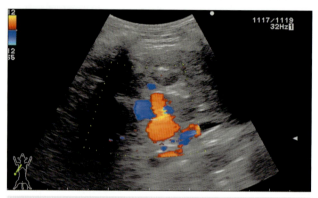

図 2-77　門脈体循環シャントの症例
先天性の門脈体循環シャントでは、超音波で観察できる領域にシャント血管があれば、太く蛇行した血管が描出されることが多い。

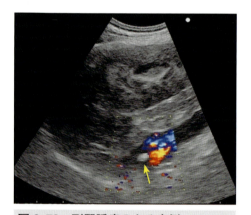

図 2-78　副腎腫瘍のある症例
後大静脈内に高エコーの血栓（矢印）がみられる。血栓により後大静脈の血流が阻害されている様子が観察される。

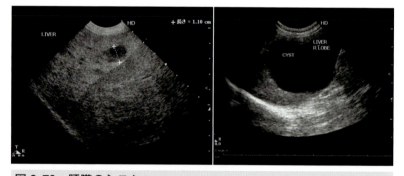

図 2-79　肝臓のシスト
肝内の低エコーのシストでは、肝嚢胞や膿瘍などが鑑別診断リストとなる。左は低エコーの小さな肝嚢胞が描出されている。右は大型の嚢胞。

■肝臓内シスト

- 実質内の低エコー（無エコー）として描出される。通常、壁は薄く境界は明瞭（図 2-79）。
- 先天性のこともある。
- 多発性のこともある。
- 多発性腎嚢胞に併発することもある。
- 超音波検査では肝膿瘍との鑑別は難しい。肝膿瘍では膿状の内容物のため程度によりエコー源性がやや高くなることもある。

■血腫

- 肝実質内の血腫はあまり多くない。
- 急性期では高エコー源性だが、その後は低エコーになる。

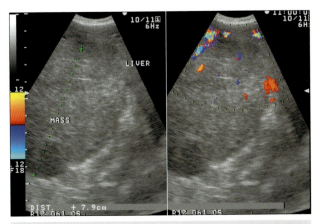

図 2-80　比較的均一なエコー源性を示す肝臓の単発性肝臓腫瘍
左はBモード、右はドプラエコーの画像。超音波検査だけでは、肝臓腫瘍か過形成なのか判断は困難である。最近では超音波造影検査も行われることがある。肝腫瘍でも限局性で切除可能な例では予後が良好なことも多い。

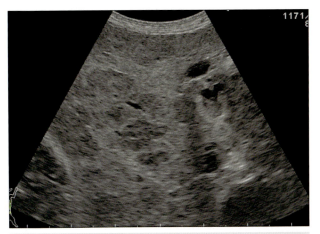

図 2-81　肝臓に低エコーの多発性病変がみられる症例
腫瘍が疑われるが、肝臓原発なのか転移性腫瘍なのか超音波検査からでは判断できない。

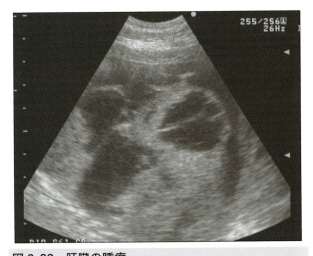

図 2-82　肝臓の腫瘤
低エコーのシスト状の病変を含む肝臓の腫瘤性病変。

■肝腫瘍
- 転移性、原発性の腫瘍がみられる。
- 単発性、多発性の両方があり、やや低エコー性か混合性のパターンの病変が多い（図2-80〜2-82）。
- 犬では良性の結節性過形成も多くみられ、超音波検査像からだけでは腫瘍との鑑別は困難。
- 確定診断には生検が必要。最近では超音波造影剤による鑑別（p189 コラム 8 参照）も行われている。

■びまん性の肝臓病変
- 形態的な変化に乏しいために疾患の鑑別は難しい。
- エコー源性を腎臓や脾臓と比較する。位置関係から右腎と比較しやすい（図2-83, 2-84）。

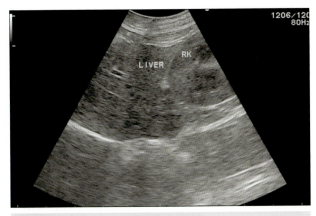

図 2-83　びまん性の肝病変の評価
超音波ではエコー源性の評価は相対的である。そのため、肝臓内の胆管壁などとのエコー源性の対比や、隣接する腎臓などを指標としてエコー源性を相対的に評価する。この症例では、肝臓のエコー源性は腎臓とほぼ同じである。

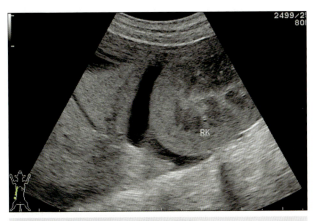

図 2-84　肝臓のエコー源性の評価
この症例では、腎臓周囲に液体貯留がみられる。肝臓と右腎皮質のエコー源性はほぼ同じである。

- 正常像では、肝臓の実質は腎臓の皮質と同程度か腎臓よりもやや高いエコー源性を示す。
- 肝実質と門脈や胆管の壁のエコー源性を比較する。肝実質のエコー源性が高くなる場合には脈管系の壁構造が目立たなくなる。
- エコー源性の低くなるびまん性肝疾患。
  > リンパ腫、アミロイドーシス、肝うっ血など。
- エコー源性が高くなるびまん性肝疾患。
  > ステロイド性肝炎、再生性結節、肝硬変、グリコーゲン変性、脂肪肝（通常肝腫大を伴う：図2-85）。
- 脂肪肝（肝リピドーシス）の診断には、針吸引生検で肝細胞内の脂肪滴貯留を証明するか（主観的）、CT検査で肝実質のCT値（X線吸収性）を調べてもよい。

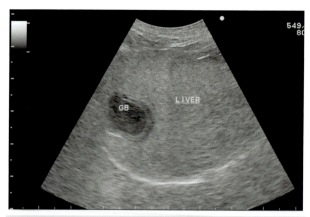

図2-85　肝リピドーシスの猫
肝リピドーシスでは肝実質のエコー源性が高くなるが、すべての症例で肝腎コントラストでの比較が可能なわけではない。この症例では、肝実質が高エコーになっているため、肝実質の胆管や血管壁等の高エコーの構造がみられなくなっている。また胆嚢壁も肥厚している。

■胆嚢や胆管の閉塞
- 胆管の閉塞がある程度続くと、胆管の拡張がみられるようになる。
  > 胆嚢壁は、正常では高エコーだが薄いためほとんど描出されない（図2-86）。
  > 胆管閉塞では、胆嚢の拡張がみられるが、食事前など生理的に拡張していることもあるので注意が必要である。
  > 胆管閉塞では、胆嚢の頸部の拡張と蛇行がみられる（拡張した胆管は蛇行するので、超音波診断では多数の低エコーの蜂の巣状領域として描出される。：図2-87～2-89）。

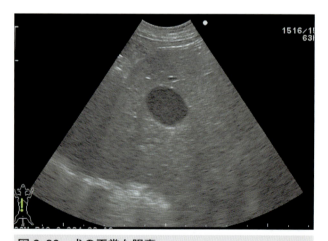

図2-86　犬の正常な胆嚢
胆嚢内は無エコーで、胆嚢壁も薄く超音波ではほとんど厚みを描出することができない。

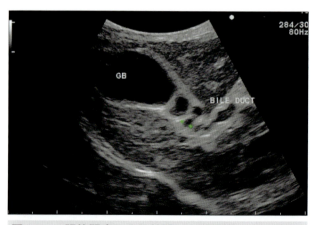

図2-87　胆管閉塞により拡張した総胆管
慢性の胆管閉塞がある症例で、胆嚢壁や胆管壁が肥厚し、総胆管が拡張・蛇行している。超音波では三次元的に蛇行している胆管の断面を切るため、蜂巣状にみえることが多い。

> 胆管閉塞では、総胆管の拡張がみられる（正常な犬では総胆管の描出は難しい）。
> 猫（特に老齢）では正常でも胆管が描出されることがあるが、通常は4mm未満。5mm以上の場合は閉塞が疑われる。
> 拡張した胆管と血管の区別にはカラードプラが有用である（図2-88）。
> 胆嚢内の結石は表面で超音波を反射する。その後方ではシャドーを引く（図2-90, 2-91）。
> 胆嚢や胆管に胆石やガスが存在するとコメットサインと呼ばれる多重反射が形成されることがある（図2-92, 2-93）。
> すべての胆石がX線でみえるわけではない（コレステロール系の胆石などX線透過性の胆石もある）。X線で写らない胆石も超音波では描出される。
> 胆嚢の中に細かい胆泥がみられることがある。病態との関係は必ずしも明らかではない（図2-94, 2-95）。胆泥はスライス厚やサイドローブに関係したアーチファクトと間違えやすいので注意する（図2-10 ～ 2-12参照）。

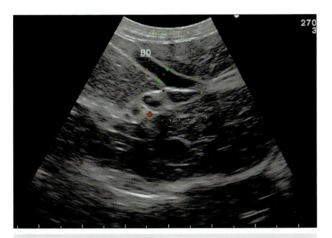

図2-88　肝内の管状構造
肝内に管腔状の構造が確認された場合、胆管閉塞を疑ってみる。カラードプラで血流を観察することで、血管との鑑別が容易になる。この症例でみられた構造は、血流が確認できず拡張した胆管と推測される。

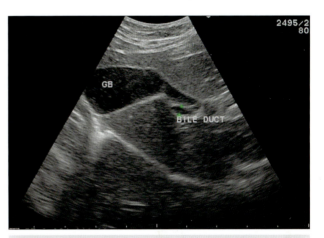

図2-89　胆管の拡張がみられた猫の超音波像
太さは3.1mmであった。拡張はみられたが、高ビリルビン血症など胆管閉塞の所見はみられなかった。

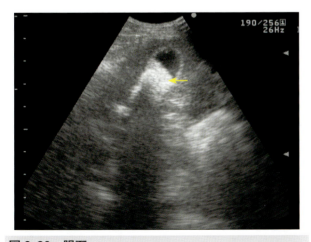

図2-90　胆石
胆嚢内に泥砂状の胆石がみられる（矢印）。胆石は超音波検査で容易に発見できる。後方にシャドーが形成されている。

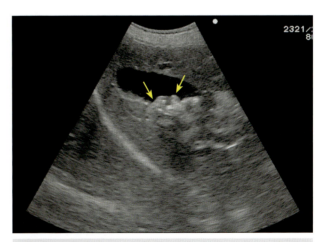

図2-91　胆石
胆石の表面に凸凹がみられる（矢印）。その後方にはシャドーが形成されており、胆石（または組織の石灰化）と考えられる。

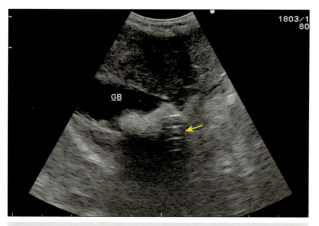

図2-92 コメットサインがみられた症例
慢性の発熱で来院した犬で、胆嚢周囲が高エコーになっており、炎症の存在が示唆される。一部にコメットサインと呼ばれる多重反射がみられ（矢印）、胆石や空気など音響を反射する物体があることが示唆される。

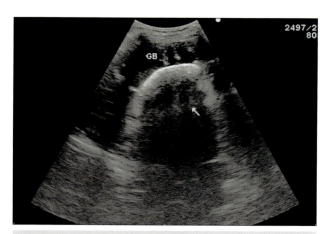

図2-93 図2-92と同一の症例
体位を変えることで胆嚢の下に高反射性のものがみられた（矢印）。その後方はシャドーになっている。ガスの存在が示唆される。

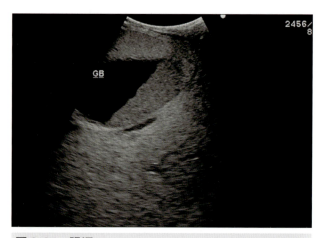

図2-94 胆泥
胆泥が貯留しているが、胆嚢壁は薄く正常であり、胆嚢周囲の炎症もみられない。

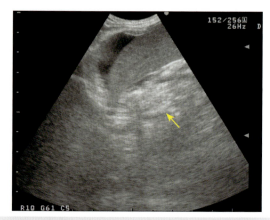

図2-95 胆泥
胆嚢内に砂状の物質が貯留している。ただし、サイドローブやスライス厚によるアーチファクトを誤認しやすいので、動物の体位を変えて胆泥を動かしてみるなどしてアーチファクトと鑑別する。この例では、胆嚢壁の肥厚と胆嚢周囲に高エコーな領域（矢印）がみられる。

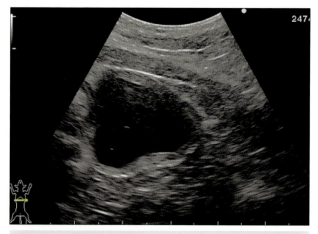

図2-96 胆嚢壁の肥厚
胆嚢壁が3層構造を示している。慢性の胆嚢炎が疑われる。

> 胆嚢壁の肥厚（図2-96）は、胆管肝炎、胆嚢炎、低アルブミン血症（浮腫）などでみられる。
> 肥厚している場合は高エコー層の間に低エコー層がみられる3層構造として描出されることが多い（図2-96）。
> 胆嚢破裂を起こすと周辺の組織が炎症のため高エコーに描出される場合がある（図2-95, 2-97, 2-98）。
> シェルティーに多い粘液嚢腫では、胆嚢が拡張し、典型例ではキウイ状に描出される（図2-99）。

超音波検査

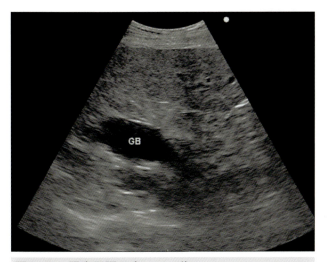

図2-97 胆嚢周囲の高エコー像
この犬では、胆嚢は小さいが周辺の組織が高エコーになっている。胆嚢周囲の炎症が示唆される。

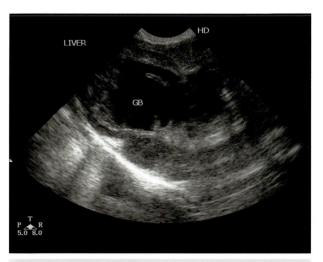

図2-98 不整形な胆嚢
周辺組織は高エコー源性を示している。胆嚢周囲の炎症を疑わせる所見である。

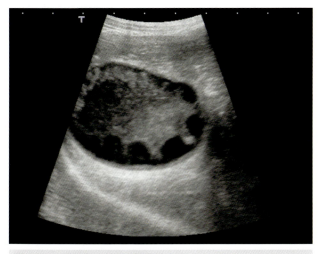

図2-99 胆嚢の粘液嚢腫の犬
胆嚢がキウイフルーツの断面に似た像で描出されている。
（写真提供：東京大学／大野耕一先生のご厚意により掲載）

> **! 診療のポイントとピットホール**
>
> 　肝生検をいつ実施するのか？　どの手技で実施するのか？　これは難しい問題である。実際のところ、生検による組織診断で治療方針が明確に異なる疾患はそれほど多くない。生検自体で動物が治療されるわけではないので、リスクとメリットを天秤にかけてオーナーに説明し、方針を決定することになる。一般的に生検を考えるのは持続的にALTが高い場合や画像検査で肝臓に腫瘤をみつけた場合であろう。選択肢としては、針吸引生検、針コア生検、腹腔鏡生検、開腹生検があり、この順で侵襲性および検査の正確性が小→大である。合併症のうち最も注意すべきは出血である。凝固障害や腹水がある症例などハイリスクとなる。リスクは術者の技量にも依存するため、現時点ではそれぞれの手技のリスク評価が一定していない。肝臓に腫瘤状病変をみつけた場合、肝腫瘍と良性過形成を鑑別するために、超音波造影検査やダイナミックCT検査が行われることがある。
>
> **■肝臓の針吸引生検**
> - 超音波検査は、針吸引生検のためのガイド（血管等を避ける）として利用される。
> - 肝酵素（ALT）の上昇がみられるが、画像検査で腫瘤などの器質的な変化がない場合に考慮される。
> - 細胞診で化膿性病変や変性性病変に一致した所見が得られることがある。針吸引生検だけでの診断は困難だが、抗菌剤やグルココルチコイド投与の判断の参考にできる。
> - 腫瘍性病変の鑑別について、採取できる細胞数が限られ、かつ組織情報が得られないこと

から、診断できる可能性は低い。しかし、侵襲性が他の手技より低く、実施しやすい。
- 針吸引生検の適応を考慮する疾患。
  > 化膿性の胆管肝炎（好中球が多数みられるだろう）や、肝リピドーシス（肝細胞内の脂肪蓄積を評価。ただし主観的）を疑う場合。

■肝臓の針コア生検
- 持続的な肝酵素の上昇がみられる場合や、画像検査により肝臓腫瘤が認められる場合に実施を考慮する。ヒトではよく行われ、合併症は1～3%とされる。動物では術後の安静が難しく、肝臓も小さいため出血リスクはヒトと比較して高くなると思われる。
- 凝固障害や腹水のある動物では実施しない方がよい。
- 適応を考慮する疾患
  > 持続的な肝酵素の上昇があり、その原因を検索する場合、肝腫瘍を疑う場合など。

■腹腔鏡検査と生検
- 持続的な肝酵素の上昇がみられる場合や、肝臓腫瘤に対して実施を考慮する。
- 腹腔鏡が必要で、麻酔やその他の処置を考えると開腹検査と同程度の時間が必要であろう。しかし、術創は小さく、侵襲性も低い。

■開腹生検
- 持続的に肝酵素の上昇がみられる場合や肝臓腫瘤などに対して実施する。手技中に出血がみられた場合にも迅速に対応することができる。ただし、術創は大きくなる。他の疾患により開腹処置を実施する予定がある場合に推奨される。

3　脾臓

- 脾臓は通常は均一で微細な構造をもつ（図2-100）。
- 左腎と脾臓は同一画面に描出できることが多い（図2-101）。
- エコー源性を他の臓器と比較することも可能だが、脾臓のびまん性のエコー源性の評価は臨床的な診断意義に乏しい。しかし、一般的に以下のように考えられる。
  > **低エコー性**：リンパ腫、形質細胞腫、急性のうっ血などでみられる。
  > **高エコー性**：慢性の炎症やうっ血などで線維化を伴う場合。
  > **エコー源性変化なし**：髄外造血、網内系の亢進、骨髄増殖性疾患。

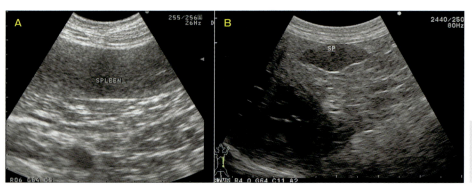

図2-100　正常な脾臓
微細で均一の構造をもつ。Aは犬、Bは猫の脾臓である。

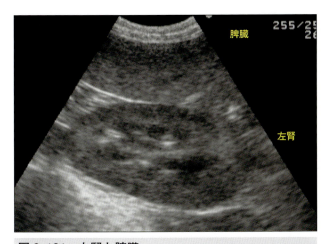

図2-101　左腎と脾臓
エコー源性評価のために、脾臓と左腎を同一画面に描出することができる。

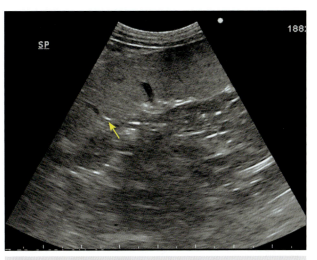

図2-102　脾腫の症例
辺縁の鈍化や等エコー性の結節がみられる（矢印）。過形成が疑われるが、経過観察が必要である。

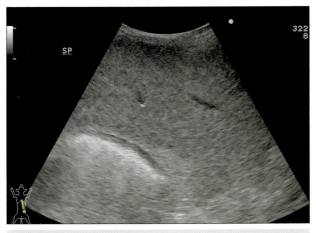

図2-103　著しい脾腫
この症例のような著しい脾腫は、リンパ腫、白血病、肥満細胞腫などの他、バベシア症、自己免疫性溶血性貧血などでみられる。

■脾腫
- 評価は主観的である。単純X線の方が判断しやすい。
- 疾患の他に、麻酔薬やその他、生理的な脾腫もみられる。
- 脾腫がみられた場合、脾臓内の腫瘤状病変を調べるために超音波検査を行う。
- びまん性の脾腫では辺縁の鈍化などがみられる（図2-102）。
- 脾臓の腫瘍（著しい脾腫で局所病変がなく、びまん性病変を形成するもの）でも脾腫が観察される。
  > リンパ腫、組織球腫、肥満細胞腫、白血病、など（図2-103）。
  > エコー源性、またはやや低エコーか不変なことが多い。
  > 診断には細胞診が必要である。しかし、末梢血塗抹の観察やリンパ節などより安全な組織の検査を優先する。

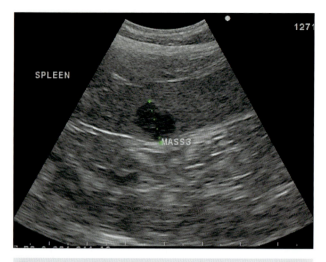

図2-104　検査時に偶然みつかった低エコーの結節性病変
リンパ腫や形質細胞腫などが鑑別診断としてあげられるが、診断には細胞診が必要である。

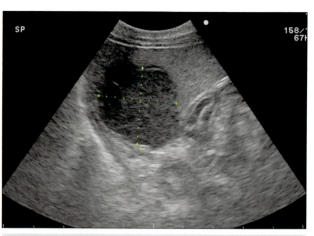

図2-105　脾臓の低エコー性結節性病変
この症例では腎臓にも腫瘤が認められている。診断には、細胞診や組織診が必要である。この症例はリンパ腫であった。

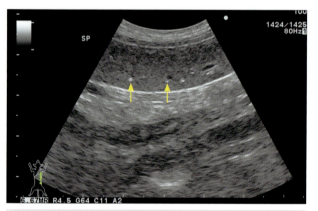

図2-106　高エコー源性の結節
脾臓辺縁や血管周囲にある高エコー源性の結節（矢印）は、骨髄脂肪腫と呼ばれる良性の病変であることが多い。通常は経過を観察する。

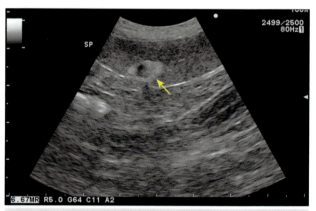

図2-107　骨髄脂肪腫が疑われる症例
血管周囲に好発する高エコーの結節（矢印）は脂肪腫のことが多い。

■脾臓の局所病変

　結節性過形成、髄外造血、血腫、梗塞、肉腫、原発性腫瘍、転移性腫瘍などさまざまな疾患で局所病変が形成される。良性、悪性どちらの病変もあるための超音波所見からでは判断が難しいが、特徴のある超音波像を示す病態を以下にあげた。良性の腫瘍であっても脾臓破裂により血腹となることがあり、特に大きな腫瘍では手術による摘出を考慮する。
- 低エコーの結節性病変（図2-104，2-105）。
  > リンパ腫でよくみられる。多数の低エコー性結節は他の転移性腫瘍でもみられ、悪性の可能性が高い。しかし時に良性疾患の場合もある。
- 脾臓の辺縁や実質内の血管周囲にみられる高エコー源性の結節（図2-106，2-107）
  > 骨髄脂肪腫が疑われる。通常は大きさを経時的に測定し、様子を経過観察する。まれに大きくなる。

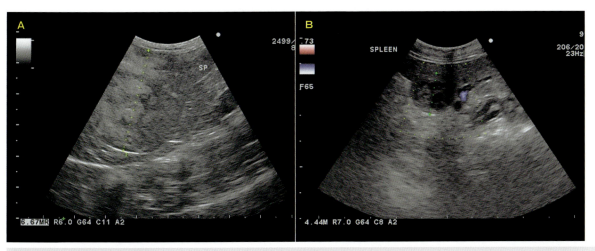

図2-108 結節および腫瘤
Aは高エコー性の病変を含む大きな混合エコー性の結節。Bは脾臓に生じている低エコー性病変を含む腫瘤病変。形態から腫瘍の種類を診断することは難しい。

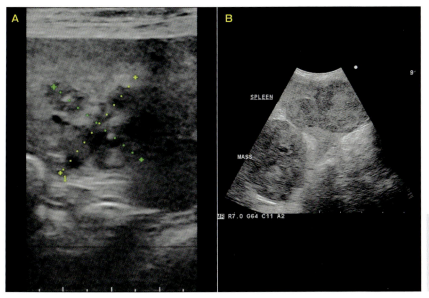

図2-109 結節性病変と腫瘤性病変
A：混合パターンを示す脾臓の結節性病変。
B：脾臓およびその周辺に混合パターンを示す腫瘤状病変がみられた症例。

- 混合パターンの病変
  > 脾臓腫瘤で多く描出されるパターンである。超音波所見から腫瘍の種類を診断することは難しい。血管肉腫などでは出血傾向を呈することも多く、生検を行う場合には注意が必要である（図2-108，2-109）。
- 梗塞
  > 脾臓の部分的な梗塞は、境界明瞭な低エコー性の腫瘤として描出される。
  > カラードプラでは血流の減少がみられる。
  > 時に脾静脈内に血栓がみられることがある。
  > 超音波検査では腫瘍との鑑別は難しい。

- 結節性過形成
  > 老齢犬で偶発的にみられるが、超音波ではエコー源性に変化がなければ検出が難しいこともある。やや高エコーか、混合パターンのことが多い。辺縁が不規則な様子が観察される。
  > 腫瘍との鑑別には組織学的な検査が必要（図2-102参照）。しかし、大きな腫瘤では、原因によらず腹腔内出血のリスクがあるので外科的な摘出を考慮する。

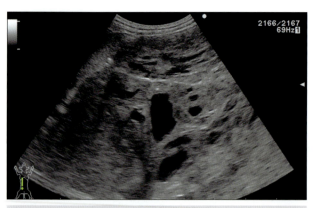

図 2-110　血管肉腫の症例
血管肉腫ではこのように低エコー（または無エコー）病変を囲むように網状構造がみられることが多い。早期に転移する腫瘍なので、このような像が描出された場合には、心臓、肝臓、肺野などへの転移の有無を調べた方がよい。また、超音波ガイド下での生検の実施は、慎重に判断する。

- 血管肉腫
  > 予後不良のことが多く、鑑別したい疾患である。
  > 低エコーの病変を囲むように網状の組織が囲む像がみられることが多いが（図2-110）、さまざまなエコー像を示すことから、画像だけでは鑑別診断は難しい。心臓にも右房を中心に腫瘍がみられることがあるので、本症を疑う場合には、他の臓器（心臓、肝臓）への転移を確認した方がよい。
  > 針生検では出血のリスクがある。生検せず脾臓摘出を行うこともある。実施について慎重に判断すること。
- その他の腫瘍
  > 超音波所見から診断をすることは困難である。
  > 腫瘍が疑わしい場合には、リスクのある生検よりも、治療も兼ねた脾臓摘出を考慮する。

> ### ⚠ 診療のポイントとピットホール
>
> 　比較的出血のリスクが小さい針吸引生検は、脾臓病変を鑑別する際に時々行われる手技である。他の臓器と比べて出血のリスクがやや高いため、末梢血やリンパ節など、他の安全な組織で細胞診が実施できない場合に考慮する。猫の肥満細胞腫では脾腫以外に異常がみられない例もあり、脾臓に肥満細胞が多く存在するため、細胞診で診断を確定できることが多い。生検を行うことで比較的低リスクで診断でき、治療方針を決めることができる。一方、超音波像から血管肉腫が疑われる場合、腫瘍自体が出血しやすいこと、DICなど止血異常のある症例が多いこと、検体への血液の混入により診断に有意な検体を得ることが難しいことが予想される。画像や他の臨床病理学的所見から血管肉腫が疑われる場合は、生検の実施を慎重に判断する必要がある。
>
> 　脾臓に対して針コア生検を実施することはほとんどない。その理由として、脾臓の生検は出血のリスクが高いと考えられていること、および完治的な治療になる脾臓摘出が実施しやすいことがあげられる。脾臓では良性の腫瘍も多いが、良性腫瘍でも大きな腫瘤や成長が著しい腫瘤は生検により腹腔内出血を起こす危険性がある。大きな腫瘤であれば組織像に関係なく脾臓摘出が許容されるであろう。
>
> 　検査は診断や予後などの情報をもたらすが、検査自体で疾患が治癒するものではない。生検のリスクと生検により得られるクライアントのメリットを天秤にかけて賢明に判断する必要がある。

コラム8　超音波造影剤：肝臓超音波造影（図2-111, 2-112）

現在国内ではペルフルブタン（ソナゾイド）とガラクトース・パルミチン合剤（レボビスト）の2剤が超音波用造影剤として市販されている。これらの超音波造影剤はマイクロバブルにより造影効果を示し、動物では肝癌や脾臓腫瘍への適応が検討されている。ソナゾイドを用いた肝癌検査では造影剤注射すると、腫瘍組織は動脈から栄養を得ているので腫瘍細胞にマイクロバブルを含んだ動脈血が供給され、高エコーに描出される。注射から10分ほど経過すると、正常な肝組織では貧食細胞であるクッパー細胞がバブルを取り込み高エコーに描出される（クッパー相）。一方、クッパー細胞に乏しい腫瘍組織はバブルを取り込まないので、腫瘍は正常な領域と比較して低エコー領域として描出される。良性過形成も正常組織と同じような造影パターンをとるため腫瘍の鑑別に利用される。造影剤（ガスのバブル）は時間経過とともに呼気に排出されるため、非侵襲的であり、かつ副作用も比較的少ない。今後利用機会が増えていくことが予想される。しかし、薬剤が比較的高価であり、薬剤に対応した超音波装置が必要である。

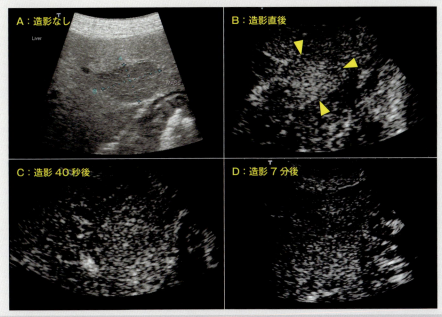

図2-111　結節性過形成の超音波造影像
A：通常のBモードでは病変は低エコー領域として描出されている。Bの動脈相では、血管が発達しているため、やや高エコーとなっている。Cの門脈相およびDの実質相では実質と同程度のエコー源性になっており、良性腫瘍に一致した所見である。これは結節内にクッパー細胞が存在し、肝実質と同程度に造影剤を取り込んでいるためである。
（写真提供：東京大学／福島建次郎先生、金本英之先生のご厚意により掲載）

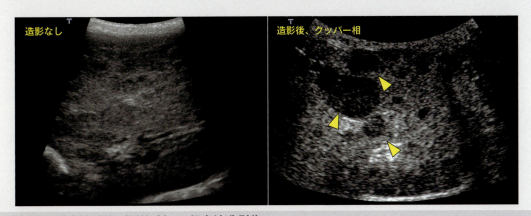

図2-112　肝実質の腫瘍性結節（胆管癌）の超音波造影像
左の造影なしのBモードでは結節性病変は明瞭ではない。右写真のクッパー相では低エコー源性の病変として描出される。腫瘍結節には、クッパー細胞が少なく造影剤が取り込まれないためと考えられる。
（写真提供：東京大学／金本英之先生のご厚意により掲載）

4 膵臓

■膵臓の描出

- 描出するためには、よい機器と術者のトレーニングが必要である。
- 微細な構造の観察が要求されるため、犬では5〜10MHz、猫では7.5〜10MHz程度のプローブを使用する。
- 膵臓と胃・十二指腸の位置関係を理解しておく必要がある（図2-113〜2-115）。
- さまざまな体位で実施できるが、消化管内のガスが障害にならない体位を探して実施する。
- 動物を仰臥位に寝かせた場合には、まず右上腹部の横断面で右腎臓を描出する。右腎臓の腹側外側に標的様の十二指腸が描出される。膵臓の右葉はその内背側、右腎のすぐ腹側に存在する（図2-116）。
> 膵臓の右葉は十二指腸と平行であり、中央に膵十二指腸静脈が存在する。カラードプラが使用できればこの静脈をランドマークとして使用できる（図2-114, 2-115）。

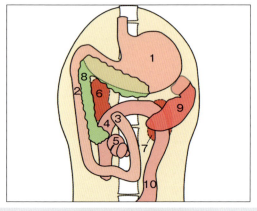

図2-113 膵臓の解剖学的な位置の模式図
膵臓の描出には、胃、十二指腸、腎臓、後大静脈などとの位置関係を理解しておくとよい。
1：胃、2：十二指腸、3：空腸、4：回腸、5：盲腸、6：右腎臓、7：左腎臓、8：膵臓、9：脾臓、10：下行結腸
（イラスト：山口大学／下川孝子先生）

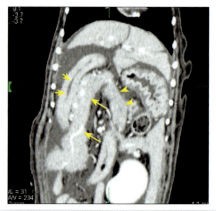

図2-114 著しい膵臓の腫大を呈する犬のCT像
この症例では膵臓が腫大しているため位置を把握しやすい。膵臓の右葉（大きい矢印）は十二指腸（小さい矢印）に添って、その内背側に存在する。左葉（矢頭）は十二指腸局部から胃の尾側方向に存在する。

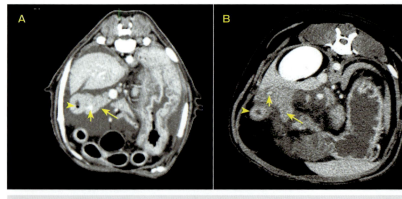

図2-115 膵臓の位置
Aは図2-114と同一の症例の造影CT像であり、十二指腸（矢頭）と膵臓（大きい矢印）が描出されている。膵臓は十二指腸の内側に位置している（矢頭）。膵十二指腸静脈を小さい矢印で示した。Bは別の症例の横断像で、十二指腸の曲部付近。十二指腸（矢頭）、膵臓（大きな矢印）、膵十二指腸静脈（小さい矢印）を示している。腹水もみられる。

超音波検査

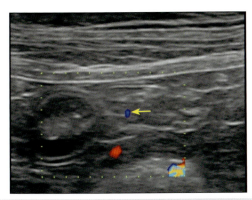

図 2-116　膵臓のドプラエコー像
膵臓の中心に静脈（矢印）が描出されている。

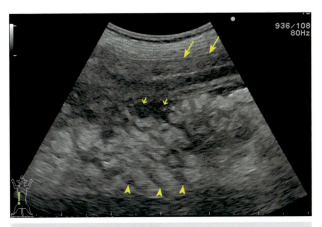

図 2-117　膵炎の犬の症例
この画面では十二指腸（大きい矢印）の下方に腫大して浮腫を呈している膵臓（矢頭）が観察できる。周囲に腹水も存在する（小さい矢印）。

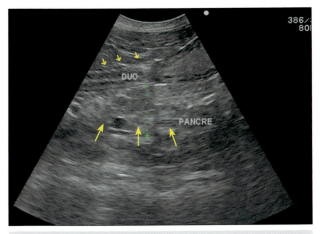

図 2-118　膵炎の犬の症例
十二指腸（小さい矢印）の画面下方に膵臓が低エコーや高エコーを含む混合パターンで描出されている（大きい矢印）。

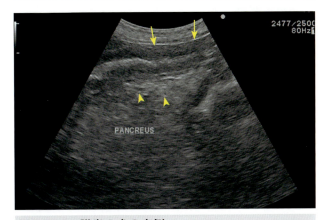

図 2-119　膵炎の犬の症例
十二指腸（矢印）の画面下方に比較的高エコーの膵臓が認められる。膵臓は混合パターンで描出されることが多いが（矢頭）、この症例ではやや高エコーの領域として描出されている。

> 膵臓の左葉を描出するためには上腹部を矢状断で十二指腸の局部から胃の大弯、左腎の頭側までスキャンしていくとよい。膵臓の左葉は胃のすぐ尾側に描出される（図 2-113, 2-114）。

■膵炎
● 膵リパーゼの免疫学的測定（PLI）とならんで、超音波検査は膵炎の診断に最も有用な検査である。
● しかし、必ずしもすべての膵炎について超音波で検出可能な形態的な異常を伴うわけではない。
● 典型的な膵炎の症例では、腹部の膵臓の位置にプローブを当てたときに疼痛がみられることがある。
● 消化管のガス貯留によって膵臓の描出が困難なことがある。その場合には体位を変えて描出を試みる。

● 典型的な膵炎の超音波所見を以下にあげた。
　> 犬の膵炎
　　・膵臓やその周囲に低エコー領域（浮腫や水腫：図 2-117）、膵臓のシスト状の病変、高エコー領域（出血、線維化、膵臓周囲の炎症）、混合パターンなどが描出される（図 2-118）。
　　・脂肪組織の炎症や線維化が強い場合には高エコー源性にみえることもある（図 2-119）。
　　・膵臓の輪郭は、周囲組織、特に脂肪組織の炎症のため不明瞭になり、周囲に腹水が認められることもある（図 2-117）。
　　・膵炎と同時に十二指腸の肥厚や膵管の拡張、膵炎に続発する胆管閉塞のために胆管の拡張がみられることがある（図 2-120, 2-121）。
　　・正常な犬では超音波で膵管は描出は困難である。

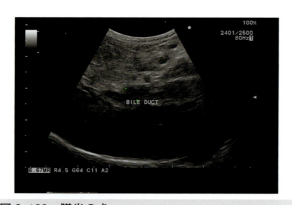

図 2-120 膵炎の犬
二次的に総胆管が拡張している。

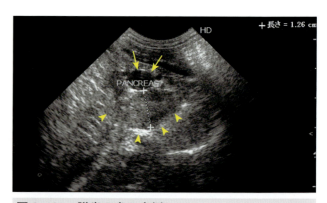

図 2-121 膵炎の犬の症例
この症例では、総胆管の拡張（矢印）がみられ、膵臓（矢頭）周囲の組織が高エコー源性になっている。

> 猫の膵炎
・猫では超音波で膵臓の形態的な異常が観察されないことも多い。
・異常像は犬と同様である。浮腫などがあれば低エコー性の病変として描出されることが多い。
・猫の膵臓の大きさは、正常では左葉が5.4mm、体部が6mm、右葉が4.5mm程度である。
・猫では、正常でも膵内の総胆管を描出できる。通常は1mm程度（0.6～2.4mm）で加齢とともに拡張する傾向がある。4mm以上の場合は異常である（図2-122）。

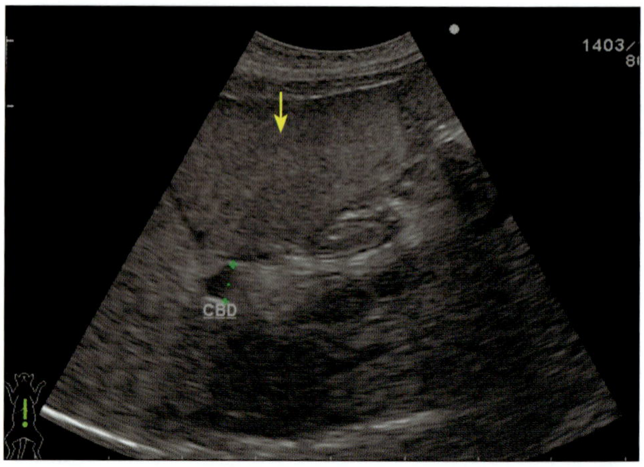

図 2-122 膵炎と脂肪肝を併発していた猫の超音波像
プローブに近いところに高エコー源性となっている肝臓（矢印）が描出されている。拡張した総胆管（5mm）が描出されている。

■その他、超音波で検出される膵臓の病変
●膵臓の偽嚢胞。
 > 炎症過程で形成されるもので線維化して肥厚した壁をもつ。内容は血液や漿液などである（図2-123，2-124）。
●膵臓の囊胞。
> ヒトでは遺伝性の腎囊胞、肝囊胞に併発した膵臓の囊胞が報告されている（図2-123，2-124）。
●膵臓の膿瘍。
 > シスト状の形態をとり、通常は低エコー源性である。超音波検査だけでは囊胞や偽囊胞との鑑別は困難と思われる。
●膵臓の腫瘍。
 > 膵臓の腫瘍としては腺癌、インスリノーマ、ガストリノーマなどがみられる。
 > 比較的小さな腫瘍であることが多く、画像診断で診断することは難しい。
 > 疑わしい場合には、肝臓等の転移巣についても超音波で調べる必要がある。
 > インスリン、ガストリン濃度などの測定も腫瘍の診断には有用である。

超音波検査

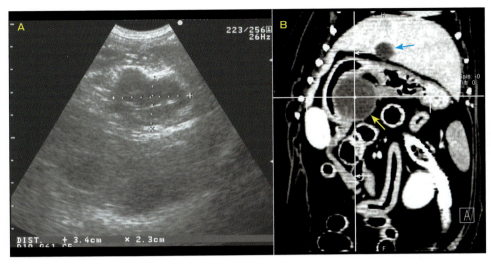

図 2-123 膵臓の嚢胞の症例
A：超音波像で、膵臓付近に、辺縁が高エコーで内容が低エコーの構造が描出されている。B：CT像では、膵臓と肝内に造影されない嚢胞状病変（矢印）が描出されている。

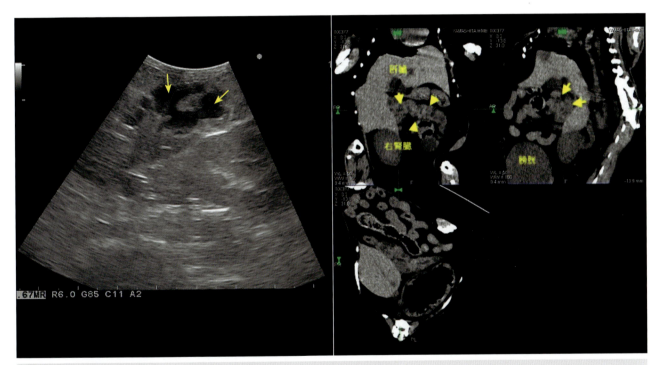

図 2-124 糖尿病に罹患している猫の超音波像
膵臓に多発性の嚢胞（矢印）がみられる。右は同じ猫のCT像。膵臓（矢印）にX線低吸収性のシスト状構造がみられる。

コラム 9　膵炎の診断

　超音波装置と診断技術の進歩、リパーゼ測定の改善ならびに膵リパーゼの免疫学的測定（PLI）が利用可能になったため、膵炎の診断精度は向上している。超音波を用いることで、明確な形態異常（例えば、膵臓の浮腫、周囲の炎症）がある症例では、高い確率で膵炎を疑う異常所見を検出できるであろう。一方で、形態的な異常を伴わない膵炎も存在する（例えば、病理組織学的な細胞浸潤のみがみられる場合）。そのため、超音波検査で異常がみられない場合でも膵炎を否定することはできない。そのような場合、リパーゼ活性、PLI、CRP（犬のみ利用可能）の測定が有用である。いくつかの検査を組み合わせることで膵炎の症例の多くが診断できるようになっている。

193

5 腎臓と尿管

　左腎は比較的容易に上腹部で描出することができる。右腎は左腎に比べ頭側にあるため、症例によっては肋骨や消化管ガスのために描出が難しいこともある。腎臓を描出する際には消化管ガスの影響を受けないアプローチ方向を探して観察する。

■腎臓の位置 （図2-125）

- 左腎は頭側では胃の大弯に接し、その外側、腹側には脾臓が位置する。また、頭側で膵臓の左脚と接している。
- 左腎の内側、大動脈の腹外側に左の副腎が位置する。
- 右腎は頭側で肝臓の腎切痕に入り込んでいる（図2-126）。
- 右腎内側は後大静脈と近接しており右副腎は後大静脈の外側または背外側に位置している。
- 腎動脈は下行大動脈から分岐している。
- 腎臓の矢状断では3層構造がみられる（図2-127）。

> **腎洞**：中央部の高エコーの領域で腎盂の脂肪も含まれる。
> **腎髄質**：腎洞を取り囲む低エコーの領域。
> **腎皮質**：腎の髄質を取り囲む中程度のエコー源性の領域。

- 腎臓のサイズは、犬では体重に相関する。猫では体格が似ているのである程度絶対値の評価が可能となる。長径が3.8～4.4cmとされている。
- 腎臓の髄質は輸液や利尿剤の投与により軽度に拡張する。
- 近位尿管は正常な状態で確認することは困難だが、直径は最大で1.8mmとされる。

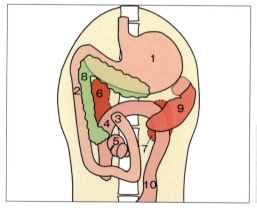

図2-125　腎臓の解剖学的な位置の模式図
腹腔内臓器を腹側から観察している。
1：胃、2：十二指腸、3：空腸、4：回腸、5：盲腸、6：右腎臓、7：左腎臓、8：膵臓、9：脾臓、10：下行結腸
（イラスト：山口大学／下川孝子先生）

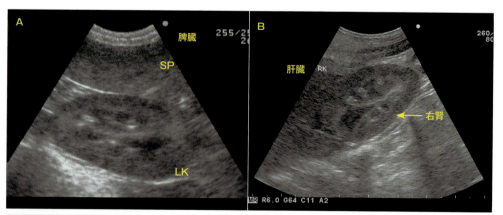

図2-126　左腎と右腎の描出
A：左腎（LK）であり、脾臓（SP）と同時に描出されている。B：右腎（矢印）が肝臓ともに描出されている。脾臓や肝臓など、他臓器と描出することによりエコー源性を比較することができる。

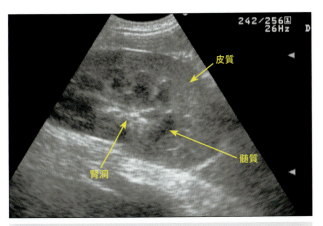

図 2-127　正常な腎臓の基本的な構造
腎臓は超音波では 3 層構造が観察でき、外側には中程度のエコー源性の皮質、その内側に低エコー源性の髄質、中央部に高エコー源性の腎洞が描出されている。

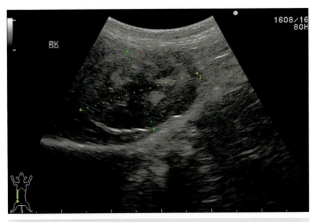

図 2-128　高齢の猫の腎臓
BUN、クレアチニン濃度は正常範囲内の猫であるが、表面が粗造になっている。高齢の猫では時々みられる所見である。

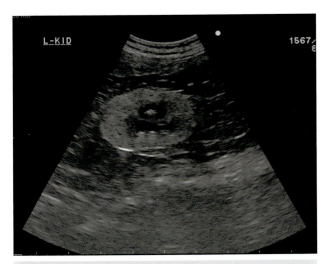

図 2-129　腎不全の猫の超音波像
腎臓が小さく、腎皮質が高エコーに描出されている。

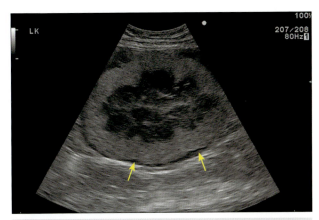

図 2-130　腎臓のリンパ腫の猫
腎臓が腫大しており、腎皮質が高エコーになっている。猫の腎臓のリンパ腫は、通常両側性である。体表リンパ節の腫大を伴わないこともよくあり、腎生検などにより確定診断することになる。腎臓周囲には液体と思われる低エコー源性の物質が少量貯留しており（矢印）、猫の腎臓リンパ腫で特徴的な所見である。

■ **腎皮質が高エコーになる病態**

- 猫では BUN、クレアチニンが正常な場合でも、皮質が高エコー源性になることがある（図 2-128）。
- 糸球体腎炎、間質性腎炎。
- 薬剤中毒などによるネフローゼ。
- エチレングリコール中毒（現在ではまれ）。
- 末期の腎不全や腎形成不全（図 2-129）。
- 腎実質へのカルシウム沈着。
- びまん性の腎臓リンパ腫（猫）（図 2-130）。
- ネコ伝染性腹膜炎（FIP）

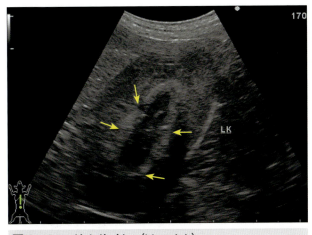

図 2-131　リムサイン（Lim sigh）
皮質と髄質の間に高エコーの帯状領域（矢印）が観察されることがあり、リムサインと呼ばれる。

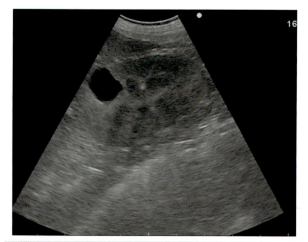

図2-132　腎臓内の単発性の囊胞
特に腎機能に異常のない動物で偶発的にみつかった。

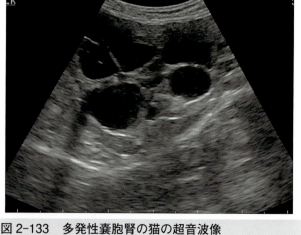

図2-133　多発性囊胞腎の猫の超音波像
腎臓内に多数の囊胞が形成されている。猫では、このような病態を示す疾患として遺伝性の多発性腎囊胞が知られている。

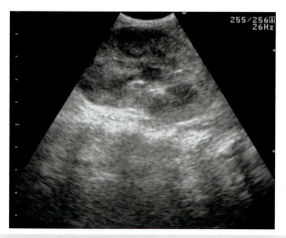

図2-134　腎臓の腫瘤性病変
正常な構造が消失し、皮質～髄質にかけてエコー源性は混合パターンを示している。超音波像からは腎盂腎炎や腫瘍などが疑われる。

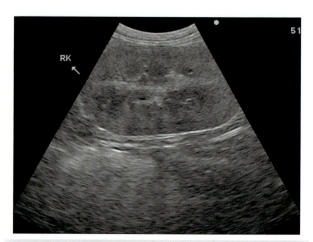

図2-135　腎臓腫大の症例
この症例では腎臓が腫大しており、3層構造も不明瞭になっている。腫瘍が疑われるが、超音波検査だけで感染と鑑別することは困難である。

■リムサイン（rim sign：腎の髄質と皮質の間の高エコー帯 図2-131）

疾患に特異的な所見ではなく、健康な動物でも観察されることがある。疑われる病態は以下のとおりである。
- 高カルシウム血症による腎症。
- 尿細管壊死。
- ネコ伝染性腹膜炎（FIP）。
- 慢性の間質性腎炎。
- レプトスピラ感染。

■腎臓皮質のエコー源性が低下する疾患
- リンパ腫では、多発性の低エコー性の結節性病変が形成されることがある。

■腎臓の局所性病変
- 腎囊胞は、無エコー性で境界明瞭なシストが単発または多発性に形成される（図2-132）。猫では多発性にシストが形成される遺伝性の腎囊胞が知られている（図2-133）。
- 腎臓の腫瘤性病変は、超音波像だけで診断することはできない。腫瘍や細菌感染などが鑑別診断としてあげられる。まずは、尿検査により細菌感染所見の有無を把握する（図2-134, 2-135）。
- リンパ腫では、局所性に低エコー性の病変が形成されることがある。
- その他の疾患として、梗塞、石灰化、線維化、感染などに一致した所見が超音波検査で観察できることがある。

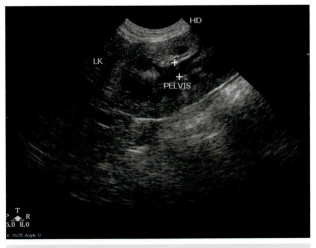

図 2-136　尿路閉塞の症例
尿路の閉塞により、腎盂の拡張と、拡張した近位尿管が観察される。

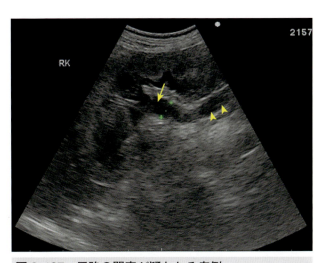

図 2-137　尿路の閉塞が疑われる症例
この症例でも、腎盂の拡張（矢印）および尿管の拡張（矢頭）が認められる。

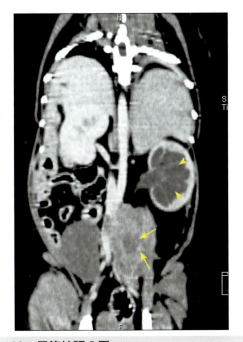

図 2-138　尿管拡張の図
このCT像では、左尿管を巻き込むように腫瘍が存在しており（矢印）、これにより尿管が閉塞し、左腎が水腎になっている（矢頭）。

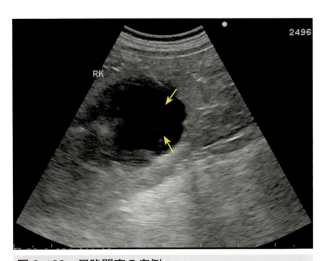

図 2-139　尿路閉塞の症例
尿管の閉塞のために水腎症になっている。腎盂は拡張して低エコー源性の領域が拡大している（矢印）。また、皮質は薄くなっている。

■ 腎盂 / 尿管の病変と病態

- 正常な動物では尿管が描出されない。
- 腎盂の拡張は無エコー領域の拡大として描出される（図 2-136, 2-137, 2-139）。
- 腎盂の拡張がみられる病態として、先天性疾患、利尿剤の使用（軽度拡張）、腎盂腎炎（軽度～中程度拡張）、尿管、尿道などの尿路排出障害などがある。
  > 腎盂や近位尿管の拡張が確認された場合には、拡張がどこまで続いているか超音波画像でトレースして閉塞部位をみつけるようにする（図 2-138）。
- 腎盂腎炎では、軽度から中程度の腎盂の拡張がみられることがある。また高エコー領域が腎盂、尿管、腎皮質に認められることがあり、化膿巣や肉芽腫性病変を反映している。
- 水腎症は、尿の排泄路の閉塞により二次的に起きる。高度な腎盂の拡大がみられる（図 2-139）。

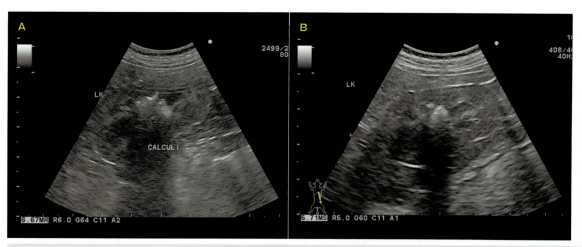

図2-140　腎結石の症例
A、Bともに腎洞に結石があり、その影響で画面下方にシャドーが形成されている。腎結石は偶発的によくみつけられる所見である。

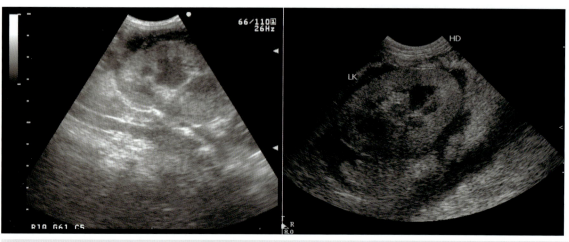

図2-141　腎臓周囲の低エコーの液体貯留
腫瘍、感染、外傷などさまざまな理由で貯留する。

また、尿管も拡張もする。閉塞部位を明らかにするために拡張している尿路を超音波で追跡する。
- 異所性尿管では、二次性の感染や構造上の尿路の閉塞、狭窄のため尿管の拡張がみられることがある。しかし、異所性尿管の診断はX線を用いた静脈性尿管造影の方が容易である。
- 腎盂や尿管に結石がみられることがある。結石がある場合には超音波がその部位で反射され、後方にシャドーが観察される（図2-140）。結石はX線不透過なことが多く、X線でも検出できることが多いが、消化管の内容物と陰影が重なることもあり超音波検査の方が感度は高いだろう。まれだが、腎盂や尿管内に細菌感染に起因するガスによりシャドーがみられることもある。
- 外傷、感染、急性の尿路閉塞、腫瘍などが原因で腎臓と皮膜の間に滲出液、尿、血液などが貯留することがある（図2-141）。
- 腎周囲囊胞では、腎周囲の被囊下に大量の液体貯留がみられることがある（図2-142）。
- 後腹壁への液体貯留は、外傷、尿の漏出、出血、膿瘍、腫瘍などが原因で起こる。腎周囲囊胞との鑑別は、囊胞では腎臓の周りが低エコーに取り囲まれ、その周囲に被囊が観察されるのに対して、後腹壁の液体貯留では後腹壁全体に液体が貯留する（図2-143）。

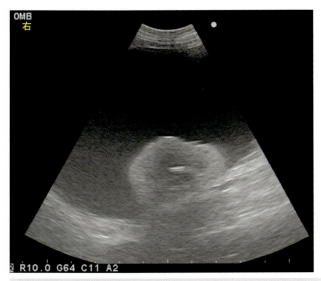
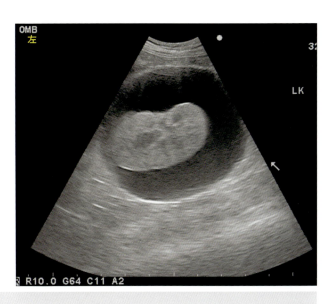

図2-142　腎周囲嚢胞の症例
左右の腎臓周囲、腎皮膜下に多量の液体貯留がみられる。

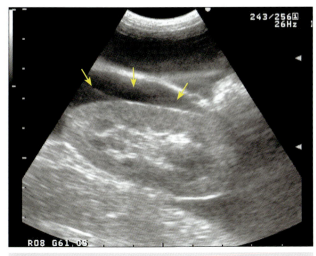

図2-143　後腹壁に液体貯留のみられる症例
この症例では腹水がみられるが、腎臓に接するように後腹壁にも大量の液体貯留（矢印）が認められる。

■腎血管の評価

- 腎静脈は、腫瘍などにより閉塞することがあり、高エコーの血栓が腎静脈内に描出されることがある。その場合、腎皮質のエコー源性が出血や浮腫により高くなったり低くなったりする。血栓による腎静脈の血流障害をカラードプラで証明するとよい。

- 腎動脈の血栓では、腎動脈内腔の狭小化がみられ、その部分に血栓が観察される。横断面で腎動脈を含む面で観察する。血栓による血流障害をカラードプラで証明するとよい。動脈の血栓のため、腎臓に梗塞層がみられることがある。

- 腎臓の梗塞では、血管の支配領域に対応して、くさび形にエコー源性の変化がみられる（腎皮質で広く、腎盂へ向かうほど狭くなる）。

6 膀胱

　膀胱で観察するものは膀胱壁の厚さや形態、尿のエコー源性（デブリの有無）、異物、結石、血餅、憩室の有無、尿管瘤の有無などである。尿が蓄積している場合の方が内腔の観察は容易である。実際の診療では尿検査のために排尿させる前に超音波検査を実施した方がよいだろう。

■**膀胱壁**（図2-144）
- 拡張した状態では高エコー源性の2層の間に低エコー源性のラインが入る3層の構造として観察される。
- 膀胱の厚さは収縮したときには、犬では2.3mm程度、拡張したときには1.3〜1.7mm程度である。大きな犬では最大でさらに1mm程度厚くなる。
- 膀胱背側の尿管開口部付近には小さな隆起部がみられることがあるが、正常な所見である（図2-145）。

■**膀胱炎**
- 重度の慢性膀胱炎では膀胱壁が厚くなることがある（図2-146）。しかし、膀胱の厚さのみで膀胱炎を評価することはできない。
- 尿にさまざまなデブリが浮遊していることがある（図2-147）。

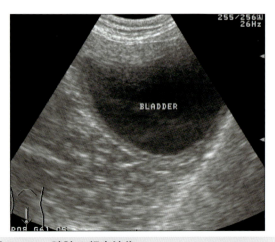

図2-144　膀胱の超音波像
膀胱壁は、超音波検査では高エコーラインの間に低エコーラインが走行するように観察される。

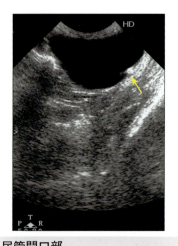

図2-145　尿管開口部
膀胱内の背側（画面下方）やや尾側に隆起した尿管開口部（矢印）がみられることがある。

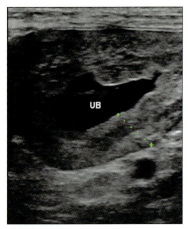

図2-146　著しく肥厚した膀胱粘膜
慢性の膀胱炎などでみられることがある。膀胱壁は肥厚しており、表面も粗である。

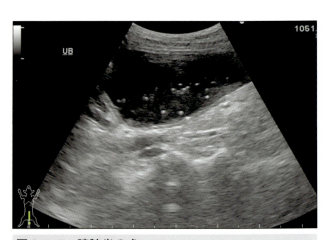

図2-147　膀胱炎の犬
膀胱内に高エコーの浮遊物がみられる。細菌感染による膀胱炎などでよくみられる。

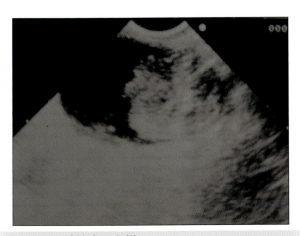

図2-148 膀胱内の血餅
膀胱内にみられた大きな血餅。腫瘍と間違えやすい。カラードプラを使い、腫瘤内に血管が走行しているか調べるとよい。

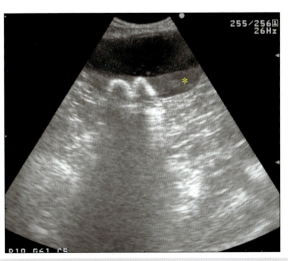

図2-149 膀胱結石の症例
この症例では、おむすび型をした結石が2つみられる。結石の後方にはシャドーがみられる。膀胱内でやや高エコーになっている領域（*）は、サイドローブによるアーチファクトである。

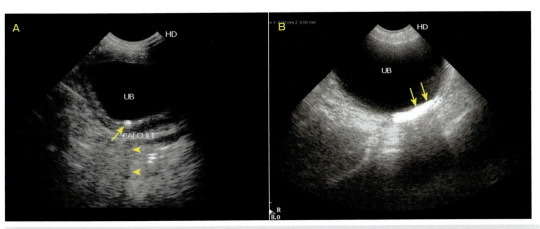

図2-150 膀胱結石の症例
Aでは、高輝度な小さな結石（矢印）が膀胱内に描出されている。その後方には、わずかなシャドーがみられる（矢頭）。
Bでは、大きな結石はみられないが高輝度の砂状結石（矢印）が描出されており、後方にシャドーが形成されている。

■血餅

- 外傷や膀胱内での出血に起因する血餅がみられることがある（図2-148）。
- 膀胱内の血餅は通常、高エコー源性で膀胱内を動く。
- 大きな血餅は膀胱壁に固着していることもあり、その場合には腫瘍と間違えやすいが、カラードプラ等により腫瘤内の血流の有無で判断することができる。

■膀胱結石、尿石

- 膀胱内のシャドー陰影を引く物質として観察される（図2-149）。
- 小さな砂状の結石が観察されることもある（図2-150）。スライス厚やサイドローブに起因するアーチファクトを砂状の結石と間違えないようにする。結石の場合には、後方シャドーを引く。

■膀胱の憩室

- 膀胱の頭腹側正中の腹膜に近い部位に認められることがある。尿膜管遺残が疑われる（しかし超音波検査よりも陽性造影剤を用いたX線検査の方が観察しやすい）。

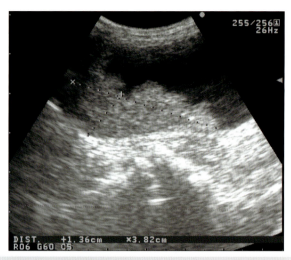

図 2-151　膀胱腫瘍の犬
膀胱内に組織が隆起している様子がみられる。確定診断には組織検査か細胞診が必要であるが、画像からは膀胱腫瘍が強く疑われる。

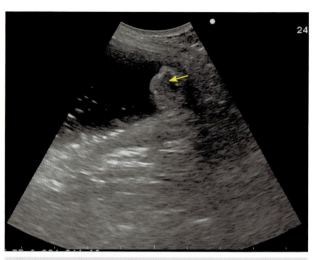

図 2-152　膀胱腫瘍の症例
膀胱の尿道入り口付近に腫瘤がみられる（矢印）。膀胱腫瘍では部分切除術が適応できるか判断するため、腫瘍の膀胱内での位置を確認することが重要である。この症例では、膀胱内に高エコー源性のデブリもみられる。

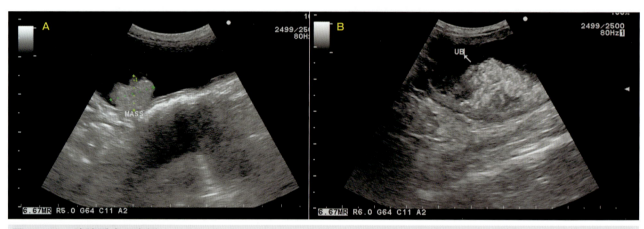

図 2-153　膀胱腫瘍の症例
Aでは、膀胱の頭背側（画面下）に腫瘍が存在する。この位置ならば手術により完全切除できる可能性がある。Bは、膀胱の背側に大きな腫瘍が広がっている。この腫瘍では、尿管や尿道口を温存した手術は難しいと思われる。

■尿管瘤
- 先天的な問題により尿管出口が狭窄しているため、その近位の尿管が拡大する。同側の近位尿管や腎盂の拡張がみられることもある。
- 超音波では膀胱壁内または膀胱内の薄い境界をもつシスト状構造として描出される。

■膀胱の腫瘍
- 移行上皮癌が多くみられる。超音波検査では膀胱内に隆起する腫瘍として観察される（図 2-151 ～ 2-153）。

■膀胱のポリープ
- 慢性の膀胱炎や結石に伴い有茎のポリープが形成されることがある。細胞診や病理組織により膀胱腫瘍と鑑別する必要がある。

7 尿道

尿道は膀胱から出た後、骨盤腔を通過する。骨盤により超音波が遮られるため、体表からの超音波検査を用いて骨盤腔内で観察可能な領域はわずかである。尿路閉塞の症状がある場合には、この領域について超音波検査を行うことがある。尿道閉塞がある場合には、膀胱の拡張、尿管・腎盂の拡張、水腎症がみられることが多い。

- 移行上皮癌が尿道に発生することがある。また他の腫瘍が管腔外から尿道を圧迫し尿路閉鎖の原因になることがある（図2-154, 2-155）。
- 尿道内の結石が描出されることがある。

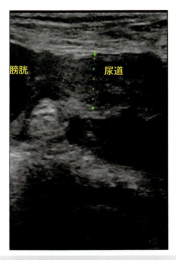

図2-154　尿道の腫瘍の症例
尿道に発生した移行上皮癌のため著しい肥厚が認められ、尿の排出障害を起こしている。

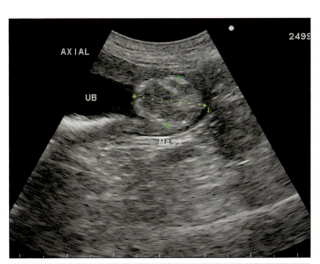

図2-155　膀胱腫瘍の症例
膀胱から尿道への移行部に大きな腫瘤が発生し、排尿の障害となっている

8 前立腺

前立腺は膀胱の尾側で膀胱に隣接して尿道を巻き込むように存在する（図2-156）。大きさは年齢によって異なる（年齢とともに大きくなる）。横断面では蝶型、矢状断では卵円形で中央を尿道が通過する（図2-157）。前立腺は超音波検査で描出しやすく、超音波検査は異常の検出に有用である。

■良性前立腺肥大

- 組織的には、腺の過形成や扁平上皮化性であり、生理的な変化である。
- 良性の過形成では、大きさ以外に超音波検査で描出される形態変化は少ない。前立腺実質のエコー源性の不均一化がみられることがある。良性の過形成のみで前立腺が著しく大きくなることはまれである（図2-158）。
- 感染などが起きれば、シスト形成などにより前立腺が大きくなることがある。その場合、腫大は対称性のことも非対称性のこともあるが前立腺と周辺組織の境界は明瞭である。通常、前立腺の石灰化はみられない。

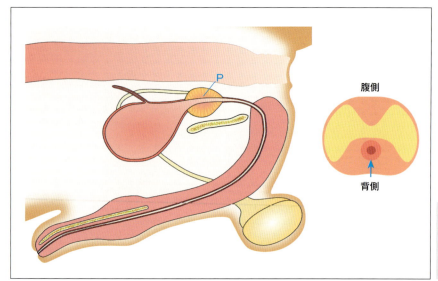

図 2-156　前立腺の解剖学的な位置
図中のPの位置が前立腺にあたる。右図は超音波検査で前立腺を観察した際の横断面で、中央を尿道が通る（矢印）。
（イラスト：山口大学／下川孝子先生）

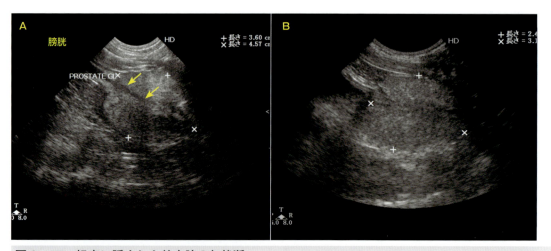

図 2-157　軽度に腫大した前立腺の矢状断
A、Bともに良性前立腺過形成の超音波像。矢状断であり、前立腺の中央に尿道（矢印）が走行している。正常または良性過形成の前立腺は、内部構造が均一である。

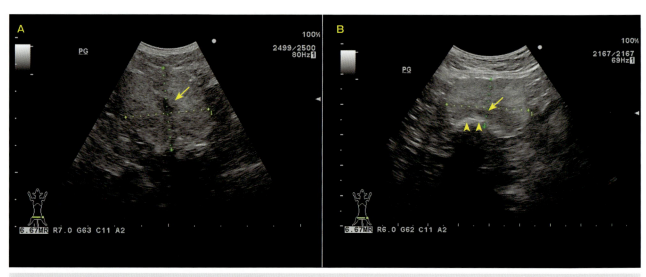

図 2-158　良性の前立腺過形成の症例の横断像
A：前立腺の中央に尿道（矢印）がみられる。前立腺の形はよく保たれている。Bはやや尾側での横断像で、尿道（矢印）が観察できる。また画面下方（背側）で直腸（矢頭）に接しており、直腸の内容物の影響で後方にシャドーが形成されている。

超音波検査

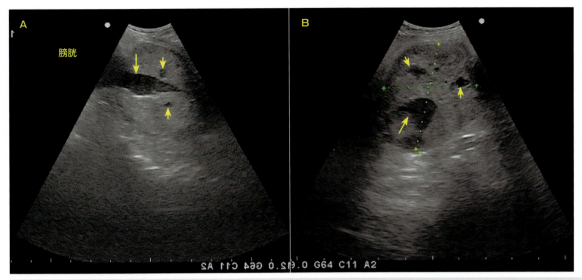

図 2-159　前立腺炎の症例
前立腺に感染がみられた症例。A：矢状断であり、尿道（大きい矢印）とシスト（小さい矢印）が描出されている。前立腺内の尿道は拡張している。B は同じ症例の横断面。拡張した尿道（大きい矢印）と前立腺内のシスト（小さい矢印）が観察できる。

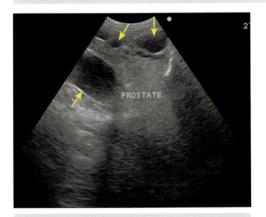

図 2-160　前立腺内のシスト
前立腺内には、時にこのようなシスト（矢印）が形成されることがある。

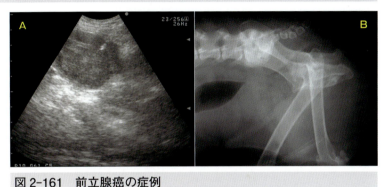

図 2-161　前立腺癌の症例
A は前立腺癌の症例の横断面で前立腺周囲の組織が高エコーになっており、辺縁も不整な様子が観察される。確定診断は、前立腺マッサージなどによる細胞診や組織診で行う。B は同じ症例の X 線像で、腫瘍の浸潤により結腸の狭窄や仙椎への浸潤が疑われる。

■シスト

- 良性の過形成、感染、腫瘍などに関連して観察されることがある（図 2-159）。
- 時に大量の液体を含んだ大型のシストも形成される（図 2-160）。著しい前立腺腫大の原因となる。

■前立腺の感染

- 高頻度にみられ、良性肥大と関連することもある。
- 超音波所見では良性肥大と見分けることは困難で尿検査や培養検査などにより診断する。前立腺にシスト形成がみられる場合には、細菌感染による膿瘍を疑う必要がある。

■前立腺腫瘍

- 良性肥大と比べて超音波で形態の変化が多くみられる。腫瘍では不対称な囊胞や膿瘍を伴う腫大、不整な辺縁、前立腺内の石灰化などが特徴とされる。
- 良性肥大と同じように前立腺内にシストがみられることもある。
- 超音波検査で感染や良性肥大と鑑別することは必ずしも容易ではないが、以下の所見がみられる場合には腫瘍が疑われる。鑑別には前立腺マッサージによる細胞診や組織学的な検査が必要である。
  > 膀胱頸部や尿道、周辺組織への浸潤（図 2-161）。
  > 周辺リンパ節の腫脹。
  > 前立腺と周辺組織との境界の不明瞭化。
  > すでに去勢済みの症例での前立腺腫大。

9 雌性生殖器

■卵巣のシスト・腫大

- 卵巣は、通常は腎臓の尾側に隣接するか、その腹尾側に位置する。子宮蓄膿症、子宮内膜の過形成、雌性ホルモンに関連した乳腺腫大や皮膚疾患が疑われる場合には超音波検査による卵巣の描出が試みられることがある。
- 卵巣が病態に関連している場合には、シストまたは高エコーの腫瘤として描出されることが多い（図2-162, 2-163）。

■卵巣の腫瘍

- 卵巣はしっかりと固定されていない臓器である。卵巣腫瘍が大きくなると重さのため腹腔内を腹側に移動する。
- 他の臓器由来腫瘍と間違えやすく、超音波像のみで卵巣腫瘍を判断することは困難である。

■卵巣（付近）の肉芽腫

- 過去に行われた避妊手術に関連して、その結紮部位に肉芽腫が形成されることがある。
- 肉芽組織は混合エコーパターンとして観察される。
- 時に肉芽に尿管が巻き込まれることがあり、それに起因する尿管閉塞で水腎症が併発することがある。静脈性の尿路造影の方がわかりやすい。

■子宮蓄膿症

- 正常な動物では子宮は描出しにくいが、子宮蓄膿症、子宮水腫などでは、液体を貯留した子宮が膀胱付近に描出される。
- 子宮壁は、超音波検査では3層構造を呈し、管腔内の大きさは内容物の貯留量によりさまざまである。
- 子宮蓄膿症では、子宮は低エコーの液体を含んだ管腔状の構造として認められる（図2-164）。

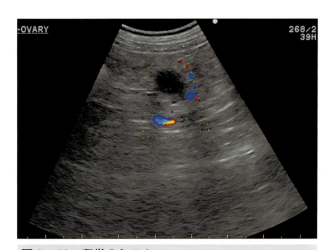

図2-162　卵巣のシスト
卵巣は腎臓の尾側に位置している。この例ではシスト状の構造が腎臓尾側にみられた。シスト状構造を血管と鑑別するために、カラードプラで描出されている。

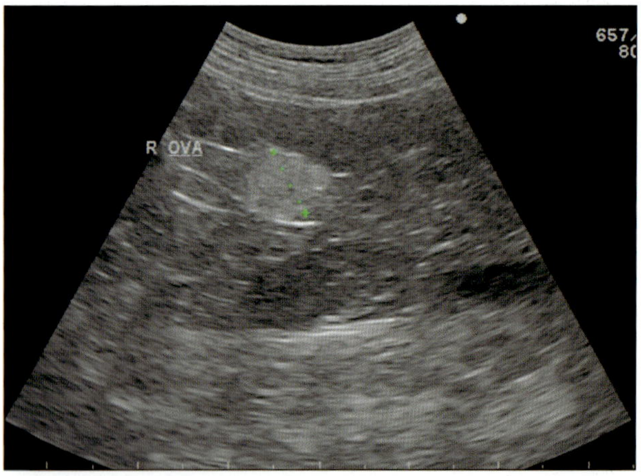

図2-163　卵巣付近にみられた高エコー源性の組織
位置から卵巣由来と推測される。動物の外観等から性ホルモンの異常が疑われる場合には、卵巣の存在する領域を中心に超音波で検索することがある。

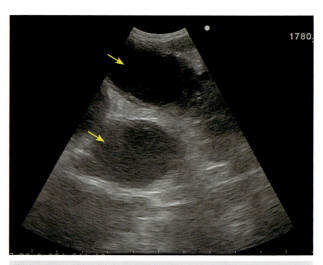

図2-164　低エコーの液体を含んだ子宮
拡張した子宮は、通常膀胱の頭側付近に描出される。壁は3層構造をしている。子宮内容物が膿の場合には、内容物は水と比較してエコー源性がやや高くなることもある。

- 内容物は感染等のため、水や体液に比べやや高エコーになることもある。
- 壁の過形成やシスト形成を伴うことも多い（図2-165）。

■子宮断端腫
- 過去の避妊手術で切断した子宮頸部に肉芽腫が形成されることがある。膀胱と結腸の間に、やや高エコーまたは混合エコーパターンとしてみられることが多い（図2-166）。

■妊娠
- 妊娠の確認に超音波検査は有効である。ブリーディングの10日後くらいから妊娠の徴候を描出できるとされているが、臨床的にはブリーディング後30日くらいから検査を行うことが多い。
- 超音波では受胎数を正確に把握することは難しい（図2-167）。

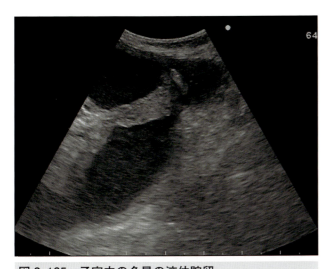

図2-165　子宮内の多量の液体貯留
この症例では、子宮壁が不整で厚くなっており、子宮壁過形成を伴う子宮蓄膿症と推測される。治療は、卵巣子宮摘出が第一選択となる。

図2-166　子宮断端腫
低エコーの膀胱の下（背側）に混合エコーパターンを示す子宮断端がみられている。この部位には子宮摘出術のときに用いた縫合糸等に反応した肉芽腫が生じることがあり、陰部からの出血などの原因となることがある。

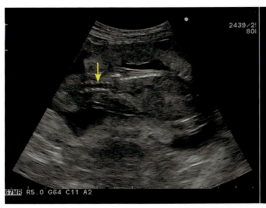
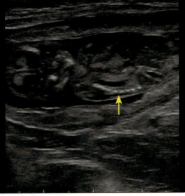

図2-167　妊娠している犬の超音波像
胎子の脊椎（矢印）が観察できる。超音波検査により、胎子の生死や大きさを判定することが可能である。

10 副腎

- 副腎の位置と形状を図2-168, 2-169に示した。
- 最大径は、犬では7.4mmまでとされるが、この基準では下垂体性副腎皮質機能亢進症の犬の20％は基準に含まれない。また正常な犬の10〜20％程度が含まれる。クッシング病の診断は、画像で判断するのではなく、ACTH刺激試験などで高コルチゾール血症を証明する。
- 下垂体依存性副腎皮質機能亢進症と副腎腫瘍の鑑別のために画像診断は極めて有用である。両疾患に対しては異なる治療方針がとられることもあり、両者の鑑別は臨床的に重要である（p210 コラム10 参照）。
- 副腎の描出にはややトレーニングが必要で、症例によっては消化管のガス等の影響により描出が難しいこともある。
- 臨床症状のない老齢の猫で、副腎の石灰化が偶発的な所見としてみつかることがある。
- 犬で副腎の石灰化がみられる場合には、副腎腫瘍が示唆される。

■左副腎
- 犬では中央がややくびれた落花生型。左腎前縁の内頭側に位置している。大動脈の腹外側にあり、左腎動脈の頭側、横隔膜動脈と横隔腹静脈に背腹方向に挟まれるように存在する（図2-168）。

■右副腎
- コンマ型をしている。右腎の内側で後大静脈の外側にある。左側よりも頭側に存在する（図2-168）。

■下垂体依存性副腎皮質機能亢進症
- ACTH刺激試験で血中コルチゾール濃度の上昇を証明し、画像により両側性の腫大がある場合には下垂体依存性と考えられる。
- 形は正常な副腎と同じである（図2-169）。

■副腎腫瘍
- 片側性に腫大した副腎がみられ形は不整（図2-170, 2-171）。
- 機能性腫瘍では、反対側の副腎は通常萎縮する。

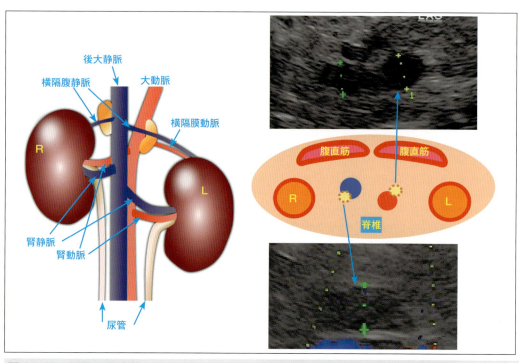

図2-168　副腎の模式図
左右副腎の位置を示している。ランドマークとなる大血管（大静脈、大動脈）との位置関係にも注意。
（イラスト：山口大学／下川孝子先生）

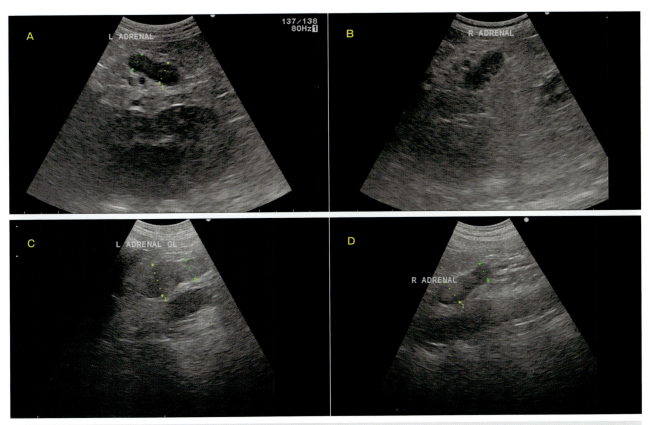

図 2-169 下垂体依存性副腎皮質機能亢進症の超音波像
A、B は同一の個体である。下垂体依存性副腎皮質機能亢進症の場合には、副腎の形態は保たれる。C、D も同一の個体であり、形態は保たれている。

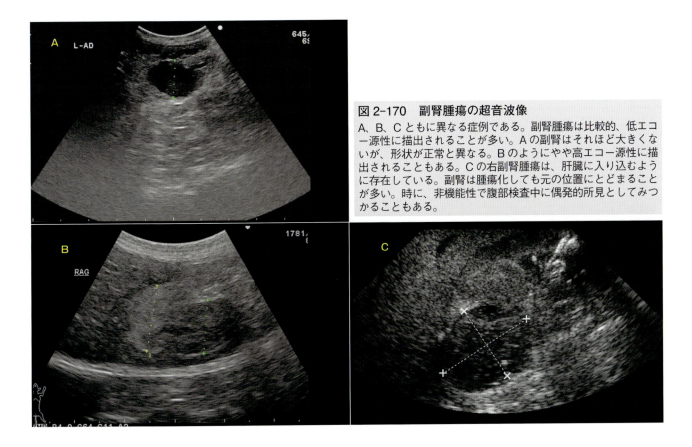

図 2-170 副腎腫瘍の超音波像
A、B、C ともに異なる症例である。副腎腫瘍は比較的、低エコー源性に描出されることが多い。A の副腎はそれほど大きくないが、形状が正常と異なる。B のようにやや高エコー源性に描出されることもある。C の右副腎腫瘍は、肝臓に入り込むように存在している。副腎は腫瘍化しても元の位置にとどまることが多い。時に、非機能性で腹部検査中に偶発的所見としてみつかることもある。

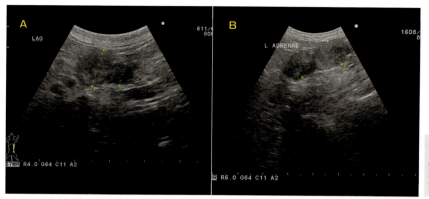

図2-171 副腎腫瘍の超音波像
A、Bは別の症例である。形状は比較的保たれているが、辺縁が不明瞭で表面が粗造になっており腫瘍が疑われる。

クッシング病の診断

クッシング病の治療目標は、多くの場合、高コルチゾール血症に関連した種々の臨床症状を軽減することである。そのため、診断の基本はまず高コルチゾール血症を証明することである。ACTH刺激試験などで高コルチゾール血症であることを証明したうえで、下垂体依存性と副腎腫瘍を鑑別する。超音波検査は両者の鑑別に有効な検査である。

下垂体依存性では、トリロスタンにより治療されることが多いが、治療による下垂体腺腫の増大を避けたいときや、大きな下垂体腺腫の外科治療や放射線治療を考慮する場合には、CTやMRI検査により下垂体を評価することになる。

CTで下垂体を描出するためには、造影検査が必要である。造影CT、MRIどちらの検査でも下垂体腺腫の検出率はかわらないようである。もしCT検査を実施する場合には腹部のCT撮影も行うことで、副腎の腫大を容易に描出することができる。

11 消化管

以前はあまり超音波検査の対象にならなかったが、装置の解像度の向上により、現在では超音波は消化器検査において重要な検査となっている。通常は7.5MHz以上の周波数のプローブで観察する。上部消化管の模式図を**図2-172**に示した。消化管のうち十二指腸は腹腔内の位置も一定であり疾患も多いことから観察の対象となることが多い。十二指腸は右腹部やや背側を頭側から尾側に直線状に走行する。

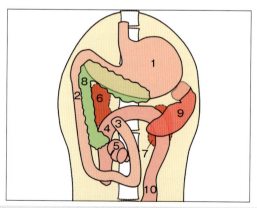

図2-172 消化管の走行を示す模式図
超音波検査のために、胃や十二指腸の解剖を理解し把握しておく。1：胃、2：十二指腸、3：空腸、4：回腸、5：盲腸、6：右腎臓、7：左腎臓、8：膵臓、9：脾臓、10：下行結腸（イラスト：山口大学／下川孝子先生）

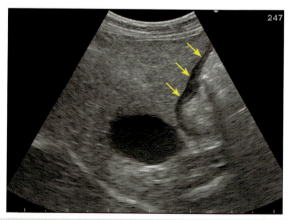

図2-173 肝臓、胆嚢、胃壁（矢印）の超音波像
胃壁は他の消化管と同じく外側から漿膜、筋層、粘膜下織、粘膜、粘膜襞の5層が観察される。

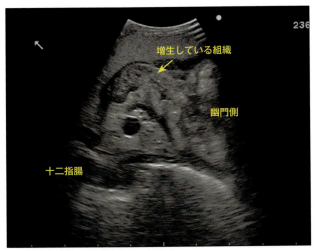

図2-174 胃の異常像
幽門付近の狭窄と通過障害がみられた症例。病理組織検査では線維性組織の増生であった。

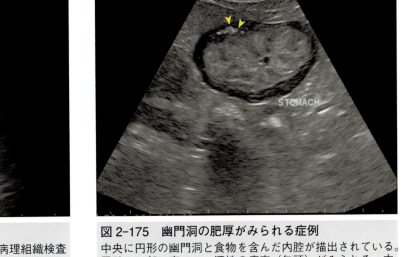

図2-175 幽門洞の肥厚がみられる症例
中央に円形の幽門洞と食物を含んだ内腔が描出されている。胃壁の一部に高エコー源性の病変（矢頭）がみられる。内視鏡生検では、リンパ球プラズマ細胞性腸炎であった。

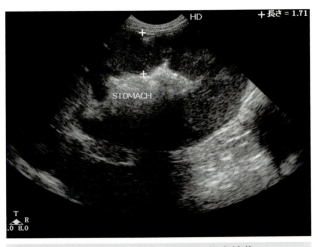

図2-176 胃の肥厚が得られた猫の超音波像
胃壁の肥厚が著しく、5層構造がみられない。5層構造の破壊は腫瘍を疑う所見であるが、診断には細胞診か組織診断が必要である。

■胃の疾患の超音波検査

- ガスがある場合には観察しにくい。
- 胃壁の厚さは、胃の膨らみ方によって変化するが、超音波では、犬3～5mm、猫2～4.4mm程度である。
- 超音波では他の消化管と同様に漿膜（高エコー）、筋層（低エコー）、粘膜下層（高エコー）、粘膜（低エコー）、胃の粘膜襞（内腔への突起状構造）の合計5層が観察される（図2-173）。
- **幽門筋肥大・幽門洞の粘膜過形成**：先天性および後天性に起きることがあり胃壁の肥厚が観察される（図2-174）。
- **胃炎**：胃壁の肥厚が描出されることがある。しかし、すべての胃炎で肥厚がみられるわけではない。診断には内視鏡生検による組織検査が必要（図2-175）。
- **胃潰瘍**：胃粘膜の欠損として描出されることがある。しかし胃粘膜には皺壁があり、超音波での潰瘍の検出率は高くない。内視鏡検査を行った方が確実である。超音波で検出できる部位に潰瘍が存在する場合には経過を超音波で追跡できることがある。
- **胃の腫瘍**：超音波では壁の肥厚がみられることが多いが診断には組織診断が必要である（図2-176, 2-177）。しかし、超音波で描出しにくい部位もある。
  > 平滑筋肉腫は、大きな腫瘤性病変として観察される。潰瘍を伴うことがある。
  > リンパ腫は、均一な低エコー性の胃壁の肥厚として観察される。リンパ腫の猫では胃壁の厚さは8～25mmと厚くなる。5層構造も破壊される。著しい肥厚がみられる場合には炎症性の疾患よりも腫瘍の可能性が高い。確定診断には細胞診か内視鏡による組織診断が必要である。
  > 腺癌では、胃壁の肥厚（中央値16mm）がみられ、中程度のエコー源性の肥厚した層の内外側が低エコー領域で囲まれているのが特徴的とされる。しかし、診断には生検が必要である。

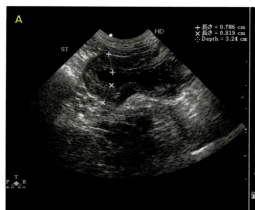
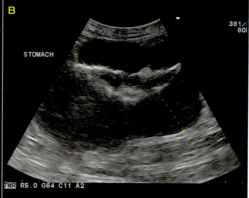

図 2-177 胃の腫瘍
左図Aは胃壁の肥厚がみられるが、層構造は比較的保たれている。超音波検査では、炎症性腸炎か腫瘍かの鑑別は困難である。右図Bでは著しい肥厚がみられ、層構造も崩壊していることから、腫瘍が強く疑われる。

■十二指腸

- 他の小腸の消化管よりもやや厚い壁をもつ（図 2-178）。厚さは、犬で 3～6mm、猫で 2.0～2.5mm である。
- 高解像度の装置では十二指腸の壁にパイエル板による陥入がみられることがある。パイエル板は潰瘍と間違えやすい。

■小腸

- 厚さは空腸で、犬 2～5mm、猫 2.0～2.5mm 程度、回腸で犬 2～4mm、猫で 2.5～3.2mm 程度とされる。
- 壁の構造は、高解像度の装置で描出した場合には 5 層に観察される。外側から内腔に向けて順番に、漿膜（高エコー）、筋層（低エコー）、粘膜下織（高エコー）、粘膜（低エコー）、管腔との境界（高エコー）に対応する（図 2-179）。

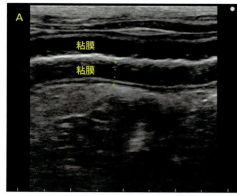
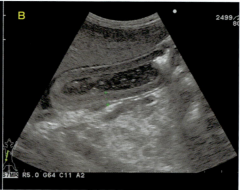

図 2-178 十二指腸の超音波像
左図Aは十二指腸で、厚さは 4.3mm。最も厚いのが低エコー源性の粘膜である。右図Bも十二指腸であり、消化管内に液体が存在するため腸管壁の観察が容易である。どちらも明瞭な 5 層構造が観察できる。

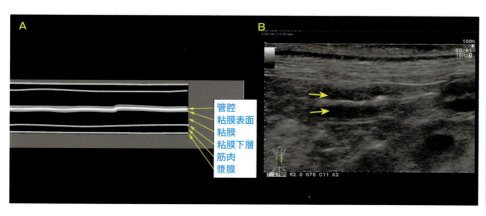

図 2-179 消化管の層構造
左図Aは正常な消化管の模式図であり、消化管の 5 層構造を示している。
右図Bは実際の十二指腸画像で最も厚い低エコー源性の層（矢印）が粘膜層である。

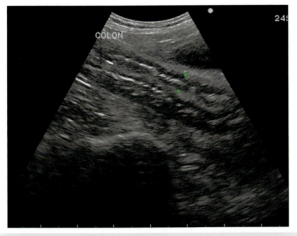

図 2-180　犬の結腸の超音波像
糞便やガス貯留のために観察が困難なことも多い。基本的な層構造は小腸と同じであるが、通常、消化管壁は小腸壁よりも薄い。この症例では、粘膜内に高エコー源性の異常な領域がみられている。

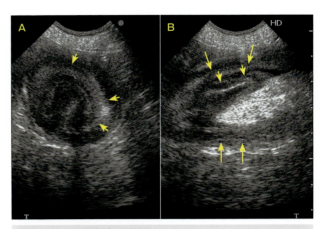

図 2-181　腸重積の症例
A は横断面であり陥入している管腔がリング状の同心円構造（小さい矢印）として描出されている。B は矢状断で、消化管壁（大きい矢印）の内腔にもう 1 つ消化管壁らしき構造が存在する（小さい矢印）。

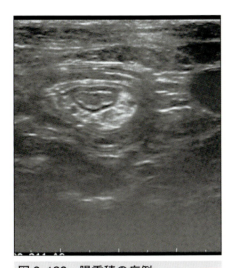

図 2-182　腸重積の症例
盲腸部から空腸が結腸へ重積していた猫であり、同心円状に重積した腸が描出されている。

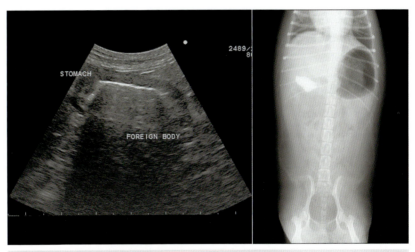

図 2-183　幽門付近に異物（石）がみられた症例
石の表面上で超音波が反射するため、異物の表面とシャドーしか観察されない。右は同じ症例の X 線像。

■大腸
- 大腸壁は小腸壁よりも薄い。犬で 2〜3mm、猫で 1.4〜2.5mm である（図 2-180）。

【小腸・大腸の疾患】
- 超音波検査では壁の厚さ、壁の 5 層構造が保持されているか、壁の対称性、動きなどを観察する。

■重積
- 超音波検査は腸重積の検出に有効である。しかし、重積に続発するイレウスでガス貯留が著しい場合には、観察できないこともある。重積は横断面で多重のリング状の像（同心円状の像）が観察される。また、矢状断で消化管が陥入している様子が観察できることもある（図 2-181, 2-182）。

■異物
- 異物の種類によるが、消化管異物を超音波で検出することができる。通常、異物自体は管腔内の高エコー構造物として観察されることが多い（図 2-183, 2-184）。
- 二次的にイレウスになっている場合には、通過障害を起こしている部位の吻側の消化管が拡張したり液体が貯留したりする。しかし、ガス貯留のため観察が困難になることも多い。

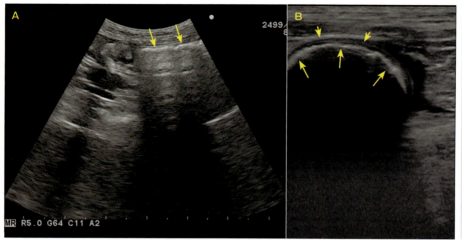

図 2-184　腸内異物の超音波像
Aには異物（矢印）を内包している消化管が描出されており、異物の表面で超音波が反射し、後方シャドーが形成されている。Bでは、消化管の管腔壁（小さい矢印）に接するように異物（大きい矢印）が描出されている。消化管異物では、消化管のガス貯留のために超音波検査が難しいことがあるが、丁寧に検索することにより異物を描出できることも多い。異物の位置情報は、治療方法の選択（内視鏡、開腹の選択）に有用なことがある。

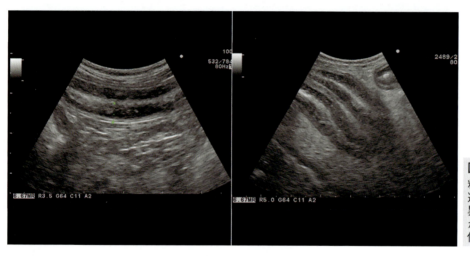

図 2-185　炎症性腸症の症例
粘膜層に高エコー性の斑点状構造がみられる。炎症性腸症に特異的な所見ではないが、この像がみられる場合には、消化管に何らかの異常があることを疑う。

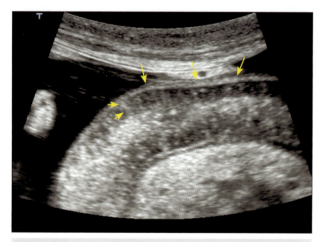

図 2-186　リンパ管拡張症の症例
低蛋白血症のためか腹水が貯留しており、その中に消化管（大きい矢印）が描出されている。消化管粘膜には、消化管走行に対して垂直方向に棒状の高エコーの構造物（小さい矢印）が観察される。
（写真提供：東京大学（現日本小動物医療センター）/中島亘先生のご厚意により掲載）

■炎症性腸症

- 壁の肥厚がみられることがある。しかし、一般には、腫瘍のように著しく厚くなることはまれで、画像では変化がみられないことも多い。
- 超音波で層構造や厚さが正常な場合でも本症を否定することはできない。
- 粘膜に高エコー原性のびまん性斑状の高エコー像が粘膜にみられることがある（図 2-185）。異常像と考えられるが、特定の疾患に特異的な所見ではない。
- また、粘膜下組織に高エコーの棒状の構造がみられることもある（図 2-186）。ゼブラサインと呼ばれる。これは拡張したリンパ管に関係する像で、蛋白漏出性腸症に関連していることが多い重要な所見である。
- 重度の炎症性腸症では、まれに消化管の5層構造が消滅していることがある。その場合、超音波検査では腫瘍との鑑別は困難である（図 2-187）。
- 時に消化管がヒダ状にみえることがある。これは

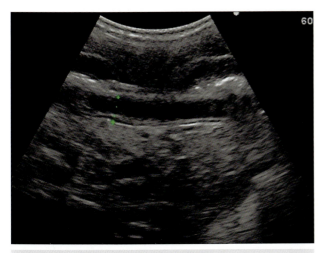

図2-187　重度の炎症性腸炎の症例
この症例では、消化管の5層構造は維持されている。一般的な傾向として、腫瘍では層構造が破壊されていることが多いが、炎症性疾患でも重症例で、まれに破壊されていることがあるし、腫瘍でも層構造が保たれる場合もある。高分化リンパ腫と炎症性腸症は、組織像でも鑑別が難しい場合がある。リンパ腫が疑われる場合には、免疫染色や遺伝子のクローナリティ解析の結果も参考にして診断する。

コルゲートサインと呼ばれ、膵炎、腹膜炎、腸炎などでみられることがある（図2-188）。

■腸管の腫瘍

● 腸管のリンパ腫では、壁の肥厚（中央値13mm）がみられることが多い。壁の5層構造も破壊され、管腔の対称性も失われることが多い（図2-189）。
  > 上記の所見から腫瘍を疑うことができるが、確定には細胞診や組織検査が必要である。
  > 猫の消化管型リンパ腫では筋層の肥厚がみられることが多い。猫では、筋層が粘膜層の1/2を超えるときは、リンパ腫の確率が高くなる（確定ではない）。
● 腺癌では、リンパ腫と類似した超音波像がみられるが、腺癌の方が罹患している領域が狭いことが多い。

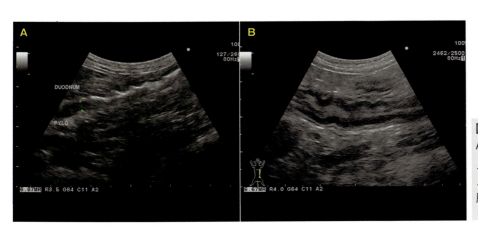

図2-188　コルゲートサイン
A、Bは別の症例であるが、どちらも消化管がヒダ状に描出されている。これは。コルゲートサインと呼ばれ、膵炎、腹膜炎、腸炎などに関連してみられることが多い。

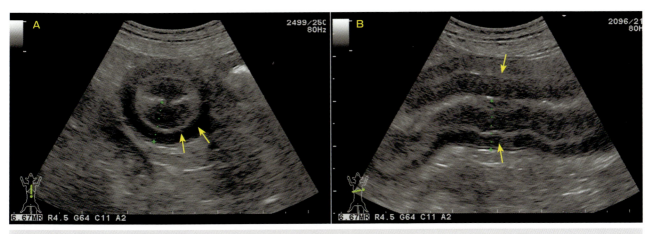

図2-189　猫のリンパ腫の症例
A、B：消化管壁が肥厚している。粘膜層と筋層（矢印）が肥厚しているが、相対的に筋層が肥厚していることに注目。筋層の肥厚は猫のリンパ腫ではよくみられる所見である。5層構造は維持されている。

その他の超音波検査が有効な疾患・病態

鹿児島大学共同獣医学部臨床獣医学講座画像診断学分野　桃井康行

■眼科

- 高い周波数のプローブを用いた高解像度解析により、水晶体、硝子体、網膜の観察などが可能である（図2-190）。
- 特に、出血等のため、眼底検査ができず網膜の様子が観察できない場合には、超音波検査は特に有用である（図2-191）。
- また、硝子体内の浮遊物、腫瘍、落下した水晶体なども描出することができる（図2-192）。
- 輪部やその他の部位から発生する腫瘍の描出にも有効である。

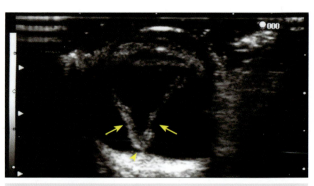

図2-190　網膜剥離の超音波像
高解像度の超音波を用いると網膜剥離を描出することができる。この例では、視神経乳頭（矢頭）の部分を残して、網膜すべてが剥離（矢印）している。
（写真提供：東京大学／都築圭子先生のご厚意により掲載）

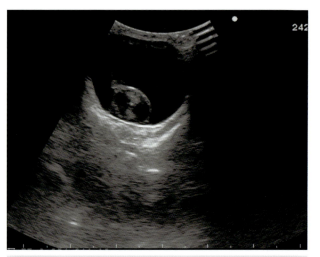

図2-191　眼球の超音波像
水晶体脱臼により硝子体内落下した水晶体が描出されている。

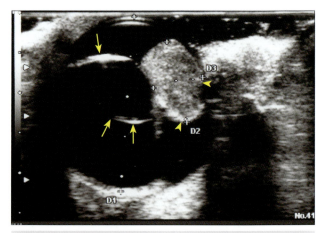

図2-192　眼内腫瘍の症例
水晶体（矢印で囲んだ領域）の周囲、毛様体付近から発生した腫瘍（矢頭）。超音波検査により腫瘍の拡がりを把握できる。この部位の腫瘍としては、黒色腫が多い。
（写真提供：東京大学／都築圭子先生のご厚意により掲載）

超音波検査

■水頭症
- 通常は、MRIやCTで診断するが、若齢で頭蓋骨が薄い場合や泉門が閉鎖していないときには、超音波検査により脳室の描出が可能である（図2-193）。

■血栓
- ドプラエコーが使用できる場合には、下行大動脈や後大静脈など大血管にある血栓を描出できる。血栓は通常、やや高エコーな領域として描出される（図2-194）。

■リンパ節
- 体表や腹腔内のリンパ節が描出可能である。境界明瞭な低エコー領域として描出される。
- 超音波検査による形態の観察だけでは良性の腫大（リンパ節炎等）と腫瘍との鑑別は困難である。一般に悪性ではリンパ節は丸くなる傾向があり、短軸/長軸比が高い（0.5を超える）とされる。
- 腫瘍性のリンパ節は良性に比べ低エコー源性のことが多い（図2-195, 2-196）。

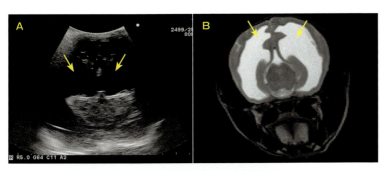

図2-193 頭蓋内の観察
頭蓋の泉門が閉じていない動物では、そこから超音波検査で脳の形態を観察することができる。左図Aの超音波像では、左右の側脳室（矢印）が明瞭に描出されている。Bは同じ症例のMRI T2強調像で、側脳室（矢印）が著しく拡張している。

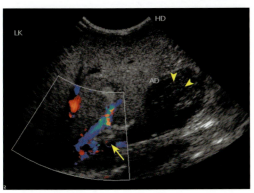

図2-194 血栓症例
副腎腫瘍（矢頭）に起因する後大静脈内血栓（矢印）が描出されている。血栓は通常、血管内の高エコー陰影として描出される。ドプラー検査により血流の障害が確認できる。

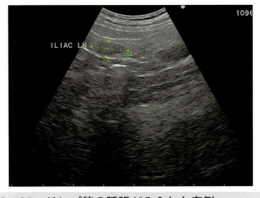

図2-195 リンパ節の腫脹がみられた症例
リンパ節は超音波では、比較的均一で低エコー源性に描出される。形態から腫瘍に関連するものか炎症によるものか判断することは困難である。

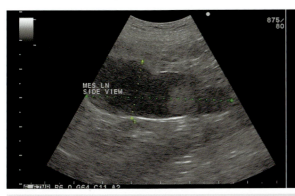
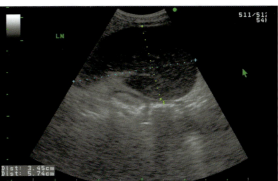

図2-196 リンパ節の超音波像
腹腔内にみられた大きく腫大した腸間膜リンパ節で、リンパ腫と思われる。腫瘍や炎症性疾患、感染でも腫脹することがある。超音波ガイド下で針吸引生検による細胞診を考慮する。

第3章　CT検査

　CT（Computed tomography）は従来のX線とは異なり、生体の三次元的な情報を得ることができる。画像の診断的価値は高く、また、病態に関連した変化を理解しやすい。

　単純X線では、もともと立体であるものを二次元画像（2方向）へ投影し、そこから三次元画像を推測しなければならない。このことを考えると、CTの方が直感的な読影が可能である。最近では、マルチスライスの装置が普及してきており、とりあえず全身スキャンを行って症例の疾患を網羅的にとらえることも増えているように思う。このようなCTの使い方は獣医療における診断アプローチを大きく変えている。

　大型機械であり専用のソフトウェアを使うため、専門用語に戸惑うことがあるかもしれない。しかし難しいのは機器とソフトの操作であり、読影ではない。この章では初心者が戸惑わないようにCTの原理や画像表示に関する言葉を簡単に紹介し、CTが特に有用な疾患を紹介した。CTで可能なことを学び、その高い診断能力を診療の現場で利用してほしい。

桃井康行、三浦直樹

1 はじめに

X線CT（Computed tomography）の構成はおおまかに「ガントリ」とよばれる円筒形のX線発生検出装置、動物が横たわる「クレードル（寝台）」、そして操作と解析を行うコンピューターの「コンソール」の3つの部分で構成される。

通常の撮影では撮影の際には寝台に動物を乗せ、寝台を動かすことでガントリの中に動物を送り込む。そこでガントリの一方からX線が照射され、X線が動物を通過後、同じくガントリ内でその対角に設置されている検出器（ディテクター）でX線を連続的に検出する。そのデータからコンピューターを用いて計算した立体画像が我々にわかりやすい形で提供される。

2 X線CT撮影装置の種類

■ ヘリカルとノンヘリカル（図3-1）

- CT検査では、動物を寝台の上に乗せてガントリ内へと送り込む。
- ヘリカル撮影を行う装置では、連続的に寝台を動かしながらX線撮影を行っている。
- らせん状に被写体のデータを取得していき、コンピューターで計算することで、結果として切れ目のない連続した3Dの情報を得ることができる。
- メーカーによりスパイラル、ボリュームなどとも呼ばれるが、原理的には同じで現在使用されている機器のほとんどがこのタイプである。
- ノンヘリカル（コンベンショナル）では、1撮影スライスごとに寝台が少し動いて次の画像を撮影する。各撮影の断層の間に隙間ができてしまうのが欠点である。
- 超大型の胴部で線量が不足する場合にはコンベンショナルの撮影法を用いることがあるが、基本的に多くの場面でヘリカルが優位である。

■ シングルスライスとマルチスライス（多列スライス）（図3-2）

- 慣用的に1列のCTとか4列のCTなどと表現される。この列の数はX線検出器（ディテクター）をいくつ搭載しているかということを意味しており、1列のものがシングルスライス、複数積んでいるものがマルチスライスの装置である。

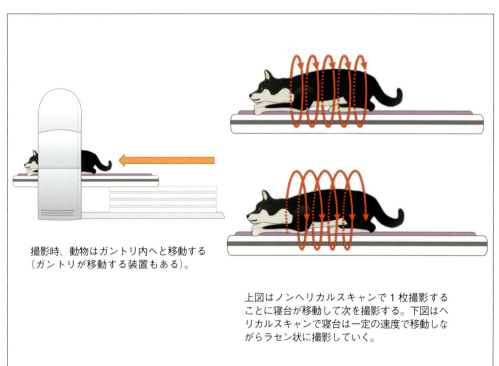

撮影時、動物はガントリ内へと移動する（ガントリが移動する装置もある）。

上図はノンヘリカルスキャンで1枚撮影することに寝台が移動して次を撮影する。下図はヘリカルスキャンで寝台は一定の速度で移動しながらラセン状に撮影していく。

図3-1 ヘリカルCT
ヘリカルCTは寝台に動物を寝かせ、寝台を移動しながらX線を照射、検出し、データを収集する。その結果、切れ目のない3D画像として描出することが可能となる。
（イラスト：山口大学／下川孝子先生）

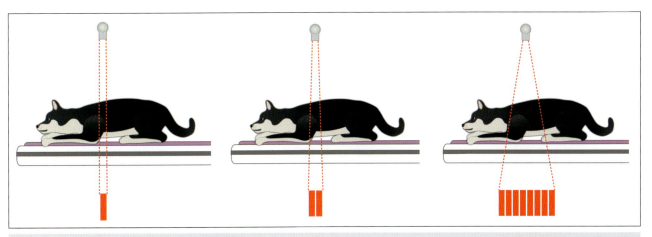

図3-2 マルチディテクターCTの模式図
ヘリカルCTは何列のCTなどと呼ばれることが多い。図は、マルチスライス装置の模式図であり、列数が多いほど1度に広範囲が撮影できるので、その結果、撮影時間が短くなる。（イラスト：山口大学/下川孝子先生）

- ディテクターを複数並べることで、単純にガントリが1回転するうちに撮影できる範囲が広くなる。同じ大きさのディテクターなら、ガントリが1回転するうちに4列ならば4倍、16列ならば16倍広い範囲を測定できる。

- ガントリ内のX線装置の回転速度（0.5～1秒程度で1回転）は遠心力等により技術的な制約を受けるのであまり変えることができない。そこで、検出器の列を増やすことで短時間で長い範囲の撮影が可能になる。ただし一般に装置の値段も高価になる。

3 CT検査画像の基本

■ CTと単純X線の違い

- CT装置は、動物の組織のX線透過性の違いを利用している点で単純X線撮影と原理的に同じである。最も大きな違いは、単純X線が、一方向から光を当てて平面に投影している半透明の影絵なのに対して、CTは、各ポイントのX線吸収の情報を立体的に取得していることである。
- CTでは画像処理技術の発展により、我々にわかりやすい形で情報が提供される。

■ Raw dataと再構成関数

- CTではX線検出器を回転させながら体の中を透過してくるX線量を測定している。実際に検出した情報を生データ（Raw data）と呼ぶが、我々がみやすい像に作りなおす必要がある。
- より診断に役立つ画像にするためには、生データを元にさまざまな計算を施し、診断する我々にわかりやすい形で表現することが必要になる。そのとき計算に用いるのが再構成関数で、CT装置ではさまざまな再構成関数が準備されている。どの

ような関数を用いるか目的に応じて操作者が選ぶ。

- 普通のデジカメ撮影でも撮影後、写真を加工することができるが、CTでも同じように画像処理が可能で、やわらいかい画像やシャープな画像などを作ることができる。
- どの再構成関数を選ぶかは、撮影部位や目的によって異なる。操作する人間が選ぶ（図3-3）。

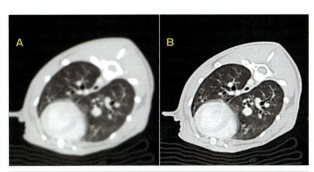

図3-3 犬の胸部のCT像
A、Bの画像は同じ画像を異なる再構成関数を用いて表現したものである。Aの画像は腹部の描出でよく使用される再構成関数でBの画像は胸部の描出でよく使用される関数。Bの方がシャープな像になっており胸部では読影しやすい。対象とする部位や疾患により再構成関数を使い分ける。

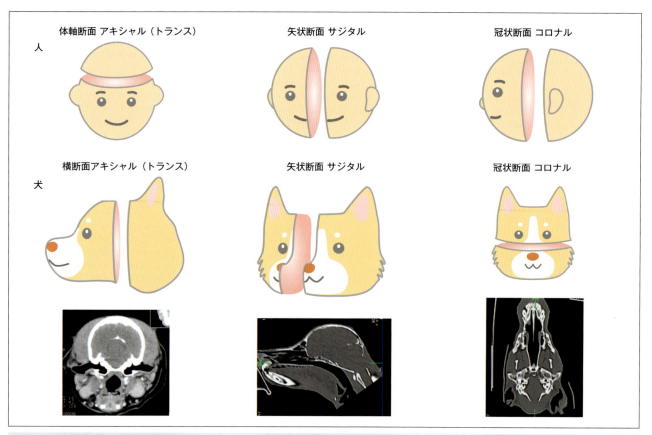

図 3-4 MPR 像における断面の呼び方
左からアキシャル（トランス－アキシャル、トランス）、サジタル、コロナルなどと呼ばれる。人医療とは用語の使い方が異なるので注意が必要である。（イラスト：山口大学／下川孝子先生）

■ MPR 像

- ヘリカルCTでは、症例の画像は三次元のデータとして表示することができる。診断の際には三次元像を使って診断することもあるが、症例の三次元像から自分の観察したい平面を選び出して二次元で診断することが多い。この表示方法をMPR像と呼ぶ（multiplanar reconstruction (reconstruction) の略で「多断面再構成像（任意断面表示）」の意味）。
- 基本的なMPR像として、動物の横断面「トランス－アキシャル（Trans-axial）」（単純にトランスまたはアキシャル と呼ばれる）、矢状断面「サジタル（sagittal）」、水平断面「冠状断面（coronal）」がよく用いられる。
- 人と動物で同じ断面の呼び方が使われるが、直立した人と四つ足歩行の動物では体軸方向が異なる。そのため、慣用的に同じ断面名称が使用されていても、解剖学的な断面は人と動物の場合で異なることがある（図3-4）。

■ CT 値

- CTでは体の各部分のX線の吸収を計算できる。そしてそのX線吸収の程度をCT値という数値で表すことができる。単位は人名にちなんでHounsfield Unit（HU）とされる。
- CT値は空気を－1,000、水を0とした基準として表される。一般に肺などの含気した構造物や脂肪組織ではマイナスの値をとり、肝臓などの実質臓器は20〜100程度の値をとる（表3-1）。骨は皮質骨がCT値が高く、最大1,000程度である。

表3-1 身近な物質（CT値の補正に使用される）と臓器のCT値

空気	：－1000（基準）
水	：0（基準）
脂肪組織	：－50〜－100 程度
実質臓器（肝臓、腎臓など）	：30〜50 程度
嚢胞	：0〜10 程度
充実性腫瘍	：10〜40 程度
骨	：緻密骨で最大1000
金属	：1000 以上

CT検査

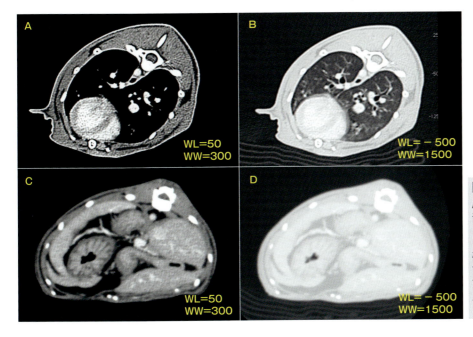

図3-5 犬のCT像
A、Bは胸部。C、Dは腹部の同じ部位の造影CT像。それぞれWLとWWの設定を変えている。胸部ではWWを大きくした方が肺野の確認もでき読影が容易である。一方腹部ではWWを小さく設定した方が、造影されている粘膜や肝内血管などがコントラストよく表現されている。

- CT値は基本的には絶対値であり、診断のために有益な情報になることがある。また画像描出のための指標としても用いられる。

■ Window Level（WL）とWindow Width（WW）

- CTで撮影された各部位はそれぞれ特有のX線の吸収値、すなわちCT値をもつ。例えば空気はCT値−1,000、骨のCT値は数百である。
- コンソールのディスプレイ上ではこのCT値をそのまま数1,000段階のモノクロのグラデーションとして表現することができる。しかし、人間の眼は細かなグラデーションを見極められない。そのため我々が読影しやすいようにモノクロのグラデーションを変えてディスプレイ上に表現させる必要がある。そのときに使われる指標がWindow Level（WL）とWindow Width（WW）である。どちらの数値もCT値を示している。
- WLは表示するグレーの中央値をどのCT値にするかを示している。一方、WWはWLから上下いくつのCT値に対してグラデーション表現をするかということを意味している。
- 腹腔臓器のようなCT値の差が少ない領域ではWLを臓器に近いCT値（例えば30）に設定して、WWを小さめ（例えば300HU）に設定すると各組織の差がみえやすくなる。
- 肺野のように実質と含気している部分でCT値に大きな差があるところでは、WLを低く（例えば−500）、WWを広く設定する（例えば2000HU）（図3-5）。

コラム⑪ きれいな撮像のためには

　CTできれいな像を得るためには、体動や呼吸を可能な限り制御する必要がある。特に門脈シャントなど三次元の画像が診断に必要な場合には、撮影中に呼吸をさせないように麻酔深度や酸素化をコントロールする。

　ただし、呼吸管理は動物の負担にならない程度に行うようにする。撮影範囲やピッチを調整して撮影時間を短くすることも可能である。

　また、状態が悪い動物で呼吸のコントロールが難しい症例では、呼吸によるブレが最小限になるように体位を考慮する。例えば椎間板の撮影では、仰向けに動物を保定することで呼吸による脊椎の動きが小さくなり、よりきれいな画像が得られる。

223

4 造影CT検査

■単純造影

- CTの造影剤としては通常のX撮影の血管造影で用いられるヨード系の造影剤を用いることが多い。静脈注射した場合、造影剤は血管内を流れていくので、血管の走行をコントラストよく三次元的に描出することができる。
- 腫瘍など血管分布が多い組織では、造影剤を用いることで他の組織とのコントラストが大きくなり、病変を描出する感度が向上する。
- 造影剤はX線吸収度が高いので、投与部位付近では濃度が高くアーチファクトを形成する可能性がある。投与部位と撮影部位の関係に注意して動物の姿勢を決めるようにする。（例えば、肩の撮影をする際には、同じ肢からの投与を避ける。）

■ダイナミックCT造影撮影

- ダイナミック撮影も基本的にはX線造影検査と同じだが、ダイナミックCTでは造影剤投与後の画像変化を時間経過を追って観察する。
- 一般には、造影剤を急速注入し（通常1〜2mL/sec）、タイミングを変えて同じ部位を複数回撮影することになる。
- 通常、静脈投与された造影剤は肺循環を経たのち動脈に入り全身循環へと向かい、その後、静脈に入る。
- ダイナミックCTでは、対象とする組織が造影されるタイミングをみることで診断に有用な情報を得ようとする。
- 例えば、肝細胞癌が疑われる場合には、動脈内流入時（動脈相）、造影剤の門脈への到着時（門脈相）、肝臓実質全体へ造影剤が行きわたったとき（平衡相）の3回撮影する。肝細胞癌ならば動脈相で病変部分が増強される傾向がある（図3-6）。

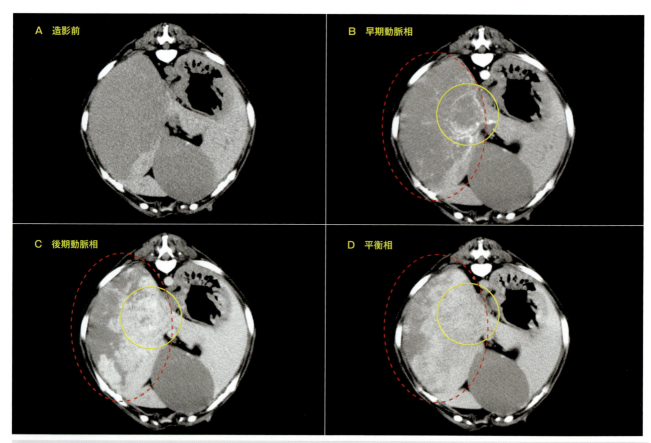

図3-6　肝細胞癌の犬のダイナミックCT
Bの早期動脈相で腫瘤の辺縁が造影剤により増強されている領域がある（丸で囲んだ領域）。またCの後期動脈相では、腫瘍全体が染色されている（点線丸で囲んだ領域）。Dの平衡相では腫瘍は周辺肝組織と比較して増強されていない。

5　CT画像診断の長所と短所、ならびにアーチファクト

■ CT画像診断の長所
- 症例の三次元データを得ているところが最大の特徴である。ヘリカルCTでは、コンピューター上で任意の断面を観察できる。生体の立体情報が二次元に圧縮されてしまっているX線よりも優位である。
- 超音波検査に比べ広い範囲の臓器を観察することができる。空間分解能も高い。またMRIと比べても空間分解能が高く撮影時間が短い。
- X線でコントラストがつきやすい鼻腔・耳道内、骨、肺野の病変の検出に適している。
- 現在の装置では0.5〜1mm程度の解像度をもつ。
- 撮影者のスキルへの依存度が低い（誰でも同じ画像が撮影でき、読影も容易）。

■ CT画像診断の短所
- 単純X線よりも撮影に時間がかかる。そのため心臓など動きのある臓器の撮影に不向きである。
- 撮影には数秒〜1分程度かかるので、麻酔など不動化の処置が必要になることが多い。
- 装置が高価で使用できる施設が限定される。
- 脳内や脊髄などX線でのコントラスト形成が悪い臓器の診断には限界がある。
- 放射線被ばくがある。一般に単純X線と較べて被ばく量が多い。

■ CT画像のアーチファクト
- 金属（例えば骨折治療のプレート）、消化管造影剤、骨などの強いX線不透過性物質による影響を受けアーチファクトを形成する可能性がある（図3-7）。
- 呼吸や体動の影響を受けて画像が非連続的となることがある。正確な立体像が必要な場合には吸入麻酔等により呼吸を休止させることが必要となる。

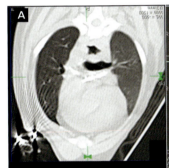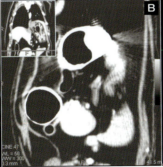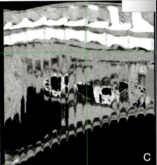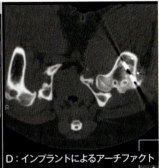

図3-7　CT撮影でしばしば問題となるアーチファクト
A：体外の金属（心電図の電極）が組織の描出を乱している。B：投与されていた消化管造影剤が画像の描出を乱している。一般にバリウム造影後はアーチファクトのためCT検査は難しくなる。ヨード系の造影剤も単純X線で使用する濃度ではCTの画像の描出に影響することがある。さらに静脈投与した造影剤も濃度の高い部位（例えば、前肢の留置針から造影剤を投与し、早期に肩の撮影を行うなど）ではアーチファクトの原因となる。C：呼吸による体動で体軸方向にブレがみられる。横断面のMPR像ならばアーチファクトは軽減されるが、3D像を作る場合には問題となる。門脈体循環シャントの診断など正確な位置情報が必要な場合には、麻酔下で呼吸調整を行った方がよい。

6　鼻

■ 撮像の目的
- 鼻腔は空気が存在する空洞状の臓器であり、X線でのコントラストがつきやすくCT検査に適した部位である。CTで得られる3Dのデータは臨床的に有用な情報である。
- CT検査は病変を三次元的に描出する。この像は診断に用いられるだけでなく、生検・手術のアプローチ法の決定にも有用である。
- 鼻腔腫瘍では放射線治療が第一選択となることも多いが、その場合の照射計画のプランニングにCT検査は必須である。
- 正常な鼻腔では鼻中隔が認められ、左右対称性に鼻粘膜や副鼻腔が確認できる（図3-8）。

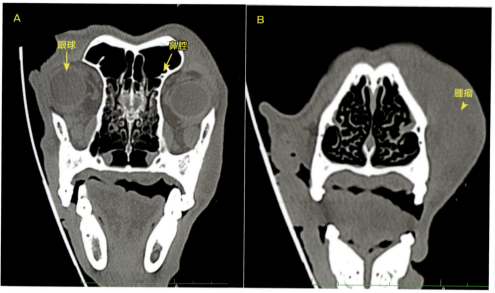

図3-8 犬の鼻のCT像
A：眼球レベルでの横断像で、犬の鼻腔内の微細な構造が観察できる。B：この犬では矢頭で示した場所に腫瘤があったが、CTでは鼻腔への浸潤はみられなかった。

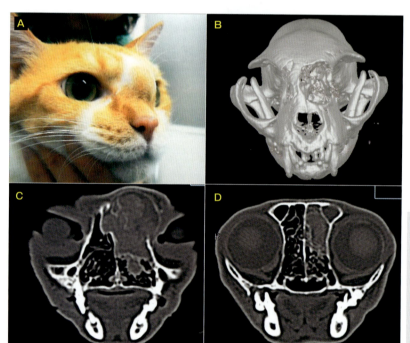

図3-9 鼻梁の腫脹で来院した猫のCT像
A：外観的に鼻梁の腫脹がみられる。Bの骨条件でのボリュームレンダリングでは、鼻骨が吸収されている様子が観察される。C、Dは同一症例の横断面であり、鼻腔内部の骨も破壊され軟部組織が浸潤している様子が観察できる。CTでは鼻腔内での腫瘍の広がりや位置を把握することができ、生検アプローチのための情報を得ることができる。

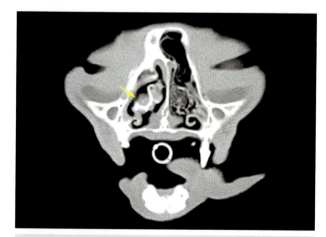

図3-10 慢性の鼻汁がみられた猫のCT像
左の鼻腔の構造が破壊されている（矢印）。しかし、腫瘤状の病変はみられず慢性感染と考えられた。

■疾患別の特徴的所見

- 症例は、鼻汁、くしゃみ、鼻出血を主訴に来院することが多い。主な鑑別疾患としては鼻腔腫瘍、感染（細菌、真菌）、歯牙疾患（特に犬歯歯根部の感染に関連）、異物などがあげられる。正確な鑑別診断には採材による組織診断、培養検査などが必要である。
- 腫瘍では、軟部組織の占拠性病変がみられ鼻甲介の骨破壊を伴うことが多い（図3-9）。
- 炎症性・感染性疾患では、歯根からの感染に起因したもの以外は、両側性に異常がみられることが多い。鼻甲介の骨破壊はないことが多いが、軽度〜中程度の破壊がみられることもある（図3-10）。

CT検査

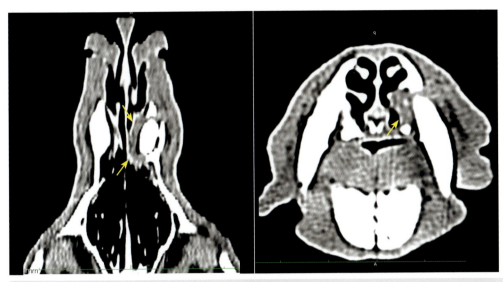

図 3-11　鼻汁やくしゃみがみられた犬の CT 像
鼻汁やくしゃみを主訴とする場合、歯根部の感染が鼻腔へ波及している場合がある。この症例では犬歯の歯根部の感染が鼻腔へ広がっている（矢印）。しかし歯根に発生した腫瘍との鑑別は難しい。

- 真菌性ではアスペルギルス症などが有名。しかし、比較的まれである。骨破壊による鼻腔の空洞化がみられることが多い。
- 歯根からの感染では、原因となる歯の周囲に肉芽組織や液体貯留がみられる（図3-11）。

7　耳

- 正常な状態では外耳道や鼓室胞には空気が入っている。そのためCT検査で良好なコントラストが得られる。
- 耳のCT検査では、耳道に発生する耳道腺腫、耳道腺癌等の腫瘍の浸潤の程度を評価する。手術や放射線治療などの治療計画の立案の参考にすることができる（図3-12）。
- 斜頸や前庭疾患症状がみられる際の内耳や鼓室胞を評価することができる（図3-13）。

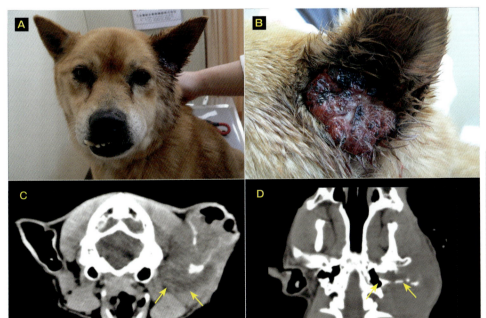

図 3-12　耳道に腫瘍がみられた症例
耳道にできる腫瘍としては、耳道腺癌、耳道腺腫、扁平上皮癌などが多い。この症例では、体表に腫瘤がみられる（A、B）が、腫瘍は深部へ広がっており、水平耳道を塞いでいる（C、D）。またCの横断像では、腫瘍が耳道周囲へも浸潤していることが示唆され（矢印）、Dでは耳道の軟骨が一部吸収されている様子が観察される（矢印）。

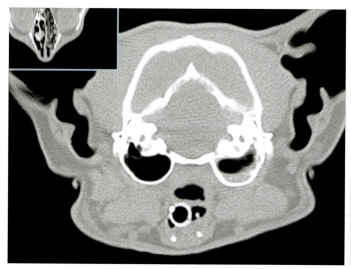

図3-13 斜頸がみられた犬のCT像
斜頸は、犬や猫の診療では高頻度にみられる。斜頸の原因として耳道疾患の頻度が高い。この症例では、鼓室胞内の液体貯留がみられる。鼓室胞はX線でも評価できるが、CT検査では高感度に異常を検出することができる。

8 口腔・歯牙

- CTは口腔内に発生した腫瘍や歯根部の感染、咽喉頭部の観察に利用される。
- 口腔内の腫瘍は、麻酔下で肉眼的に観察できることが多いが、手術適応の判断や手術支援を目的として、腫瘍の広がり、周辺組織の骨融解等を評価するためにCT検査が行われる。しかし腫瘍と周辺軟部組織とのコントラストは一般によくない。描出には造影検査を行った方がよい（図3-14）。
- 腫瘍が疑われる場合には、周囲のリンパ節の腫脹や肺野への転移の有無をCTで確認することを考慮する。
- 歯根の感染はその周辺の骨吸収像として観察される（図3-15）。

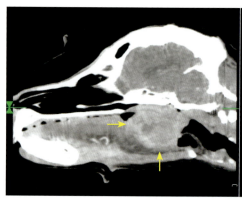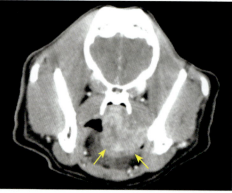

図3-14 咽頭部にできた腫瘍のCT造影像
軟口蓋にできた腫瘍で、造影剤で増強されている（矢印）。一般に軟部組織に囲まれた咽頭部はCTでの描出がよくない。診断のために麻酔をかけるのであれば、病変部と同時に肺もCT撮影を行い、転移の有無を評価するとよい。

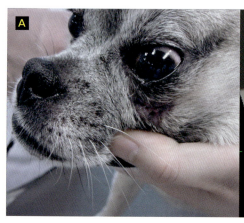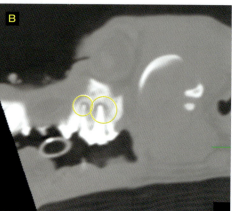

図3-15 口腔内疾患の症例
臼歯（上顎）の歯根膿瘍は外観的には眼の下の腫脹や排膿で来院することが多い（A）。BはAとは別の症例であるが、歯根部の感染巣が骨吸収（丸で囲んだ）として観察されている。治療として抜歯を行うが、抜歯する歯を決定するために単純X線やCT撮影が利用されることがある。

9 頭部

- 交通事故や落下など外傷が疑われるような状況で意識レベルが低い場合には、他の部位の損傷の評価を含め、短時間で実施できるCT検査が選択される。
- 脳や脊髄の損傷の評価は一般にMRI検査の方が優れている。
- CT検査では、頭蓋骨の骨折を検出しやすい（図3-16、3-17）。
- 水頭症（図3-18）、下垂体腫瘍や髄膜腫など頭蓋内腫瘍を造影検査で検出できることがある（図3-19）。

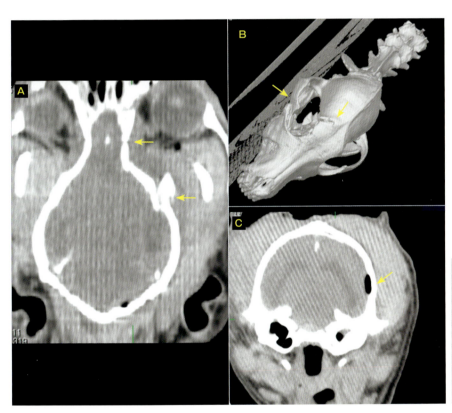

図3-16　事故の症例
A：コロナル像では頭蓋骨の骨折が描出されている（矢印）。
B：骨条件のボリュームレンダリングを用いると、骨折の立体的なイメージをつかみやすくなる（矢印）。
C：頭蓋内に遊離ガスがみられ（矢印）、損傷が脳まで到達していることが示唆される。しかし、脳実質の変化は検出できない。

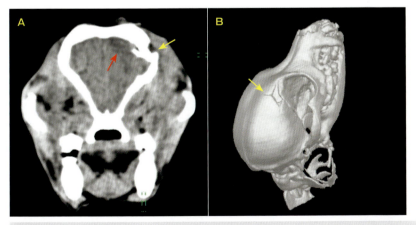

図3-17　事故の症例
頭蓋骨の骨折が描出されている（黄矢印）。一般に脳の損傷はCTでは検出が難しい。しかし、Aの赤矢印部分のように出血や著しい浮腫がある場合は、CTでも異常が検出できることがある。Bのような骨条件のボリュームレンダリングを用いると、骨折（矢印）の立体像のイメージをつかみやすくなる。

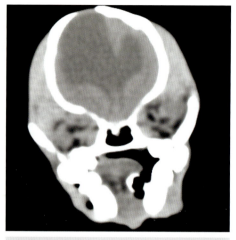

図3-18 水頭症の犬のCT像
CTでは脳内の病変検出の感度は低いが、水頭症のように脳実質とコントラストがある病態では描出することができる。この症例のような泉門が開いているケースでは超音波検査も有効である。

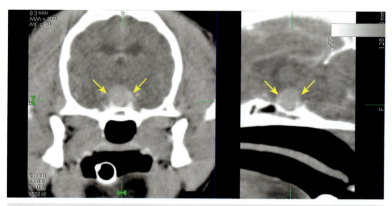

図3-19 犬の下垂体腫瘍
クッシング病の症例の頭部造影CT像で、下垂体（矢印）が造影剤により増強されている。下垂体依存性副腎皮質機能亢進症では、下垂体が腫大することがある（すべての症例ではない）。下垂体は造影でよく増強されるので、腫大がある場合にはCTで描出できることが多い（矢印）。その他の脳腫瘍もCTで描出できることがあるが、MRIに比べて感度は劣る。また、実際の診療では腫瘍以外の疾患（例えば脳炎）も鑑別診断リストにあげられる。脳炎をCTで描出することはできないため、脳腫瘍に一致した症状がみられる場合にはMRI検査を優先すべきであろう。

10 頸部

■頸部腫瘍の診断

- 頸部には重要な血脈、神経などが走行し、加えて食道や気管が存在する。単純X線撮影ではこれらの臓器の立体的な位置関係を区別して観察することは困難である。
- 甲状腺癌など周囲への浸潤性がある頸部腫瘍では、手術適応やそのアプローチ法を考慮する目的で、CT検査により手術支援を目的として術前に腫瘍の位置や浸潤の程度を評価することの意義は大きい（図3-20）。

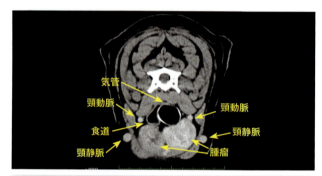

図3-20 甲状腺癌の犬
造影頸部CT像であり、頸部の血管や気管、食道と腫瘍との位置関係を理解できる。手術プランの立案に有用である。同時に肺野の撮影も行い転移の有無を確認するとよい。

11 胸腔・肺野

胸腔内は空気が充満しており生体組織とのコントラストが明瞭なため、CT検査の診断能力が高い。

- 特に肺野にできた転移性腫瘍の検出にはCT検査は極めて有効な手段である。乳腺腫瘍などでは、腫瘍摘出の前に肺転移の有無により治療方針が異なってくる可能性もある（図3-21）。
- 呼吸不全を伴う動物では麻酔にリスクを伴うため、おおまかな病態把握のために無麻酔でのCT撮影

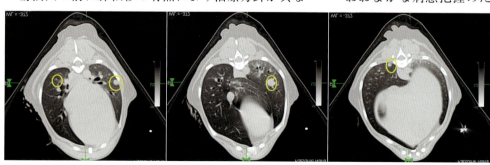

図3-21 犬の肺転移
転移性腫瘍が疑われる症例で肺野にいくつかの腫瘤病変（丸で囲んだ）がみられる。このサイズの病巣は単純X線で見落とすことも多い。乳腺腫等固形腫瘍の手術前にCT撮影を行うことで転移の有無を精度よく評価することができる。

CT検査

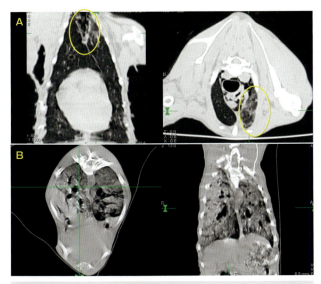

図 3-22 肺炎の犬の症例
肺炎では肺胞内への滲出液や細胞浸潤、気管支周囲の炎症により肺野のCT値が高くなる。Aの症例は左の前葉に限局した炎症像がみられる（丸で囲んだ領域）。Bの症例では肺野全域にわたりX線透過性が低下している。

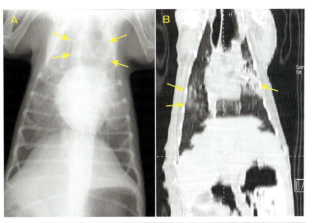

図 3-23 巨大食道症の犬の症例
A：X線像で拡張した食道が描出され（矢印）、心臓の左右の肺野でX線透過性が低下している。B：CT像。肺野左右の病巣が明瞭に描出されており（矢印）、巨大食道に伴う誤嚥性肺炎と思われる。

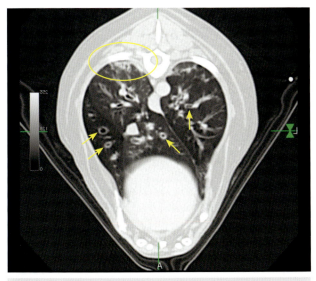

図 3-24 著しい気管支壁の肥厚がみられる犬
肥厚した気管支のいくつかを矢印で示している。背側には肺炎像（丸で囲んだ領域）もみられる。

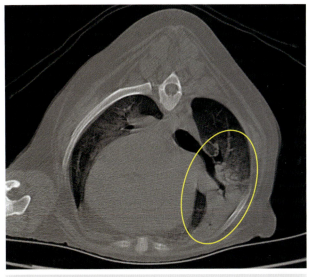

図 3-25 肺水腫のCT像
心疾患に起因する肺水腫であり、動物が伏せの状態で撮影している。病変は動物の腹側に強くみられる（丸で囲んだ領域）。肺葉ごとに病変の程度に差がでることも多い。

を行うこともある。その場合、呼吸数が増加していることが多く、分解能の高いCT像を得ることは難しい。

> 肺炎では、肺胞や気管支への滲出液増加、細胞浸潤などのため病変のCT値が高くなる。一般に境界不明瞭な病変を形成する（**図3-22, 3-23**）。
> 気管支炎、気管支肺炎では肥厚した気管支が描出される（**図3-24**）。
> 肺水腫では肺胞内に水が滲出するため、病変に境界不明瞭なX線吸収性の領域がみられる。単純な肺水腫では気管支壁の肥厚はみられない（**図3-25**）。肺水腫は心疾患に起因することが多いが、その場合には不透過な領域は動物の体位の影響を受けやすい（体位で下側に病変が出現しやすい）。感染性の肺炎とは異なり気管支壁の肥厚はみられない。
> 肺出血でも肺水腫と同様に境界不明瞭のX線吸収性の領域がみられる。止血異常に起因する場合には、肺水腫と違い、生じる場所に一定の傾

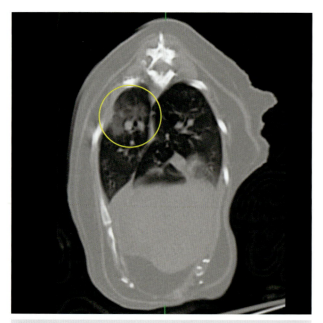

図 3-26　出血性素因がある犬の症例
胆管閉塞と高ビリルビン血症、出血傾向がみられる症例で、肺野にスリガラス状にX線不透過領域（丸で囲んだ領域）が広がっている。肺出血が疑われた。

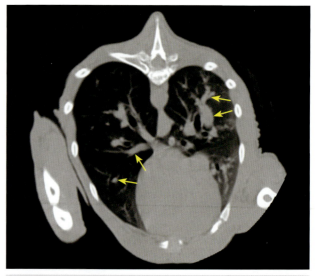

図 3-27　フィラリア症の症例
肺動脈の拡張（気管の外側を走行する）や切り詰め像がみられる（矢印）。腫瘍など肺の結節性病変と間違えやすいが、肺動脈は気管と平行して走行するため、丁寧に走行を確認することで結節性病変と区別することが可能である。

向はみられない（図3-26）。出血素因がある場合には多巣性に発生することもある。

> 重度のフィラリア症では肺動脈の拡張や切り詰め像がみられることがある。逆にCTでこれらの所見がみられる場合には、フィラリア症を疑う（図3-27）。

> 気管虚脱はX線でも診断可能であるが、CTならば立体的に虚脱を把握することができる。ただし、単純X線のように吸気呼気などのタイミングを変えての撮影は難しい（図3-28）。ステント装着を検討する際の気管径の測定に利用できる。CTにより気管だけでなく気管支の虚脱も評価できる（図3-29）。

> 気胸や縦隔気腫を高感度に検出することができる（図3-30, 3-31）。

> 肺のブラ、ブレブ（図3-28, 3-32）の検出にも有用である。

● 巨大食道は通常単純X線でも評価できる。CTでは併発する肺炎像も評価可能である（図3-33）。食道異物も描出できることがある。また肺野の正中部付近にできた腫瘍性病変では、CT撮影により、食道または肺野のどちらに由来するか評価しやすい（図3-34）。

● 前縦隔のリンパ節、胸骨リンパ節、肺門リンパ節の腫大（図3-35）も高感度に検出することができる。

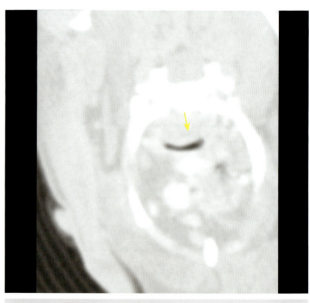

図 3-28　気管虚脱の犬の症例
胸腔入り口付近の横断像で虚脱した気管が描出されている（矢印）。気管虚脱はX線でも診断できることが多いが、CTでは明確である。またステントによる治療を計画する場合には気管径の測定が必要になり、CTを用いると正確に測定することができる。

● 小さな病変を高感度に検出するためには、挿管して呼吸管理を行い、動物の動きによるアーチファクトを軽減する必要がある。

● 心臓やその周辺組織は拍動による動きがあるため、詳細な描出が難しい。心臓同期の撮像も装置によっては可能だが、小動物臨床では対象動物の心拍数が多く、利用できないことが多い。

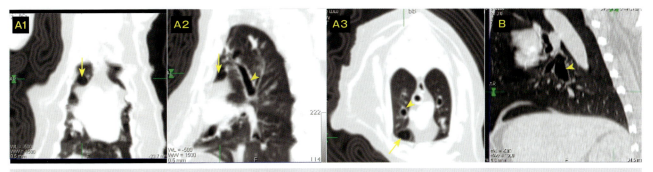

図 3-29 気管支虚脱（拡張）とブラ
A1〜3は同一の症例で、呼吸状態がよくないため無麻酔で撮影されている。ここでは描出されていないが胸腔入り口の気管が虚脱している症例で、肺野のブラ（矢印）と肥厚した気管支壁をもつ拡張した気管支（矢頭）が描出されている。CT検査では気管だけではなく、気管支の虚脱も把握することができる。Bは別の症例で後葉へ分布する気管支が拡張している（矢頭）。このような気管支の拡張を単純X線で検出することは難しい。気管支の拡張は、しばしば発咳の原因となる。

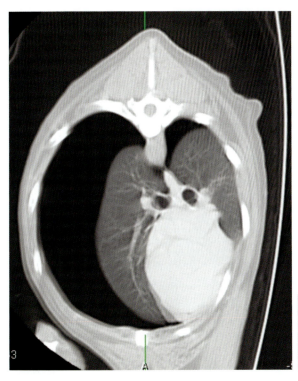

図 3-30 犬の気胸
気胸は通常単純X線でも鑑別できるが、微量な気胸の検出や気胸の原因になっている病変の検出にはCTは有効である。ただし、呼吸状態が悪い動物が多く、気管や肺からのリークも予想されるため、麻酔する場合には注意が必要である。

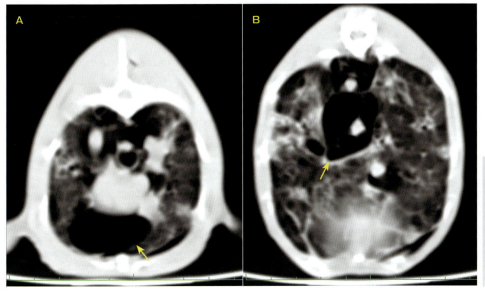

図 3-31 重度の肺炎のため縦隔気腫になっている猫
呼吸状態が悪く無麻酔でCT撮影を行っている。呼吸による動きのため画像が鮮明ではないが前縦隔（A：矢印）および後縦隔（B：矢印）に空気が入っている様子が観察できる。

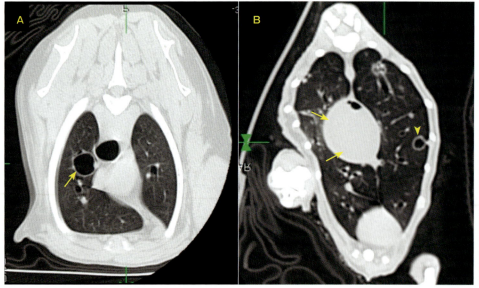

図3-32 肺ブラの症例
A：肺野に大きなブラ（矢印）が観察される。一般に単純X線では、ブラは非常に大きなものでなければ検出は難しい。
B：著しく拡張して液体が貯留している食道（矢印）が観察され、その影響で慢性の肺炎があるためか、肺野にはブラ（矢頭）がみられる。気管支壁も一部肥厚している。

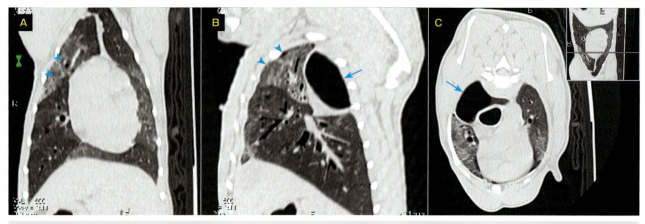

図3-33 巨大食道症のダックスフンド
A：前葉に葉限局性の不透過領域がみられる（矢頭）。B：拡張した食道（矢印）が描出されている。巨大食道では誤嚥性肺炎を併発することが多く、矢頭で示した肺野に葉限局性に炎症像がみられる。C：拡張した食道（矢印）が描出されている。

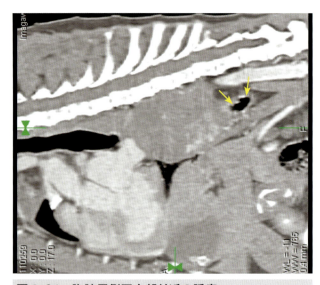

図3-34 胸腔尾側正中部付近の腫瘤
この症例では、腫瘤の尾側に食道に関連した空気が観察される（矢印）。これにより腫瘤が食道由来であることが推測された。

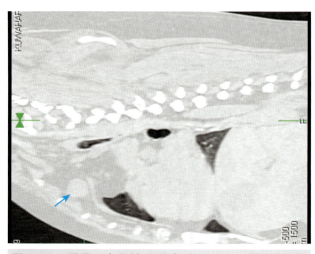

図3-35 肝臓に多発性の腫瘍がみられる症例の胸部CT像
肝臓のCTと同時に胸部のCT撮影を行っている。この矢状断では胸骨リンパ節の腫大（矢印）がみられる。必ずしも転移を示唆するわけではないが、肝腫瘍の症例では転移の可能性も考慮して診断、治療計画を立案すべきであろう。

CT 検査

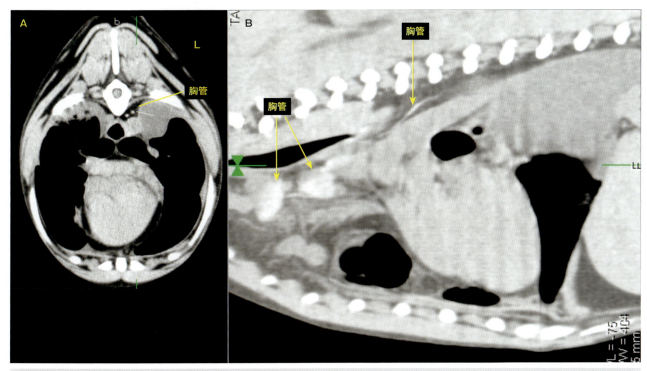

図 3-36　乳び胸の犬に対する造影 CT 像
A：胸腔内の乳び管が X 線不透過な陰影として造影されている。B のサジタル像では、心臓の頭側に広く造影される破綻している部位（長い矢印）が描出されている。乳び管造影の方法としては通常のヨード系造影剤を超音波等で描出し膝窩リンパ節に注入する方法や会陰部の皮膚や粘膜等に投与する方法があり、投与後 5 分後くらいまでに CT 撮影を行うとよいだろう。

- 乳び胸の症例では、胸腔内胸管の破綻が予想される。破綻部位を検出するため、以前は開腹し腸間膜等からの造影 X 線撮影が行われていたが、造影 CT 検査を用いることにより低侵襲で胸管を描出することが可能である（図3-36）。

12　腹腔

CT 撮影により腹部臓器の立体的な配置がわかり診断に有用な情報が得られる。

- 腹水や腹腔内出血などがある場合、単純 X 線では良好なコントラストが得られない。しかし CT 検査では病変や臓器の異常を描出できることが多い（図3-37）。
- 超音波や単純 X 線ではわかりにくい腹腔内の遊離ガスの存在を確認するのに適している（図3-38）。遊離ガスは外傷や消化管穿孔を示唆する重要な所見である。
- CT 撮影により病変と周辺臓器との位置関係や浸潤の程度を評価することができる。手術適応の判断や術式の選択において有用な情報が得られる。

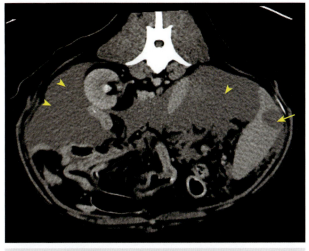

図 3-37　脾臓腫瘍があり腹水がみられる犬
腹水のある症例でも適切な画像表示条件を設定することで、腹腔内臓器を描出することが可能である。脾臓にできた腫瘤（矢印）と腹水（矢頭）が観察できる。

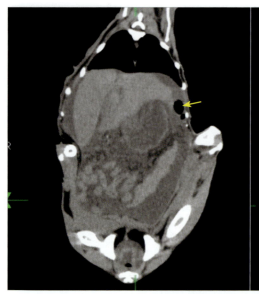
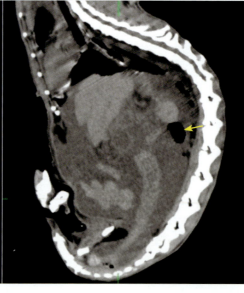

図3-38　腹腔内遊離ガスのみられた猫
腹水がみられた症例でCTにより腹腔内に遊離ガスが認められる（矢印）。腹腔内遊離ガスは消化管穿孔などを示唆する。外科的介入を検討する重要な所見である。

13　肝臓

- 肝腫瘍を含め肝疾患では、肝臓の内部構造を観察できる超音波検査に優位性がある。超音波検査などにより肝臓腫瘍が疑われる場合には、手術を考慮して、門脈、後大静脈、総胆管などとの位置関係を把握する手術支援の目的で造影検査を行うことがある。その際、ダイナミックCT造影検査を行うと肝細胞癌とその他の良性疾患等の鑑別に有用な情報を得ることができる（図3-39）。また同時に肺野等への転移の有無も評価するとよい。
- 精細な位置関係を描出するためには、動物の動きによるアーチファクトを軽減するために挿管して呼吸管理を行う必要がある。
- CTでは腹腔全体を描出できるため、超音波に比べて他の肝葉や他臓器に存在する病変をみつけやすい。
- 肝実質のCT値の測定により、肝リピドーシスを診断できることがある。肝リピドーシスでは、脂肪が肝臓に集積するためCT値が低下する（図3-40）。
- 門脈体循環シャントの診断では、CT検査によりシャント血管を直接描出できる。外科適応や術式を決定するために有用な情報が得られる（図3-41）。

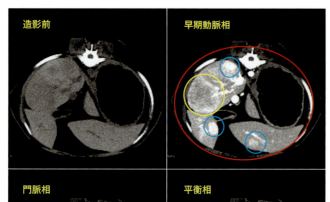

図3-39　肝細胞癌の犬の肝臓のダイナミックCT
造影剤投与からのタイミングを変えて同じ領域を繰り返し撮影している。
早期動脈相では腫瘤の辺縁（黄丸で囲んだ領域）が造影剤により増強されている。また門脈相では腫瘍と肝実質がほぼ同程度に造影されており、平衡相では腫瘍は周辺肝組織と比較して増強されていない。また他の葉にも早期動脈相で造影される病変が存在している（青丸）。
造影CT検査により肝静脈や門脈と腫瘍との関係を明らかにすることができ、手術適応や術式の決定に有用な情報が得られる。

- 胆嚢や胆管系の描出には超音波検査が優れているが、CT 検査でも胆石や胆泥が偶発的な所見としてみられることがある（図3-42）。
- 呼吸を調節するなどして得られた高解像度の撮像により総胆管の拡張が描出できることがある（図3-43）。超音波検査で肝外胆管閉塞の証明が難しい場合にはCT 検査を考慮してもよい。
- 胆嚢、胆管系の異常や排出障害を検査する目的で静脈点滴の胆嚢造影剤を用いて描出する場合がある（図3-44）。

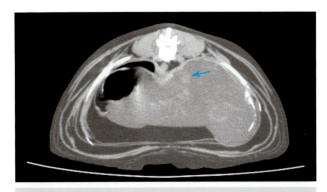

図3-40　肝リピドーシスの猫
造影を行っていないCT 像で、肝臓レベルの横断像。図中矢印で示す血管が肝実質よりもX 線吸収が大きくなっている（白くみえる）。脂肪肝ではX 線をよく透過する脂肪が肝臓に蓄積するため、肝臓実質のCT 値は低下する。

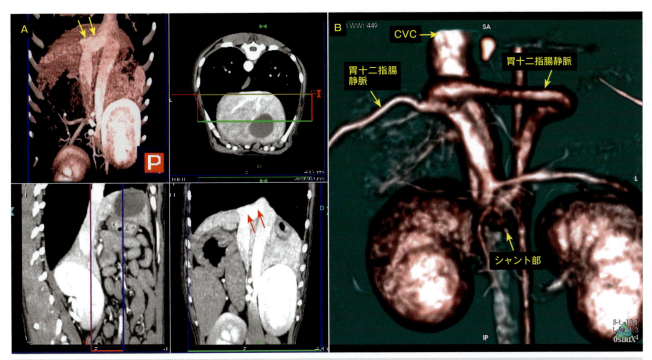

図3-41　門脈体循環シャント
CT を用いることでシャント血管を非侵襲的に描出することができる。A：肝内のシャントの症例。シャント血管を矢印で示した。B：肝外シャントの症例。術前にシャントの位置が立体的に把握できるため適切な手術立案が可能になる。

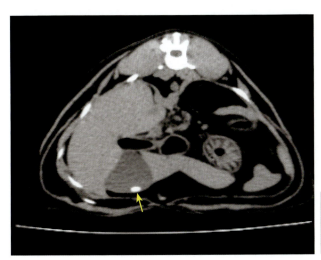

図3-42　胆石の症例
CT では偶発所見として胆石（矢印）がみつかることがしばしばある。胆石は超音波検査でも高感度に検出することが可能であろう。

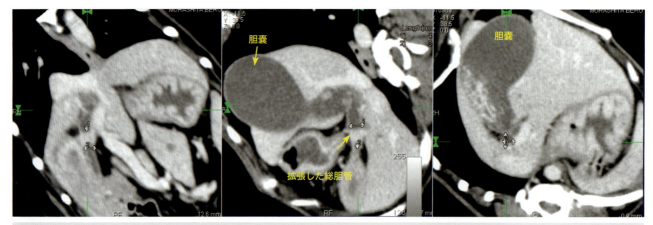

図 3-43　胆管閉塞が疑われる症例
胆嚢と肝外総胆管の著しい拡張がみられる。総胆管の描出は、一般に超音波検査の方が、感度が高い。しかし、確認しにくい場合には CT で描出できることがある。精密な描出が必要であり麻酔下で呼吸を調整して撮影する。

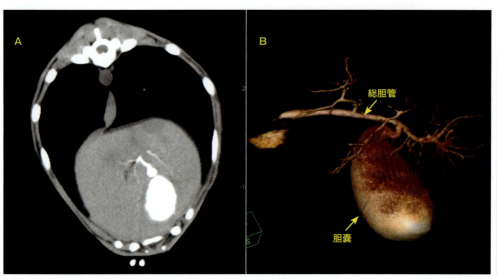

図 3-44　胆管造影
胆管や胆嚢からの胆汁排出の有無や、胆管の形態異常を検出する目的で胆管造影剤イオトロクス酸メグルミン（ビリスコピン®）を投与して CT 撮影を行うことがある。A では造影剤により胆嚢が白く描出されている。B は別の例で CT 像をボリュームレンダリングで表現している。
（B 写真提供：日本大学／坂井学先生のご厚意により掲載）

14　脾臓

　CT 検査に比べ超音波検査の方が、内部構造まで観察できる。しかし、非常に大きな腹腔内の腫瘍で由来臓器がわからない場合や、他の臓器との位置関係を明確にしたい場合、また転移の有無を調べたい場合には、CT 検査は有用である（**図3-45**）。

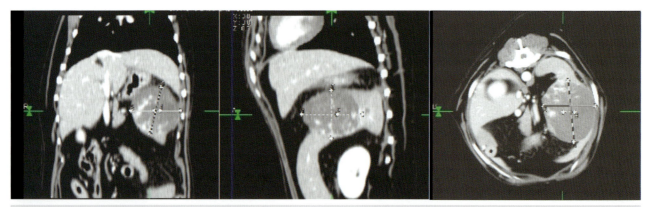

図 3-45　大きな脾臓腫瘍の犬
脾臓腫瘍は超音波では検出しやすく、内部構造もわかりやすい。CT 検査では由来臓器の判断や他臓器への転移および近接するリンパ節の腫脹なども評価可能で腫瘍をステージングするための情報を得やすい。造影 CT であり、脾臓に単発性の大きな腫瘤がみられる。

15 膵臓

　正常な大きさの膵臓はCTで描出されにくいが、膵炎等で腫大している場合（図3-46）や膵臓由来の腫瘍、膿瘍、嚢胞（図3-47）がある場合は描出できる。超音波検査でも腫瘤性病変を確認できることが多いが、膵臓の場合には由来臓器は超音波検査でわかりにくい。

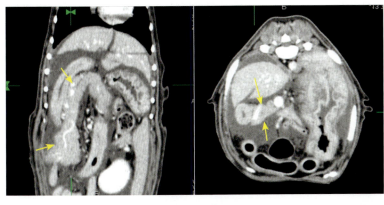

図3-46　膵臓の腫大がみられる症例
腫大した膵臓（矢印）と腹水がみられる膵炎の症例。CTで膵臓の腫大がみられる場合には膵炎を疑うことができる。しかしCTでの膵炎の診断は、超音波検査や血液検査と比較して感度はよくない。

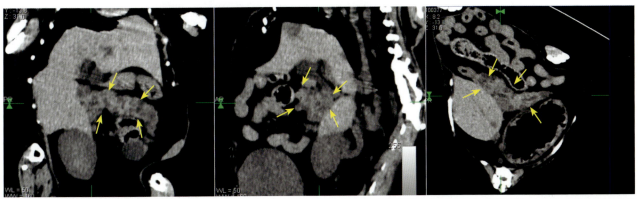

図3-47　糖尿病の猫のCT像
膵臓に多数の嚢胞がみられる（矢印）。慢性の炎症の結果として糖尿病になった可能性が示唆される。

16 副腎

- クッシング病では治療方法の選択のために下垂体依存性と副腎腫瘍を鑑別することが多い。通常は、超音波検査により副腎を描出できることが多いが、超音波での検出が難しい場合にはCT検査が有効で、副腎を容易に描出できる（図3-48）。
- 副腎腫瘍では、手術支援のために肝臓など他臓器との位置関係や後大静脈への浸潤等をCT検査により調べることがある（図3-49）。

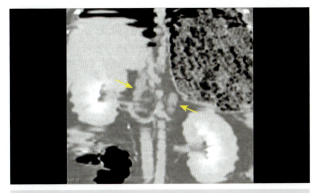

図3-48　下垂体依存性副腎皮質機能亢進症のCT像
無麻酔での撮影で呼吸のため体動の影響が出ている。クッシング病と診断された犬のCT像であり、左右の副腎が描出されている（矢印）。下垂体依存性の場合には左右の副腎は正常〜腫大しており、左右差はほとんどみられない。一方で副腎腫瘍の場合には片側性に腫大がみられる。クッシング病の診断自体はACTH刺激試験が標準だが、病型分類にはCT検査は有用である。

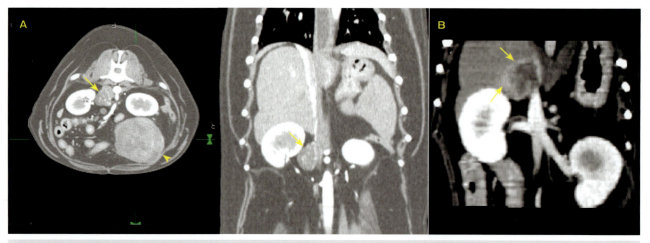

図 3-49 副腎腫瘍の犬の CT 像
A：脾臓腫瘍（矢頭）の診断のために行った CT 検査で右副腎の腫大（矢印）が偶然みつかった。副腎腫瘍の治療としては可能な場合には外科手術が適用されるが、CT を用いれば手術の実施に際し、後大静脈や大動脈への浸潤を事前に評価できる。B：右側の副腎腫瘍である。造影剤で増強される副腎が肝臓内に境界不明瞭に描出されており、根治手術が困難なことが予想される。

17　腎・泌尿器

- 腎臓も通常、超音波検査で内部構造の描出が可能であり、診断に有用な情報が得られる。CT 検査では、腎結石や膀胱結石の他、超音波での描出が難しい尿管内の結石を高い感度で検出できる（図3-50）。
- 腎臓は造影剤でよく造影されるため、腎臓の尿産生の有無（どちらの腎臓が機能しているか？）や、梗塞や腫瘍の転移などで機能していない領域を描出することができる（図3-51, 3-52）。
- 前立腺癌では、直腸など周辺組織への腫瘍の浸潤を評価しやすい（図3-53）。

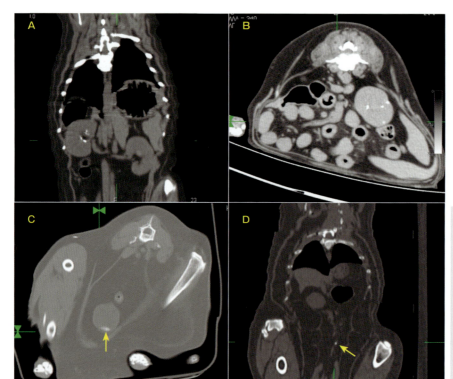

図 3-50 腎結石や尿管、膀胱の結石
A および B はそれぞれ別の症例で、CT 検査で腎結石が偶然みつかった。超音波検査でも腎結石は高感度にみつけることができるが、CT 検査でも偶発所見としてよく発見される。症状がない場合にはそのまま放置されることが多い。C も偶然みつかった膀胱内の尿石（矢印）、D は尿管内にみつかった結石（矢印）である。CT では泌尿器内の結石を高感度にみつけることができる。

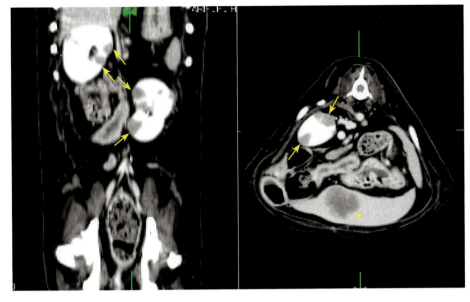

図 3-51　多発性転移がみられる症例

全身に転移巣がある症例で、腎臓にも転移巣が複数みられ、その部位は尿産生がないため造影剤で増強されていない（矢印）。脾臓にも大きな腫瘤が認められる（矢頭）。

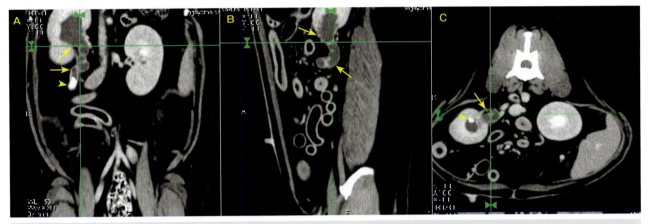

図 3-52　尿管結石と腎臓結石の症例

A、B：右側の尿管結石（上図矢頭）のため、尿管や腎盂の拡張（矢印）がみられる。Cでは尿管拡張（矢印）に加え、右腎臓内の結石（矢頭）も描出されている。尿管や尿道内の結石は超音波検査での発見は必ずしも容易ではない。CT検査ならば検出できることが多い。

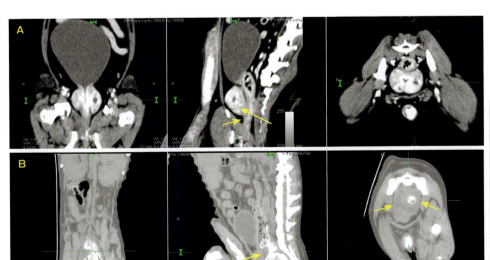

図 3-53　前立腺癌の犬のCT像

前立腺癌は浸潤や転移することが多い腫瘍である。Aの症例では前立腺と直腸が接しており、造影検査でも境界が明らかではない。直腸へ浸潤している可能性を考慮する（矢印）。Bの症例では前立腺と接する部位で直腸壁が肥厚しており（矢印）、直腸への浸潤が示唆される。

18　胃・消化器

　超音波検査機器と技術の発達により消化器も超音波で検査される機会が多くなった。しかし著しいガス貯留がみられる場合など、超音波検査が困難なことも多い。また、胃壁は部位によっては超音波検査が難しい。CT検査は消化管由来の腫瘤性病変やイレウスの評価（**図3-54**）などに有用である。

- CTでは粘膜面の異常や消化管の粘膜の異常など大きな形態的な変化をみつけることは難しい。
- 胃がんが疑われる場合には、内視鏡検査が優先される。内視鏡で胃内に空気を入れてから造影することで、CTで胃壁の評価が行いやすくなる（**図3-55**）。しかし腫瘍の検出感度はそれほど高くない。
- 消化管造影で使用する硫酸バリウムや経口ヨード系造影剤はX線を強く吸収するため、CT検査に支障をきたす。CT撮影を予定している場合には使用しないこと（**図3-7参照**）。

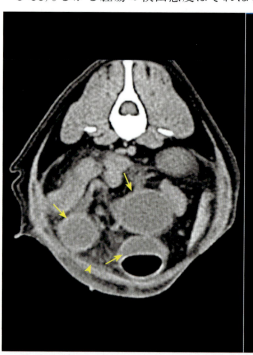
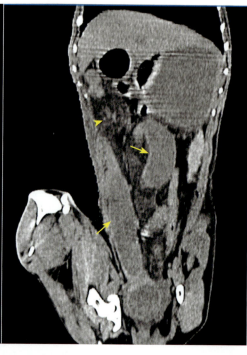

図3-54　急性の元気消失と嘔吐で来院した症例
無麻酔で撮影している。消化管に液体貯留（矢印）があり、腹水の貯留（矢頭）も認められる。イレウスが強く疑われた。閉塞の原因となる腫瘤や異物はみられなかった。CT検査では消化管の走行を追うことでイレウスの部位を推定できる。この症例は、開腹手術では腸捻転がみられた。

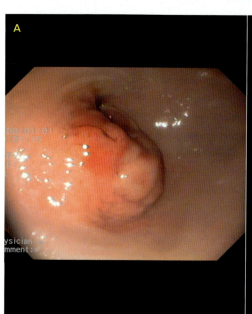
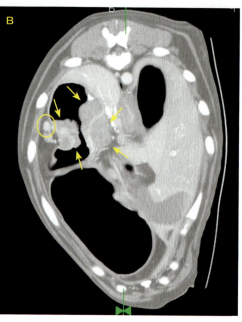

図3-55　胃の幽門部にできた腫瘍
内視鏡検査（A）の後、空気を胃内に残してCT撮影を行っている。呼吸をコントロールすることで腫瘍の広がりを評価することができる。腫瘍（矢印）と胃の周囲のリンパ節の腫大（丸印）が認められる。診断には内視鏡検査と生検が必要だが、CT検査はステージングに有効である。

19 その他の腹腔臓器

- 卵巣や子宮の腫瘤性病変（図3-56, 3-57）、腸間膜リンパ、腸骨下リンパなどリンパ節の腫大（図3-58）、その他、予期していなかった腫瘤性病変など、形態的な異常を伴う疾患を検出することができる。
- 胸腔や腹腔におけるCT検査では、迅速に広範囲をスクリーニングすることができるため疾患の検索に有用である。

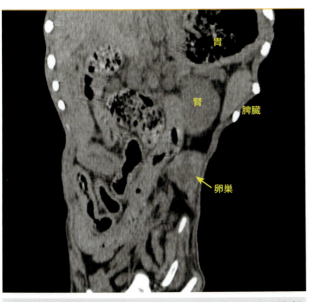

図3-56　腎臓の尾側に腫大した卵巣がみられる腹部CTの水平断
超音波でも検出可能と思われるが、CT検査は腹腔内の広範囲をスクリーニングする検査として優れている。

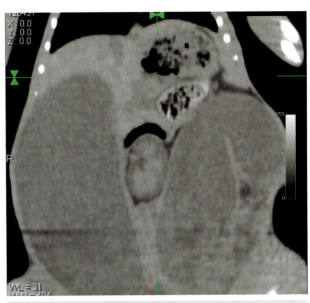

図3-57　著しく拡張した子宮
通常、子宮蓄膿症の診断は超音波で十分である。CT検査では偶然、子宮蓄膿や子宮水腫などがみつけられることがある。

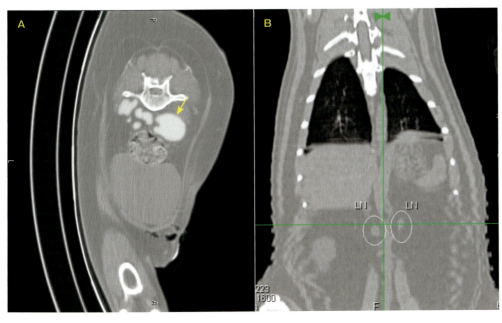

図3-58　リンパ節の腫大
Aは後肢皮膚に肥満細胞腫がある症例である。断脚を考慮するが、腸骨下リンパ節の腫大（矢印）がみつかり転移が疑われる。このような症例では断脚を行っても治癒する可能性は低い。Bは後肢麻痺の成猫のCT像で、腹腔内のリンパ節の腫大（丸で囲んだ領域）がみられた。シグナルメントとこの所見から脊髄リンパ腫が疑われた。

20 骨の疾患

骨はX線をよく吸収するため周囲の軟部組織とのコントラストが良好で、通常、単純X線でも良好な画像を得ることができる。CT検査で得られる三次元データが特に有用なのは、骨盤や頭部など複雑な構造をもつ骨の骨折があげられる。MPR像やボリュームレンダリングにより立体的な情報を得ることで、手術に必要な情報を得ることができる（図3-59）。

- 骨構造を三次元的に再現することで、骨のアラインメントや骨力学的構造を解析することも可能である（図3-60）。その情報を手術適応の判断や手術計画に反映できる可能性がある。
- 感染や腫瘍等により局所的な骨吸収が生じることがある。骨吸収は単純X線で描出することができるが、一般にCTの方が骨吸収を鋭敏に検出することができる。そのため、骨肉腫（図3-61）や転移性骨腫瘍（図3-62）の検出に有用である。
- 一方でCT撮影には体動や呼吸により画像がぶれることがある。このため、肋骨の骨折など変位が少なく動きのある部位での骨折では単純X線の方が検出に優れている場合もある。

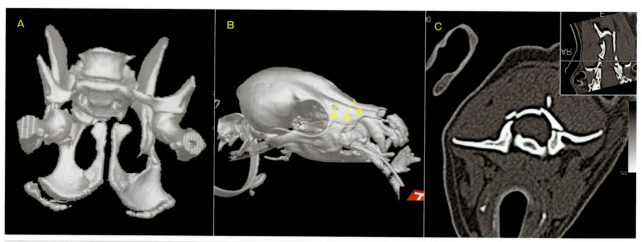

図3-59　骨折の犬のCT像
Aは骨盤骨折であり、単純X線では複雑な骨折の全体像をつかみにくいが、CTでは立体像の作成が容易で任意の角度から観察できるため、各骨片のアラインメントを理解しやすい。Bは頭蓋の骨折である（矢印）。単純X線では頭蓋は他の骨と重なって投影されるため正確な骨折部位を把握することが難しい。Cは事故による頸椎の骨折である。CT検査により複雑な骨折も理解しやすくなる。

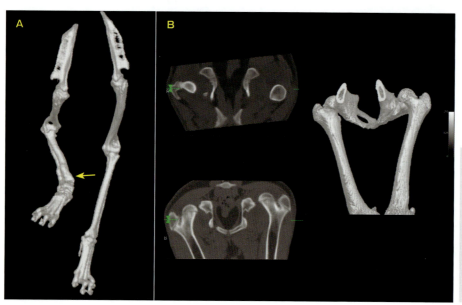

図3-60　骨構造の評価
Aは橈尺骨骨折が癒合した後のCT像（矢印の部位で癒合）で、骨の曲がりや両脚の長さの違いなどを評価することができる。Bは股関節形成不全の犬のCT像で、股関節が脱臼している。立体像を作成し、計測することで現状を正確に理解し、外科的介入のために有用なデータを得ることができる。

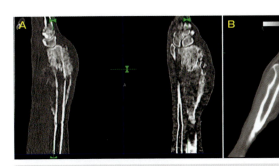

図 3-61　骨肉腫の犬の CT 像
A では脛骨に著しい骨破壊がみられる。また、B ではわずかな骨融解像に加え骨膜反応（矢印）がみられている。骨肉腫による骨病変は単純 X 線でも評価可能なことが多い。CT を用いるとさらに高感度に病変を検出できる。また骨肉腫では高頻度に遠隔転移がおきるため、CT を用いて肺などへの転移の有無も評価することが多い。

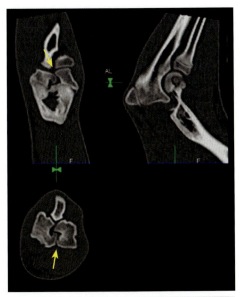

図 3-60　上腕骨遠位端の関節面の骨折
関節内骨折（矢印）は CT 検査が有用である。

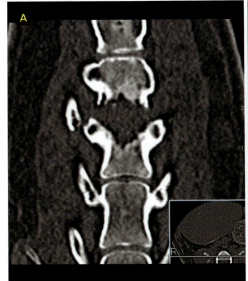
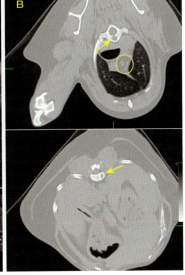

図 3-62　転移性骨腫瘍の犬の CT 像
A の症例では椎骨に腫瘍の転移がみられる病巣があり、骨融解している。このような病変は単純 X 線でも描出することが可能と思われるが、B のような椎骨への骨転移（矢印）は単純 X 線で検出することは難しいであろう。B 上の画像では胸腔内の腫大したリンパ節も描出されている（丸で囲んだ領域）。

コラム⑫　ヘリカルピッチ、ビームピッチ

　ヘリカル撮影の際に、ガントリが1回撮影（1回転）する際に動く寝台の移動距離を相対的に表す指標がヘリカルピッチである。ただこの用語は、検出器が1列であった装置のときのもので、現在は多数の検出器を並べたマルチスライスの装置の時代となり、ビームピッチという言葉が使われている。仮に幅1mmの検出器を16列積んでいる装置を考えてみる。この装置では検出器が1周すれば16mmの領域をスキャンできる。この1回転の間に寝台を16mm動かした場合、ビームピッチが1になる。寝台を10mm動かした場合は0.625である。

　ビームピッチが大きいということは、1回の撮影で移動する寝台の距離が大きくなりスキャン時間を短くすることができる。しかし収集されるデータ量が下がるので画像の空間分解能が低くなる。

　ビームピッチを小さくすると体軸方向の空間分解能が高くなり、歪みの少ない画像が得られる。しかし被ばく量が増加し、スキャン時間は長くなる。

　ピッチは、操作者が設定できる。撮像目的に合わせ解像度と撮影時間のバランスを考慮して撮影条件を決定するようにする。

21 神経の疾患

　神経自体は軟部組織であり、炎症や感染に伴う変化をX線の吸収の違いで検出することは困難である。しかし、それに接する骨や椎間板のアラインメントの異常により疾患が生じている場合には単純X線やCTによる検出が可能になる場合がある。

　特に犬で頻度が高い単純な椎間板ヘルニアならば、多くの症例で病変を検出することが可能である。しかし、症状からは椎間板ヘルニアと他の脊髄疾患（例えば線維性軟骨塞栓症）かどうかは検査前にはわからない。CT検査で原因が明らかにならなかった場合にはMRI検査が必要になるため、最初からMRIを優先してもよい。

- 頸椎すべり症（ウォブラー症候群）や環椎軸椎脱臼/亜脱臼は単純X線でも診断可能なことが多いが、CT検査を用いれば、感度よく描出することが可能である（図3-63, 3-64）。
- パグやフレンチ・ブルドッグでみられる脊椎の奇形（半側脊椎や二分脊椎）はCTで評価しやすい（図3-65）。
- 椎間板ヘルニア、特にハンセンⅠ型の病型では多くの症例で病変部位を描出することが可能である（図3-66）。また、症例によっては、無麻酔での検査も可能である。

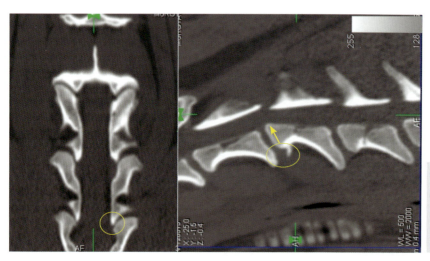

図3-63　ウォブラー症候群が疑われたドーベルマン・ピンシャー
CT検査を用いても頸椎の不安定症はなかなか評価が難しい。この症例では頸椎のギャップ（矢印）や骨棘形成がみられ（黄丸）、頸椎の不安定症が示唆される。

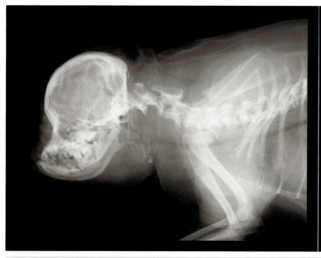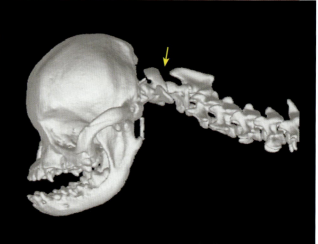

図3-64　環軸亜脱臼の症例
単純X線でも環軸の脱臼は診断可能だが、CTでは任意の角度から観察可能でわかりやすい。環軸亜脱臼では、C1の椎弓とC2の棘突起の間隙が広くなっている（矢印）。脊髄の損傷を評価する場合にはMRI検査が必要である。

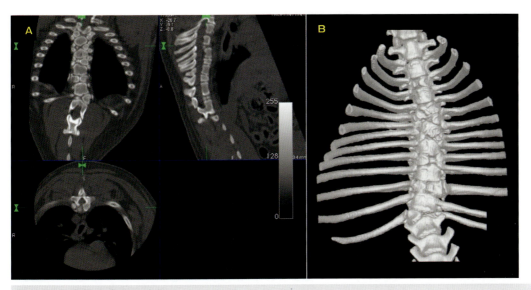

図 3-65　脊椎の奇形の症例
半側脊椎や二分脊椎などの胸椎の奇形はパグやフレンチブルなどの短頭種では多くみられる。A は MPR 像で、B は骨条件に合わせたボリュームレンダリングである。CT 像は直感的に理解しやすい。脊柱管の圧迫により脊髄の症状を示すこともある。

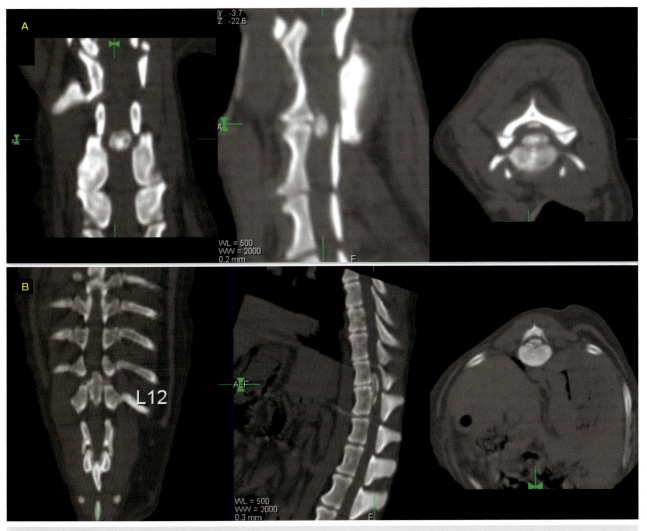

図 3-66　椎間板ヘルニアの犬の CT 像
A は頸椎（C2～3）の椎間板ヘルニアであり、CT 値の高い椎間板物質が脊柱管内へ突出している。B は T11～12 の椎間板ヘルニアである。このように単純なハンセン I 型の椎間板ヘルニアであれば、CT でほぼ病変を検出することができる。ただし、椎間板ヘルニア以外でも同様の症状を示すため、検査としては MRI の方が望ましい。MRI では脊髄の損傷の程度も評価でき、予後予想に関連した所見が得られることもある。

22 その他

- 皮膚や皮下の腫瘤の浸潤を評価することがある（図3-67）。
- 外科的処置の際、マージンを決定するときの参考にする。
- 体表リンパ節の腫脹などを高感度に描出することができる。

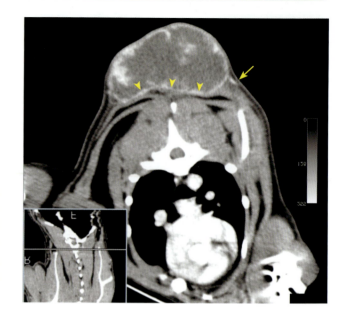

図3-67　猫の背部の皮膚付近に発生した線維肉腫のCT像
造影検査で腫瘍のマージンを決定することは難しいが、腫瘍の辺縁にも造影される領域がありその領域（矢印）を考慮した十分なマージンを確保することが要求される。またこの画像からは腫瘍が下の筋層にまで浸潤していることが示唆され（矢頭）、手術の際にはこの浸潤を考慮した深さマージンを確保することが必要と思われる。

第4章　MRI検査

　MRI（Magnetic resonance imaging）では、X線とも超音波とも異なる物理現象である核磁気共鳴現象（NMR現象）を用いて人体内の水素原子から電磁波（NMR信号）を検出し、画像化する。

　MRIの撮影原理を理解するには原子核の核スピンを理解する必要があるが、物理学を学んでいない多くの獣医学生の勉学意欲をくじくために十分なほど難解である。しかしパソコンの構造を知らなくてもネットショッピングができるように、MRIの原理は知らなくても診断は可能である。初学者を対象とする本書では、撮像原理についてはごく簡単な説明にとどめ、読影を中心とした知識をまとめることにした。将来撮像をする場合には、原理から勉強することをお奨めする。

　MRI検査のもっとも有利な点は、他の検査では見ることが困難な脳や脊髄といった神経系を描出できることである。MRIの利用により、脳炎や脳腫瘍の診断が可能になったといえる。

　MRIでは同じ部位をさまざまな方法（T1強調、T2強調など）で撮影するので複雑そうに思えるが、一般的な病変の見え方は同じことが多いし（T2強調で高信号、T1強調で等信号または低信号）、それ以外の病変の信号パターンは特徴的であるので、そのまま診断に直結できることも多い（例えば出血巣、メラノーマなど）。

　ここでは基本的なMRIの撮影法と読影法を示し、高頻度にみられる疾患を紹介する。

桃井康行、三浦直樹

1 はじめに

■撮影の原理

- CTでは体の各部位のX線吸収度の違いを三次元像として画像を構築しているが、MRIでは水素原子核のスピンに関連したシグナルをとらえて画像化している。基本的な原理は（知らなくても読影できる）水素原子をMRI装置のような磁場の中におくと原子核のスピンがそろう。ここにRFパルスとよばれる磁場パルス（MR撮影時にガーガーといううるさい音がでる）をかけると、スピンが変化する。それが元の状態に戻るときに発するシグナルを取得し画像化している。
- シグナルの強さは第一にその元になっている組織中の水素原子の数に関係している。水素原子は、生体内では蛋白質や脂肪酸を構成していたり、水の分子として存在したりする。さらに水は、高分子と水和して存在していることも自由水として存在していることもある。この水素原子のあり方の違いが発せられるシグナルに違いを生み、画像上の違いを作っている。
- MRIでは水素原子が発するシグナルの拾い上げ方にいろいろな方法がある。そのため実際のMRI検査では同じ部位を異なる撮影方法で描出させて病変部の性質について情報を得ようとする。この点は一度被写体がガントリを通過すれば終了のCTと異なる点であり、MRIでは繰り返しの撮影が必要で検査に時間がかかることになる。
- パソコンの構造を知らない人がパソコンのソフトを作ることは難しい。将来MRIでプロトコールを組んだり、撮影や読影を専門として行う場合には、MRI撮影に関連する物理的な原理を学ぶべきである。数々のすばらしい成書が世に出ているので参考にしてほしい。

■MRIの種類

- MRIには永久磁石型と超伝導型がある。一般的に磁場が強いほど、短時間でコントラストのよい画像を撮ることができる。
- 永久磁石による装置は、磁場が低いが、導入コストおよびメンテナンスコストが安い。円筒形の形状ではないオープン型の装置（図4-1A）もあり、動物へのアクセスが容易である。
- 高磁場の装置は超伝導磁石を用いている。基本的にはCT同様円筒形のスペースに患者を入れて撮像する（図4-1B）。装置自体が高価である他、超伝導維持のためにメンテナンスコストも高価な傾向がある。

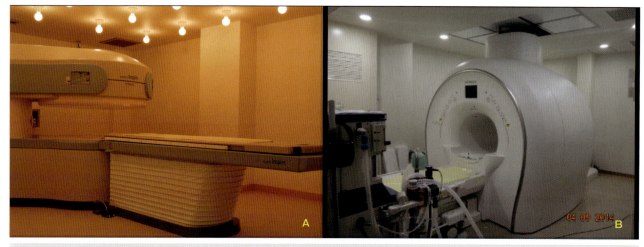

図4-1　A：永久磁石型の装置、B：3Tの超伝導型の高磁場MRI装置
Aでは患者（動物）が比較的オープンな装置に置かれ撮像される。麻酔が必要な獣医療ではこの手の装置は扱いやすい。
Bでは症例を中央の円筒形の領域に入れて撮像する。一般に低磁場の装置よりも短時間に解像度の高い画像が得られる。

MRI検査

2 MRI検査とCT検査の特徴

- MRIとCT検査はどちらも生体の三次元的情報を読影者にわかりやすい形で提供してくれる点でよく似ている。しかし撮影原理が根本的に異なるので、得られる画像の性質も異なっている。
- CTでは動物が一度ガントリを通過すれば撮影自体は終了し、撮影時間は数秒〜1分程度である。造影検査を行っても5分程度であろう。MRIは通常、同一部位をいくつかの撮像法で撮影する。高磁場の装置でも撮影には30分程度は必要である。
- CTはX線でコントラストが得やすい骨や空気を含む肺の描出がよい。また基本的に空間分解能が高い検査である。MRIはCTや超音波検査が苦手とする脳や脊髄の描出がよく、優れた組織分解能をもつ。
- どちらの検査も撮影に一定の時間が必要なため、心臓など動きのある臓器の撮影は困難である。

3 MRI検査の際の注意点

- ほとんどの場合、全身麻酔が必須である。さらに、磁場があるため麻酔装置や麻酔モニター装置も使用が制限される。
- MRIは磁性体による影響を受けるので、金属が埋め込まれている領域の検査はできない。個体識別用のマイクロチップやペースメーカーなどが埋め込まれている場合には、埋め込まれたデバイスが故障する可能性がある。また、その近くの領域の撮像は難しい。検査前に全身のX線検査や金属探知を考慮する。
- MRI検査は、CT検査と異なり放射線被ばくはない。またこれまでに明らかな健康被害は報告されていないが、金属部分発熱や動物の体温上昇の可能性がある（特に高磁場装置）。
- 磁場に周辺の金属器具が引き寄せられる事故に注意する。特に高磁場装置の磁場は強力であり、金属片の吸着は、人や動物を殺傷する可能性がある。MRI撮影室に入る前に金属やICカード類をはずすこと。永久磁石型、超伝導型の機器は電源を切っていても磁場が常時発生しているので注意が必要である。

4 MRIの適応症について

　MRI検査の主な標的臓器は、X線や超音波での描出が難しい脳、脊髄などの中枢神経系である。関節の靱帯や軟骨、その他の臓器なども検査されることがあるが、低磁場の装置では解像度の問題で、診断的に価値のある画像を得るのは難しい。高磁場装置では軟部組織臓器の撮影や機能検査などが行われることがある。

■基本撮影方法

- MRIの信号強度は、各組織の水素原子（プロトン）の密度とT1緩和時間（縦緩和時間）、T2緩和時間（横緩和時間）によって決まる。さらに、分子の拡散や液体の流れなどにより信号強度に差が生じる。
- 異なる撮影方法を行うことで病変組織の特徴を得ることができる。そのため、MRIでは同じ部位で撮像法を変えて複数回撮像を行う。
- 以下に獣医領域でよく使用される撮像法とその特徴をあげた。

■T1強調画像

- 組織ごとのT1緩和時間の差を強調して画像化する像である（図4-2A）。この撮像法では脳脊髄液（CSF：cerebrospinal fluid）など自由水は黒く描出される。
- T1強調画像で高信号（画像上では白い）に描出されるものは、脂肪、亜急性期の出血、銅や鉄の沈着物、メラニンなどであり、逆に低信号（黒）のものは、水、血液などである。
- 一般に脳や脊髄の病変はT1強調画像で等信号または低信号で描出されることが多い。T1強調画像で高信号に描出されるものは限られており、特

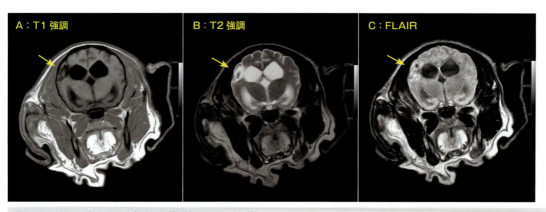

図4-2 同じ犬の同一部位を撮影したMRI像
T1強調画像では脳室は黒く、T2強調画像では白くみえる。FLAIR画像はT2強調画像と似た見え方だが、水のシグナルを抑制するため、側脳室や脳の外側のCSFのシグナルが消えている。水と病変の区別や脳皮質など脳脊髄液に近い病変の鑑別には有用な撮像法である。矢印の位置に病変部が存在し、T1強調画像では中心部が等信号、その周囲が低信号になっている。T2強調画像では中心部が等信号、周囲が高信号であり、この高信号の領域はFLAIR画像で低信号になっていることからおそらく水分である。

徴的な所見となる。

■**T2強調画像**
- 組織ごとのT2緩和時間の差を強調して画像化した像である（図4-2B）。この撮像法ではCSFなどの水は白く描出される。
- T2強調画像で高信号（画像上で白い）のものは、水、血液、脂肪などであり、低信号（黒）のものは、出血、石灰化、線維組織、メラニンなどである。脳や脊髄の臨床上問題になる病変はT2強調画像で高信号として描出されることが多い。

T1強調画像とT2強調画像でみられる組織や病変の信号強度を表4-1に示した。

表4-1 T1強調画像とT2強調画像での組織の見え方

	T1強調像	T2強調像
高信号（白い）	脂肪 出血 メラニン 鉄	水 脂肪 血液
低信号（黒い）	水 血液	出血 石灰化組織 線維組織 メラニン

■**FLAIR**
- Fluid-Attenuated Inversion Recovery法の略であり、水の磁化がちょうど0となるように設定して、CSFの信号を抑制した撮像法である。水分以外はT2強調像とよく似た像となる。
- T2強調像では、水領域も病変も高信号となる。FLAIRでは水が低信号となるため、水に接している領域の病変を読影しやすくなる。
- 特に臨床的には脳脊髄液からの高信号がなくなるので、脳表面や脳室周囲に存在する腫瘍や炎症などの病変が判別しやすくなる（図4-2C）。

■**STIR（脂肪抑制画像のひとつ）**
- Short TI Inversion Recovery法の略であり、脂肪のT1は水よりも短いことを利用し、脂肪の信号がちょうど0となるような短いT1を用いて脂肪からの信号を抑制しT1の長い病巣を高信号に際立たせるのに用いる（図4-3）。
- 脂肪に囲まれている領域や、近接する領域で、病変を検出する目的で使用される。

■**Diffusion（拡散強調画像）**
- 水分子の拡散運動を反映し画像化する撮影法で、超急性期または急性期の脳梗塞を検出できることで人の医療領域で急速に広まった。
- また、人医領域では脳腫瘍の一部（類上皮腫と、くも膜嚢胞との鑑別）、脳膿瘍の診断にも有用とされている。
- 一般に低磁場の装置では小型の動物を対象とした場合、画質が悪く実用的でない。高磁場のMRIの普及とともに臨床利用が期待される。

MRI 検査

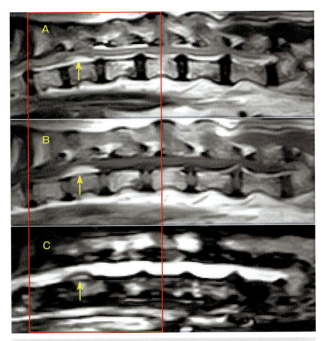

図 4-3　脂肪抑制画像
A：T2 強調画像で、脊髄内に高信号の病変がみられる。B：T1 強調画像で病変部は高信号である。T1 強調画像で高信号になる病変は少なく、病変の種類をある程度しぼり込むことができる。C：STIR 画像であり、T2 および T1 強調画像で高信号にみえた脊髄内の組織は低信号に抑制されている。脂肪組織であると推定される。矢印：病変部

■血管描出（MRA：MR angiography）
- 血流を描出する撮影法であり、造影剤を使った方法と使わない方法がある。
- 低磁場の装置では解像度の問題で大血管しか描写できない。高磁場の MRI による臨床応用が期待される（図 4-4）。

■MRI 造影剤
- ガドリニウム（Gd）化合物が多く用いられ静脈投与される。副作用の発現率は X 線検査で使用されるヨード系造影剤よりも低い（図 4-5）。
- Gd 造影剤が組織に到達すると周囲の水素原子に影響し、T1 値と T2 値の両方とも短縮する。T1 値の短縮効果が大きいため、通常は T1 強調画像で観察し、造影剤で強調された部位は T1 強調で高信号となる。
- 造影は腫瘍、炎症性疾患を疑う場合は高頻度に行われる検査であり、血液脳関門の破壊を伴う頭蓋内病変ではよく造影される。造影パターンは CT の場合と同様に腫瘍などが高信号になる。
- 腫瘍のほとんどで造影効果を認めるが、増強の有無により良性悪性の鑑別はできない。また、増強されている部位が必ず辺縁を意味しているわけではない。造影 MRI は異常所見の検出法と考えられる。

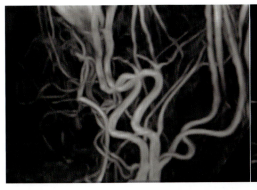 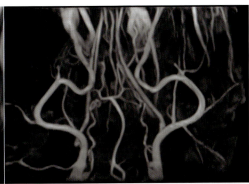

図 4-4　高磁場装置（3T）で撮影した犬の脳底付近の血管
MRI では比較的大きな血管であれば造影剤を使用しないで血管を描出することができる。

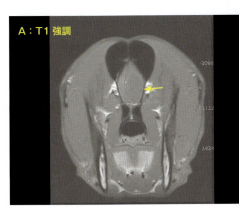 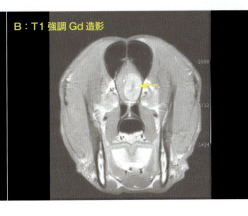

図 4-5　犬の頭部の MRI 横断像
A の T1 強調画像ではやや低信号の病変が嗅球から前頭葉にかけてみられる（矢印）。B では Gd 造影により病変部の信号が増強されており、腫瘍が疑われる（矢印）。

5 MRIの基本シグナルパターン

T2強調画像、T1強調画像、FLAIR画像、STIR画像、T1強調Gd造影画像などが基本だと思われる。MRI検査では複数の撮影法で同一の部位を観察するため、病変部の変化は複雑だと思われがちだが、病変部の描出パターンは限られている。以下、基本的な信号強度パターン別に紹介する（**表4-1参照**）。

■ T2強調で高信号-T1強調で低信号パターン（T2High、T1Lowパターン）

- 炎症、浮腫、梗塞、腫瘍など臨床的に頻度の高い多くの疾患がこのパターンとなる。非特異的な病変パターンである。
- 非特異的であるため、診断的な所見ではないが、病変の存在を示唆する。
- このパターンはT2強調画像が著しく高信号（一様にとても白い）の場合、および中等度に高信号（相対的に白い、まだらに白い）の場合に分けて考える。
- 著しい高信号の病変は"long T2 パターン"などと呼ばれ、水分含量が多いことを示す。髄液やくも膜嚢胞でもこのパターンがみられる。急性炎症や腫瘍でもみられることもある（**図4-6**）。
- 中等度の高信号は慢性の炎症や腫瘍などでよくみられる。軽度の浮腫や早期の脳梗塞でもみられることがある。

■ T1強調で高信号パターン（T1Highパターン）

- T1強調画像で高信号の病変がみられることは少なく、特異的な信号シグナルである。T1強調で高信号となるのは脂肪、出血、高蛋白の液体である。
- 脂肪は、T2強調画像でも高信号を示す。脂肪を他と鑑別したい場合には脂肪抑制画像（STIR等）で撮像するとよい（**図4-3参照**）。
- 出血の場合は発生からの時間経過ともに信号強度が変わる。3日以後から数カ月はT1強調画像で高信号を示す（**図4-7**）。
- メラニン色素含有細胞（メラノーマ）でもT1強調画像で高信号となることがある。

■ T2強調で低信号パターン（T2Lowパターン）

- T2強調画像で低信号を示すものは、あまり多くない。そのため特異的な所見と考えられる。T1強調画像で高信号の病変と重複するものが多く、急性期や慢性期の出血、メラニン色素をもったメラノーマがあげられる。
- 骨皮質、石灰化病変でもT2強調画像で低信号となる（T1強調も低信号である）。

■ T2強調で低信号かつT1強調で低信号（Signal voidパターンと呼ばれるもの）

- T2値がきわめて短いときや水分含有量（信号を出すプロトン含有量）が非常に少ないときにみられる。具体的には血流（flow void）（**図4-8**）やプロトン含有量がきわめて少ない骨皮質、石灰化

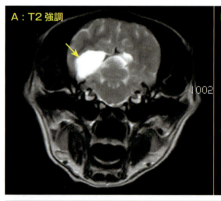 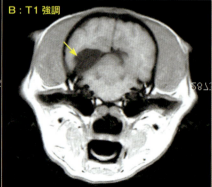 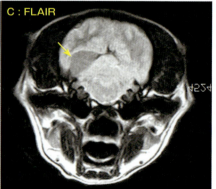

図4-6　くも膜嚢胞の症例の後頭葉付近での横断像
嚢胞内には液体が貯留しており、AのT2強調画像で高信号、BのT1強調画像では低信号になっている（矢印）。CのFLAIR画像では、完全には抑制されていない低信号領域として描出されている（矢印）。蛋白をある程度含んだ水分が貯留していると考えられる。

MRI検査

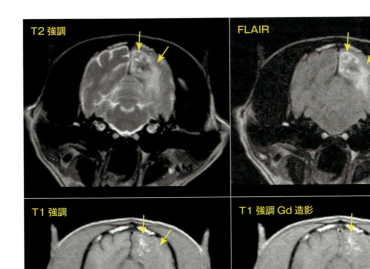

図4-7 けいれんを主訴に来院した14歳齢の犬のMRI像
後頭葉に病変（矢印）がみられる。T2強調画像では高信号の領域の中に低信号の領域がみられる。T2強調画像で低信号の病変は少なく、病変の性質をある程度しぼり込むことができる。T1強調画像では高信号になっており病変部位が出血であることが疑われる。FLAIR画像では高信号であり、T2強調画像でみられた高信号が、脳脊髄液ではなく病変由来であることを示唆する。Gd造影T1強調像ではごく一部のみ増強されている。

病変、線維性組織および陳旧性出血などがこのパターンをとることがある。
- 骨皮質や著しい石灰化病変がこのパターンである。これらの病変は、X線をよく吸収するためCT検査で鑑別が可能であろう。椎間板ヘルニアの突出物などもMRIではこのパターンでみられる。
- T1強調画像では、著しい石灰化病変は低信号を示すが、弱〜中程度の石灰化ではsurface effectと呼ばれる現象で高信号を呈することがある。

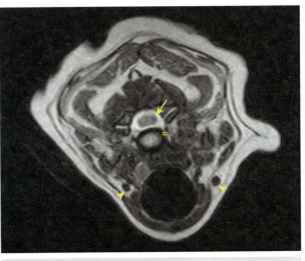

図4-8 犬の頸部のT2強調横断像
脊髄とその周囲にある高信号の脳脊髄液が描出されている（矢印）。＊は椎骨であり低信号になっている。経静脈では信号を発するプロトン分子は血流によって撮像領域から逃げてしまうため低信号となっている（矢頭）。

6 MRIによる異常所見の読影法

我々の思考は、スキャナーのように二次元の画像情報すべてを網羅的にスキャニングして異常を検出するようには作られていない。与えられた情報から特徴を抽出して過去の経験と照らし合わせて異常を探す。そのため、画像診断を行うためにはあらかじめどこにどのような異常が起こりうるか我々の脳に教えておく必要がある。そのうえで、意識的に系統だてて読影を進める。基本的な読影の手順として、①異常所見の発見と確認、②異常所見の評価、③所見の解釈および診断、という流れで読影を進める。

■ 異常所見の発見
- 多くの病変がT2強調画像で高信号であることから、T2強調画像は異常を検出する目的では利用しやすい。しかし、脳室や脳溝付近の病変はT2強調ではわかりにくいので、高信号の病変が疑われた場合には、CSFのシグナルを軽減したFLAIR画像で確認する。その領域のT1強調画像での信号強度も病変の種類の推測に有用である。T1強調画像は主要構造の辺縁の観察には有用であることが多いので、T1強調画像での信号強度と合せて、形態についても評価する。
- 画像の観察手順を決め、毎回同じように体系的に観察していく習慣をつける。一般に画像を外から内側（体表、皮下組織、筋肉、頭蓋骨、頭蓋内へのように）に観察するとよい。
- 頭部の観察では、左右差の観察が基本となる。それに加えて両側対称性に現れる代謝性、中毒性の疾患などにも注意が必要である。正常画像をいつでも参照できるように準備しておくとよい。頭蓋内の撮像では脳実質の病変の探索に加え、脳室の変化、脳溝や下垂体の観察を忘れないようにする。
- わかりきったような症例や典型的な病変がある場合にも、それ以外の病変が隠れている可能性がある。陥りやすい画像診断のピットホールであり、見落とさないようにすること。
- 検出された異常がアーチファクトである可能性を考慮する。他の撮像法でも同じ位置に異常がみられるか確認するとよい。
- 過去の画像が存在する場合は比較する。

■ 異常所見の評価
- 病変がみつかったら各撮影法による信号パターンと形態から病変の種類を推測する。
- 側脳室の両側性の拡大は水頭症や脳萎縮、両側性の縮小は脳の腫脹や頭蓋内圧の低下などを示唆する。
- 側脳室の片側性の大きさの変化は水頭症、浮腫、および腫瘍などによる占拠性病変を疑う。
- 脳溝の観察により臨床的に重要な情報が得られることがある。脳の腫脹では脳溝がみえにくくなり、髄膜炎では脳表面の一部の領域にT2強調画像とFLAIR画像で高信号な領域を認める。
- 病変の周囲組織の変化にも注意する。炎症や腫瘍が存在する場合、周囲の浮腫、腫脹や腫瘤効果（mass effect）などを評価する。
- 第4脳室や中脳水道の拡張や脊椎部での脊髄液の不自然な貯留、CSFの消失などを見落とさないようにする。異常所見が疑われる場合には必要に応じて、撮影法を変えて撮像する。
- 浮腫は病変に現在進行形で刺激性の病変が存在することを示唆する。
- 正常な形や位置を歪ませる腫瘤効果（mass effect）は占拠性の病変（多くは腫瘍、時に炎症や急性期の梗塞）を評価する。
- 椎骨や脊髄の位置や形態の異常が疑われる場合にはCT検査により骨の描出も考慮する。

■ 診断
- 画像検査の所見をまとめ、まずは臨床症状や他の検査所見とは独立して鑑別診断リストをあげる。その後、症例のプロブレムリストに対応した鑑別診断をあげるとよい。
- 動物は一般的に麻酔下においている。麻酔下での追加検査の必要性を迅速に判断する必要がある。
- MRIの他に麻酔下で行う追加検査として、CT検査、CSF検査、内視鏡検査、電気生理学的検査、組織生検などを行う可能性がある。可能な場合にはMRI検査前に合理的な診断プランを組んでおく。

7　頭部

■ 外傷
- 頭蓋内疾患が疑われる場合、脳の描出が良好なMRI検査が優先されることが多い。
- 急性の外傷等が疑われ意識レベルが低い場合や外傷の程度が不明な場合などは、短時間で頭蓋骨の異常を把握しやすいCTが選択されることがある。
- 外傷では、くも膜下など頭蓋内出血の有無に注意する。

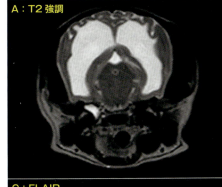
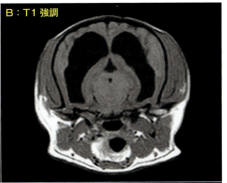
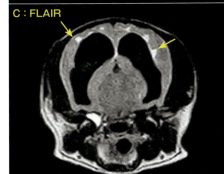
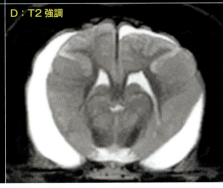

図 4-9 水頭症の犬の症例
側脳室が著しく拡張している症例でT2強調画像では拡大した側脳室が高信号に描出されている。BのT1強調画像では、低信号であり、CのFLAIR画像では側脳室周辺に高信号領域（矢印）があり、何らかの病変があることが示唆される。FLAIR画像は脳室や髄液に隣接する病変を描出するのに有効な撮像法である。またDの症例は脳の外側に髄液が貯留する比較的まれな症例である（外水頭症）。

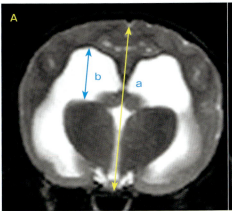
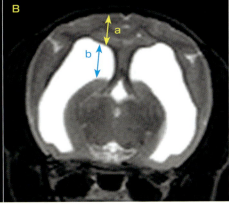

図 4-10 水頭症
水頭症の評価方法はいくつか報告されているが、脳室拡張の形状が症例ごとに異なるため一定の基準はない。また脳室の大きさと臨床症状の重篤さは必ずしも一致しない。
Aの方法では下垂体レベルでの横断面から、脳の高さ（a）と側脳室（b）の高さを測定し、その比をとっている。14％までが正常、14〜25％までが中程度拡張、25％以上で重度拡張とされる[1]。Bの方法では視床間橋レベルでの横断像で脳の厚さ"a"と側脳室の高さ"b"の比をとる。b/a＝正常では平均0.25。これ以上の場合は脳室拡張と考える[2]。

■水頭症
- 形態的には脳室が拡張する内水頭症と大脳表面のくも膜下腔が拡張する外水頭症がある（図4-9）。多くは内水頭症である。
- 泉門が大きく開いている症例や薄い症例では超音波検査で描出できる可能性がある。
- 内水頭症の程度はさまざまである。臨床的に正常な症例で水頭症がみつかることもあり、また水頭症の画像上の重篤さは臨床症状とは必ずしも一致しない。
- 水頭症のいくつかの評価法が報告されているが、脳室の拡張にはいろいろなタイプがあり評価法を定式化することは難しい。1例を図4-10にあげた。
- 交通性の水頭症が疑われる場合には、その原因（腫瘍等）の有無を検索する。

■キアリ奇形
- 後頭骨孔の奇形を伴い小脳や脳幹の一部が後頭骨孔を超えて脊柱管内に陥入する先天的な奇形をいう（図4-11）。小型犬やキャバリア・キング・チャールズ・スパニエルで好発する。

■小脳形成不全
- 猫が胎子期または誕生直後にパルボウイルスに感染することにより発生する。

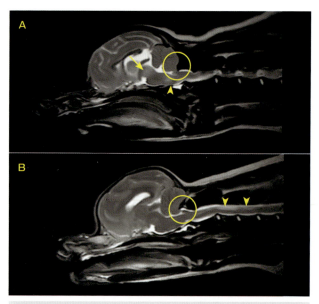

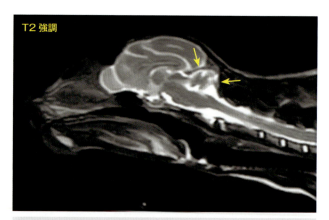

図 4-11　犬の脳と頸髄の T2 強調画像矢状断
A：丸で囲んだ領域で小脳が脊椎に落ち込んでいる（キアリ奇形）。脳幹に高信号領域（矢印、矢頭）がみられ炎症が示唆される。また B の症例では頸髄内に高信号領域がみられ脊髄空洞症が疑われる。

図 4-12　猫の T2 強調画像矢状断
側尺異常や運動時の振戦など小脳障害と一致した主訴で来院した猫の T2 強調画像矢状断であり、小脳が小さい（矢印）。パルボウイルス感染に関連して起きることが多いとされる。

- MRI 検査で形成不全の小脳が観察される（**図 4-12**）

■脳の外傷

- MRI 検査は、検査に時間がかかり、麻酔が必要なことが多い。頭蓋の骨折などの判断は CT の方が迅速である。しかし MRI では脳障害や出血を感度よく描出することができる（**図 4-13**）。

■脳炎

- MRI では多くの病変が T1 強調画像で等信号～低信号、T2 強調および FLAIR 画像で高信号、Gd 造影で増強されない、または軽度に造影される像を示す。
- 病理組織学的および病変の局在による病型分類されるが、MRI 画像のみでは診断が難しいこともある。
- 画像上の特徴や局在、犬種などシグナルメントから疾患を推定する。

以下に脳炎の各病型の MRI 像の特徴をまとめた。

- **壊死性白質脳炎**：ヨークシャー・テリアの比較的若い成犬（平均 4.5 歳齢）に好発し、大脳と脳幹の白質に病変が存在する。MRI で病変部は T2 強調画像で高信号、T1 強調画像で低信号、造影剤での増強はないか、軽度に増強される。犬ジステンパーでも類似した画像が得られる鑑別診断として重要である（**図 4-14，4-15**）。

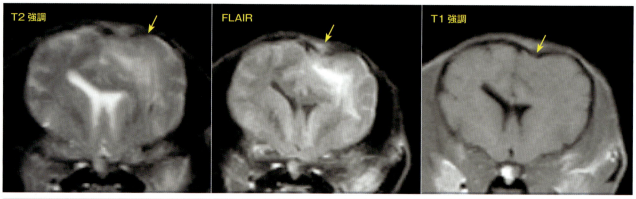

図 4-13　頭部外傷の症例
矢印の部位で頭蓋が変形しており骨折が疑われる。同側の脳が T2 強調像および FLAIR で高信号となっており脳室も左右不対称で同側の脳浮腫が疑われる。T1 強調画像では、病変は低～等信号に描出されている。

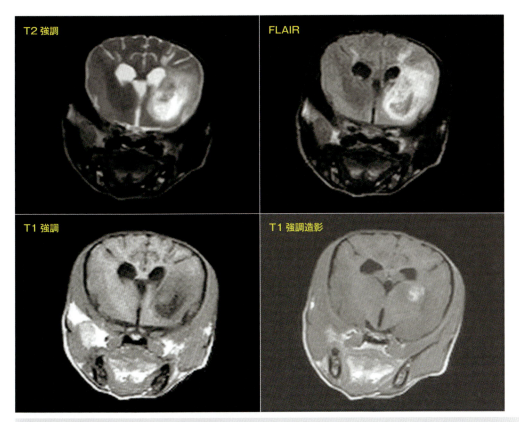

図4-14 壊死性白質脳炎の犬の症例
病変はT2強調画像およびFLAIR画像で高信号となっている。T1強調画像では低信号で、T1強調造影でわずかに増強されている。本疾患ではこの症例のように大脳や視床の白質層に病変が好発する。

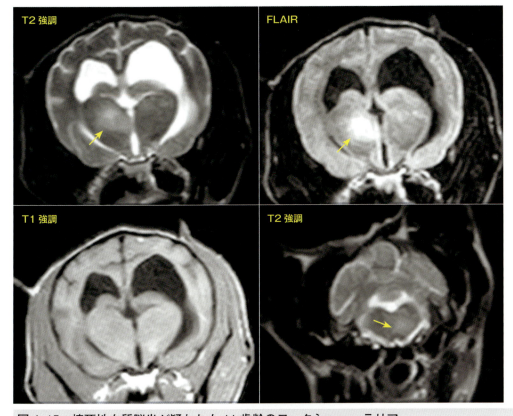

図4-15 壊死性白質脳炎が疑われた11歳齢のヨークシャー・テリア
T2強調画像とFLAIR画像で視床に高信号の領域がみられる（矢印）。T1強調画像では、病変は等信号であった。右下のT2強調画像では、延髄にもT2増強画像で高信号を示す病変が認められる（矢印）。

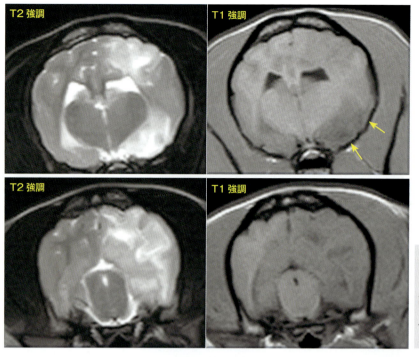

● 壊死性髄膜脳炎：パグやマルチーズで好発する。MRI検査では病変は大脳に限局されることが多い。大脳の白質と灰白質の間に病変が好発する。T2強調画像では高信号、T1強調画像では低信号、造影剤では造影されないかわずかに造影される部位が存在することがある（図4-16，4-17，4-18）。

図4-16　パグ脳炎が疑われた症例のMRI像
1歳齢未満のパグのMRI像であり、T2強調画像では、片側性に強く病変が描出されている。またT1強調画像では病変は低信号で描出されている（矢印）。犬種からパグの壊死性髄膜脳炎が疑われる。

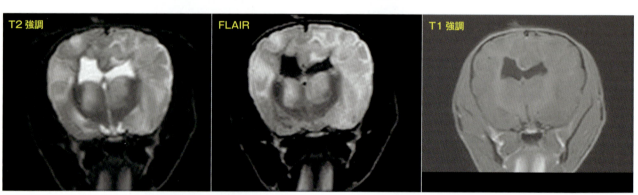

図4-17　異常行動と発作で来院した8歳齢のマルチーズ
T2強調画像とFLAIR画像において大脳に広範に高信号領域の病変がみられる。またT1強調画像では、病変は低〜等信号である。画像所見と犬種から壊死性髄膜炎が疑われる。

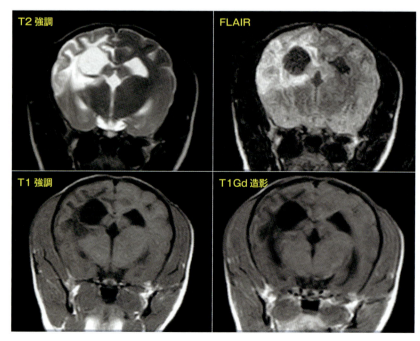

図4-18　壊死性髄膜脳炎が疑われたチワワのMRI像
T2強調画像とFLAIR画像で高信号の病変が片側性に出現している。病変部位はT1強調画像で低信号であり、造影検査では増強されなかった。抗アストロサイト抗体は陽性だった。壊死性脳髄膜炎と推測される。

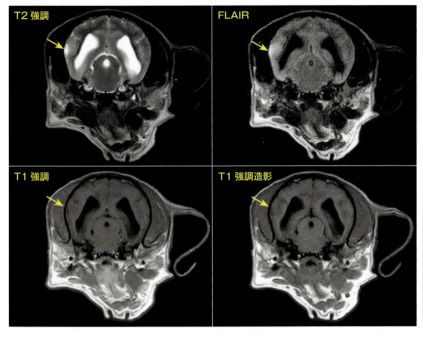

図 4-19 肉芽腫性髄膜炎が疑われた犬の横断面
T2 強調画像で皮質付近に高信号の病変がみられる。脳脊髄液による高信号の影響を除いた FLAIR 画像で撮影しても病変は高信号である。T1 強調画像では、病変は等信号、T1 強調 Gd 造影では増強されなかった。

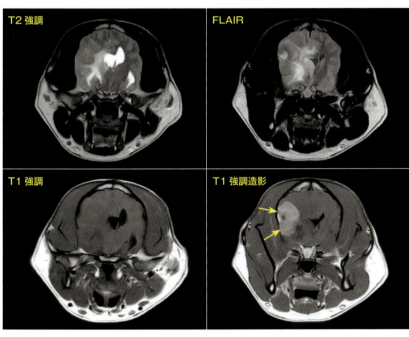

図 4-20 肉芽腫性髄膜脳炎
T2 強調画像で側頭葉に腫瘤効果（mass effect）を示す高信号の腫瘤性病変がみられる。FLAIR 画像では高信号であり、T1 強調画像では等信号、Gd 造影 T1 強調画像で増強される（矢印）。MRI 画像では腫瘍を強く疑ったが、死後の病理組織は肉芽腫性髄膜脳炎であった。

- 肉芽腫性髄膜脳脊髄炎：病変は白質に好発するが解剖学的な好発部位はあまり傾向がみられない。孤立性腫瘤状病変やびまん性病変を形成することがあり、孤立性のものでは腫瘍との鑑別が難しい。T2 強調画像で高信号、T1 強調画像で等信号、Gd 造影 T1 強調画像では病変が造影されることもある（図 4-19、4-20）。
  > 眼型：初期病変は網膜や視神経に限局しており、病変に対応した視覚消失等の症状がみられる。
  > 巣状型・播種型：大脳や脳幹に病変が多数存在する。

■脳腫瘍

MRI は脳腫瘍を高感度に検出できる。しかしながら、生検が難しい部位であり、外科手術も制限されることが多いため、病理組織学的な診断が下せないことが多い。MRI の情報だけでは腫瘍の種類を鑑別することは難しいだろう。ここでは比較的高頻度でみられる脳腫瘍について MRI 画像の特徴をあげた。

- アストロサイトーマ（星細胞腫）：グリオーマ（神経膠腫）の一種であり犬の脳実質内腫瘍としてはもっとも多い。

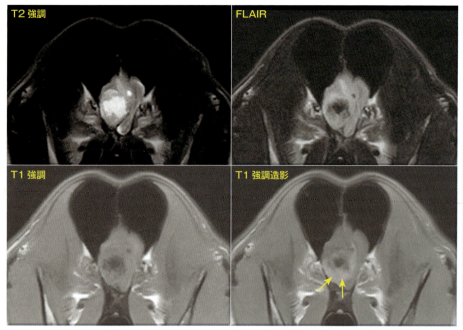

図4-21 嗅球付近にできた腫瘍
T2強調画像では高信号で、FLAIR画像ではその領域は低信号になることから、シスト状構造をもつことが示唆される。シスト状構造の周辺はGd造影T1強調画像で増強されている（矢印）。このような特徴をもつ腫瘍としてはアストロサイトーマやオリゴデンドログリオーマがあげられるが確定診断には病理組織診断が必要である。

＞大脳に発生した場合は白質由来のことが多い。
＞前頭葉、梨状葉、側頭葉に好発する。
＞形状は球状または不定形である。
＞T2強調では高信号、T1強調では軽～中程度低信号である。
＞Gd造影での増強はさまざまだが、悪性度の高い腫瘍では強く増強される傾向があり、腫瘍に関連した出血がみられることもある。
＞腫瘍の境界は明瞭で、腫瘍周辺の浮腫の態度はさまざまだが、軽度～中程度が多い。
＞腫瘍内は均一の信号を示すことが多く、腫瘍の中央付近にシスト様の液体貯留がみられることがある。
＞MRI画像の特徴は、後述する乏突起神経膠腫と共通するところも多い（図4-21）。

● **オリゴデンドログリオーマ（乏突起神経膠腫）**：犬の脳実質内腫瘍として高頻度にみられる。
＞低グレードから高グレードまでみられるが高グレードのものが比較的多い。
＞発生部位としてはテント上、前頭葉、梨状葉、側頭葉に好発し、後頭部には比較的少ない。
＞球状または不定形の形状を示す。
＞典型的は例では、腫瘍の中央部にムチン様の液体を含有することがあり、その場合にはT2強調像で強い高信号を呈する。T1強調画像では中程度低信号である。
＞腫瘍周辺の浮腫の態度はさまざまだが、あまり生じないことが多い（図4-22）。

● **脈絡叢の腫瘍と上衣腫**：脳室を裏打ちする細胞由来の腫瘍であるため、どちらも初期には側脳室、第3、4脳室など脳室と一致した局在を示す。また、髄液の交通を阻害することで水頭症を誘発することがある。
＞T2強調画像では高信号を呈し、T1強調画像では低信号から軽度高信号までさまざまである。
＞腫瘍周囲に浮腫を伴うこともある。
＞脈絡叢の腫瘍では、Gd造影により均一に明瞭に造影されることが多い。
＞上衣腫では著しい増強効果がみられる場合も、不均一に造影される場合もある。
＞腫瘍が発生している同一の脳室内に"Drop Metastasis"と呼ばれる転移巣がみられることがある。

● **髄膜腫**：犬の頭蓋内腫瘍としてはもっとも頻度が高い。髄膜の細胞由来であるため脳実質外の腫瘍である。基本的にはゆっくりと進行する悪性度の低い腫瘍であるが、大きくなると脳や脊髄を圧迫し臨床的に問題となる。
＞さまざまな部位に生じるが嗅球と前頭葉の境界付近がもっとも多い。
＞形状としては髄膜に固着するように裾野のような形態をもつ球状、または不定形の腫瘍として

MRI検査

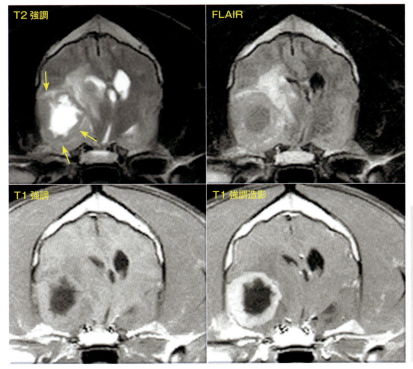

図4-22 MRI画像からオリゴデンドログリオーマが疑われた症例
側頭葉に占拠性病変がみられる。T2強調画像では腫瘍中心部に液体貯留に一致する高信号領域がみられ、FLAIRでは不完全に抑制されていることからシスト状構造物であることがわかる。またT2強調画像で、リング状の高信号領域がみられる（矢印）。Gd造影T1強調画像では腫瘍の辺縁が造影されている。これらの所見はオリゴデンドログリオーマでは多くみられる所見である。

観察される。
> しばしばDual Tail signと呼ばれ周辺髄膜の肥厚がみられ、この像は髄膜腫の特徴的な所見であるが、他の腫瘍でもみられることがある。
> T2強調画像では70%程度の腫瘍が高信号でその他は等信号、T1強調画像では等信号のことが多いが低信号のことも高信号のこともある。
> 周辺に浮腫を伴うことが多い。
> Gd造影では多くの腫瘍が均一に強く造影され

る（図4-23, 4-24）。
- リンパ腫：腫瘤状病変、びまん性浸潤、多病巣性のこともある。
  > T2強調画像ではわずかに高信号を呈し、T1強調画像では低信号から等信号、Gd造影で増強されることが多い（図4-25）。
- **下垂体腺腫・下垂体腫瘍**：下垂体前葉からの腫瘍が多く、トルコ鞍から生じる正中部の腫瘤状病変として観察される。正常な下垂体の高さは

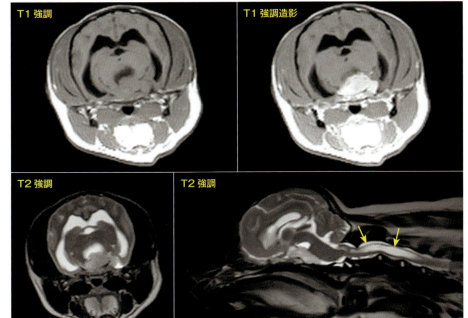

図4-23 脳基底部にできた腫瘍で髄膜腫が疑われる
T1強調画像では等信号でありGd造影で腫瘤が均一に造影されている。T2強調画像ではわずかに高信号である。矢状断では腫瘍が裾野を広げた形で脳を圧迫している様子が観察される。この症例では脊髄空洞症もみられる（矢印）。

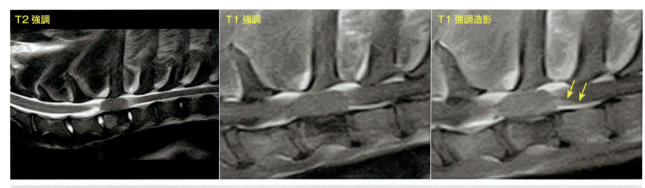

図 4-24 脊髄の髄膜腫の症例
T2 強調画像で等信号の腫瘤性病変が胸椎（T1）にみられる。T1 強調画像では等信号で、T1 強調 Gd 造影画像で弱い増強像がみられ、髄膜に沿って腫瘍が広がっている様子が観察される（矢印）。この症例は病理組織学的に髄膜腫であった。髄膜腫では T2 強調画像で等信号のこともある。

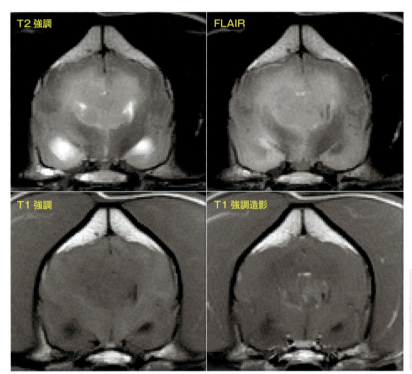

図 4-25 リンパ腫の犬の症例
T2 強調画像で高信号の境界不明瞭な病変が脳内に広く広がっている。FLAIR 画像でも高信号、T1 強調画像では等信号、T1 強調 Gd 造影ではわずかに増強されている。腫瘤効果（mass effect）により側脳室がみえなくなっている。

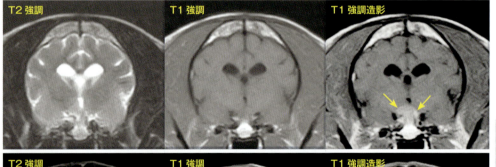
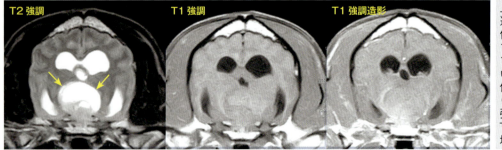

図 4-26 下垂体腺腫が疑われた症例
上の症例では T1 強調 Gd 造影画像で腫大した下垂体が増強され、描出されている（矢印）。下の症例では T2 強調画像で著しい高信号領域を含む下垂体腫瘍が描出されている（矢印）。この構造物は T1 強調画像では等信号で、T1 強調 Gd 造影では弱く増強されていた。

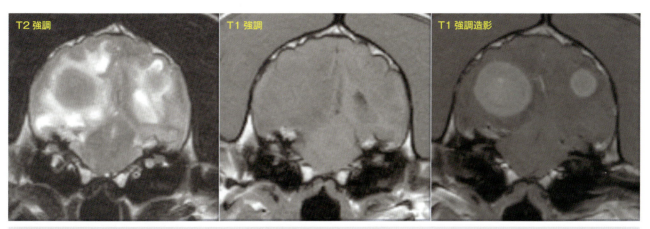

図 4-27　脾臓に腫瘤性病変がみられ脳への腫瘍転移が疑われた症例
T2 強調画像で周囲の浮腫（高信号）を伴う等信号の腫瘤性病変があり、腫瘤効果（mass effect）も観察される。T1 強調画像では等信号で、Gd 造影では均一の増強される円形の腫瘍陰影が明瞭である。脳へ転移することが多い脾臓腫瘍としては血管肉腫があげられる。

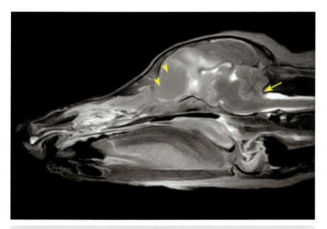

図 4-28　犬の T2 強調矢状断
鼻腔から発生した腫瘍（矢頭）が脳を吻側から圧迫している。それにより小脳の一部が後頭孔から陥入している（矢印）。

5mm 程度だが、10mm を超える場合には仮診断される。

> T2 強調ではわずかに高信号を呈し、T1 強調では等信号、Gd 造影で強く均一に増強される（図 4-26）。

● 転移性腫瘍：時に他の部位からの転移性腫瘍が脳でみられることがある。

> 多発性の病巣であることが多く、MRI 像は原発腫瘍を反映したものになるが、転移腫瘍としては血管肉腫がもっとも頻度が高い。

> 血管肉腫の転移巣では腫瘍内の出血がみられることがある（図 4-27）。

● 脳ヘルニア：腫瘍、浮腫、血腫などによる頭蓋圧の上昇で、脳が通常の境界を超えて陥入している状態をさす（図 4-28）。

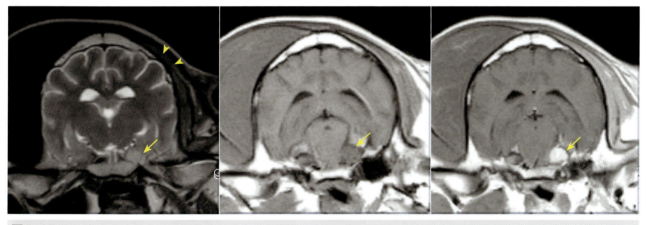

図 4-29
T2 強調画像で三叉神経節付近に軽度高信号、T1 強調画像で低信号、Gd 造影で増強される腫瘤状病変（矢印）が存在する。おそらくこの腫瘍が原因で同側の側頭筋が萎縮し（矢頭）、左右差がみられている。片側性の筋萎縮や脳神経に関連した症状を身体検査等でとらえることにより、疾患の局在をある程度しぼり込める場合がある。

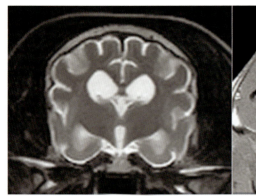
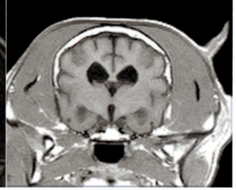

図4-30 17歳齢の柴犬で起立不能で来院した症例
MRI像では脳溝の拡張がみられるが、臨床症状との関係は不明である。

■腫瘍と局在

- 身体検査は現在でも臨床の現場では非常に重要である。特に動物を眼の前にして飼い主が気づいていないような神経学的な異常を見落とさないようにする。
- 脳疾患では病変の局在によりさまざまな症状がでてくるが、現場では逆に発現している症状をみつけて、異常部位を推定することもできる。そうすることで、効率よく診療を進めることができる。
- 例えば身体検査で図4-29に示すような側頭筋の萎縮に気づいたならば、咀嚼筋炎などを疑うことになるが、咀嚼筋炎が通常両側に発現することを考えれば、三叉神経に異常があることを推測できる。

■脳萎縮

- 老犬で認知症症状を示す老犬で、脳溝の拡大など脳萎縮の所見がみられることがある。しかし脳溝の拡大は正常な動物でもみられることがあり、症状との関連はよくわかっていない（図4-30）。

8 脊髄

単純X線やCTとは異なり、MRIでは脊髄をコントラストよく描出できる。診断や手術の際のアプローチの決定に有用な情報を与えてくれる。以下によく遭遇する脊髄疾患とその画像の特徴をまとめた。

■椎間板ヘルニア

- 椎間板の突出とそれによる脊髄の圧迫がMRIで描出できる。またその周辺の脊髄の損傷も評価可能である。
- 脊髄の損傷は通常、T2強調画像で高信号を呈し、T1強調画像では低信号から等信号である（図4-31）。

図4-31 椎間板ヘルニアの症例（T2強調画像）
Aの症例では頸部の椎間板の突出がみられる（矢印）。Bの症例も同様に胸腰椎の椎間板の突出がみられている。Cの症例でも同様に椎間板の突出（矢印）により脊髄の圧迫がみられている。その前後の脊髄が高信号になっており、脊髄損傷が示唆される。C-2,3,4は、突出した周囲の脊髄の横断面であり、C-2の部位では脊髄はほぼ正常である。C-3の脊髄は高信号になっており、脊髄損傷が示唆される（矢印）。C-4では突出した椎間板が低信号で描出されている（矢印）。

MRI検査

■環軸亜脱臼
- MRIでは、C1-C2間で脊髄の狭窄やその部位での圧迫、脊髄損傷がみられる。
- 損傷した脊髄はT2強調で高信号。CTや単純X線でもC1-C2のアラインメントの異常は描出できる（図4-32）。

■脊髄空洞症
- 単独で存在することもキアリ奇形等を併発していることもある。脊髄の中心管が拡張し、T2強調画像で高信号領域として観察できる（図4-11, 4-33）。

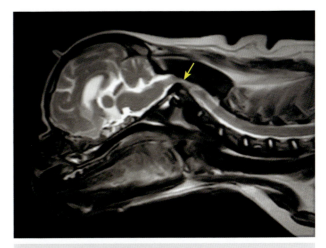

図4-32　環椎軸椎亜脱臼の症例
C1-2付近での脊柱管の狭窄により脊髄が圧迫されている（矢印）。

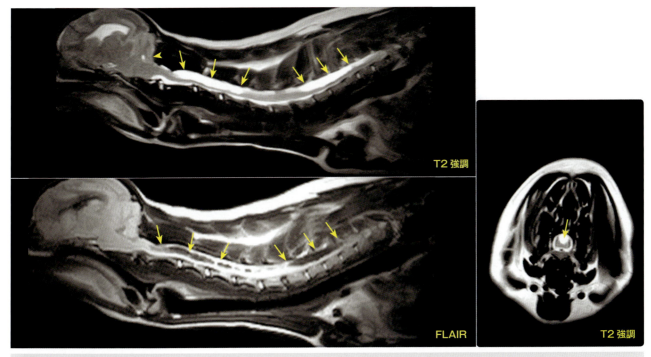

図4-33　脊髄空洞症の症例
上のT2強調では脊髄に高信号の領域がみられる（矢印）。また小脳の脊髄内への突出もみられる（矢頭）。この高信号の領域は下のFLAIR像では低信号となっており水様物であることが示唆される。右のT2強調横断像では脊髄の中心部から背側に高信号領域が描出されている（矢印）。

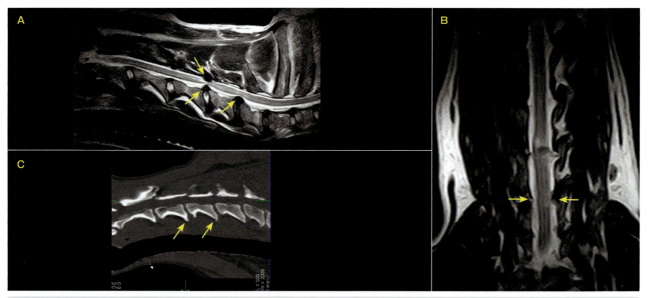

図4-34　ウォブラー症候群のドーベルマンの頸髄
AはT2強調画像で、椎間板の部位で脊髄が圧迫されている（矢印）。BのT2強調像水平断でも左右から脊髄の圧迫が確認される（矢印）。Cは同じ犬のCT画像矢状断であり、頸椎の不安定性のためか複数の骨に骨棘が形成（矢印）されている（p246 図3-63参照）。

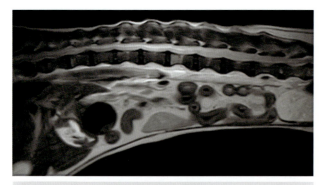

図4-35　進行性脊髄軟化症の症例
T2強調画像で撮影。この症例のように脊髄が広範囲に高信号になるのが本症の特徴である。本症は椎間板ヘルニアの3〜6％程度で発生するとされる。一般的に上行性に麻痺が広がり生命予後不良である。

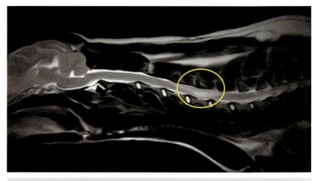

図4-36　線維性軟骨塞栓症が疑われる症例
T2強調画像であり、C5付近に高信号の病変がみられる（丸で囲んだ領域）。線維性軟骨塞栓症では圧迫病変はみられず、T1強調Gd造影では増強されない。

■ウォブラー症候群
- 頸椎の不安定性から複数の椎骨の変形とその周囲の軟部組織の肥厚が起こる。その結果、頸部脊髄の圧迫と、それに一致するふらつきなどの臨床症状がみられるようになる（図4-34）。

■進行性脊髄軟化症
- 原因はよくわかっていないが、椎間板ヘルニア等脊髄損傷に起因して、3〜6％程度で発生する。
- 脊髄病変が上行性、下行性に拡大し最終的には神経性の呼吸不全となり、発症後1週間程度で死亡する。
- 後肢が麻痺後、皮筋反射の消失が頭側へ広がる場合には本症を疑う。
- MRI画像ではT2強調画像で高信号の脊髄病変（6椎体以上）が広範囲にみられる（図4-35）。

■線維軟骨塞栓症
- 脊髄梗塞とも呼ばれることがある。
- MRIでは、脊髄の圧迫病変はみられないが、脊髄にT2強調画像で高信号の病変が描出される（図4-36）。
- 横断面では病変は通常脊髄内に限局して存在する。

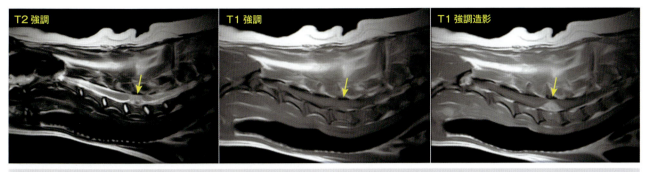

図4-37 脊髄にできた腫瘍
T2強調画像では高信号の病変がみられる（矢印）。T1強調画像では等信号であり、Gd造影T1強調画像では高信号の病変が描出されている（矢印）。腫瘍の形態から髄膜腫が疑われる。

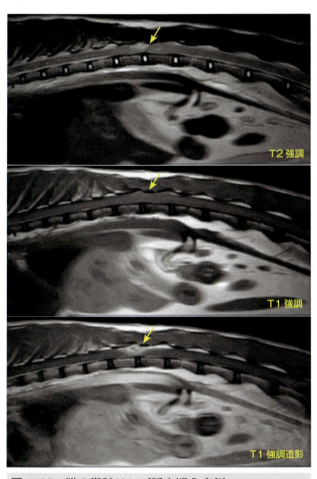

図4-38 猫の脊髄リンパ腫を疑う症例
T2強調画像で高信号、T1強調画像で等信号、Gd造影で増強される病変（矢印）が脊髄内に観察される。CT検査で周辺のリンパ節の腫大もみられ脊髄内リンパ腫が疑われた。

■脊髄腫瘍
- 髄膜腫やその他の腫瘍により脊髄が圧迫される。MRIにより原因となる腫瘍が描出可能である。
- 通常はGd造影T1強調画像で増強される腫瘤状病変がみられる（図4-37, 4-38）。

■変性性脊髄症
- 高齢のコーギーの遺伝性疾患としてよく知られている。
- 初期には後肢の上位運動ニューロン症候がみられ、脊髄疾患に一致した症状だが、画像的に異常所見がみられない。症状とシグナルメントが一致し、MRIで異常がみられないことが、本症に特徴的な所見である。

9 MRIの神経系以外への応用

- 肝臓の腫瘤の精査にEOD-プリモビスト造影剤が用いられることがある。ダイナミックMRI撮影により、肝細胞癌と過形成が鑑別できる可能性が示されている。
- 靭帯や半月板の損傷は、X線検査やCT検査では描出されないことが多い。MRI検査ではこれらの組織の損傷を描出することが可能と思われる。しかし解像度の問題から高磁場装置が必要であろう（図4-39）。
- MRアンギオグラフィーと呼ばれる血管描出法が可能である。しかし小動物では解像度の問題があり、また脳血管の疾患も人と比較して少ないため、あまり研究されていない。高磁場の装置が必要と考えられるが、臨床的に有用な像が得られるか今後検討されるであろう（図4-4参照）。

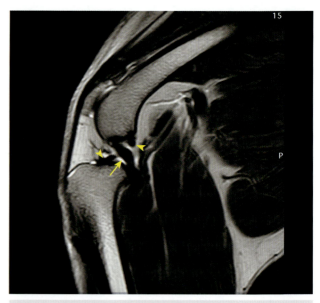

図4-39　犬の膝靭帯のMRI像
T2強調画像であり、膝関節内に低信号の前十字靭帯（矢頭）と後十字靭帯が描出されている（矢印）。3Tの高磁場装置を用いて撮像。

参考文献

[1] Spaulding,K.A. and Sharp, N.J.H. (1990), ULTRASONOGRAPHIC IMAGING OF THE LATERAL CEREBRAL VENTRICLES IN THE DOG. Veterinary Radiology, 31: 59-64.

[2] Hudson,J.A., Simpson,S.T., Buxton,D.F., Cartee,R.E. and Steiss,J.E. (1990), ULTRASONOGRAPHIC DIAGNOSIS OF CANINE HYDROCEPHALUS. Veterinary Radiology, 31: 50-58.

第5章　内視鏡検査

　内視鏡検査も機器の改良とともに高画質の画像が得られるようになっている。内視鏡を用いた消化管検査は、開腹よりも低侵襲な検査として獣医療でも広く受け入れられるようになった。また内視鏡は検査だけではなく、胃瘻チューブの設置、ポリープ切除など、さまざまな治療処置にも使用されている。最近では、腹腔鏡、気管支鏡なども利用されるようになってきている。本書では、これらのうち獣医領域で最も使用頻度の高い、消化管内視鏡の操作の基本について記載した。

桃井康行

内視鏡の基本操作は難しくないが、若干のトレーニングが必要である。基本的な操作方法を知識として学び、実際の装置を使用したトレーニングで操作を習得していく。ここでは内視鏡の基本的な構造と操作について解説する。

1　消化器内視鏡の基本構成と機種を選択する際のポイント

現在、動物用として販売されている内視鏡システムを写真（図5-1）に示した。スコープの他にテレビモニター、光源、ビデオシステムセンターなどで構成されている。これに加えて消化管内容物やガスを吸引するためにサクションもあった方がよい（通常の外科手術等で用いるものでよい）。現在、販売されている内視鏡の多くは電子内視鏡（デジタルビデオのようなもの）で、従来のファイバースコープ（グラスファイバーを使っているため解像度が制限される）と比べて解像度は断然優れている。しかし細径内視鏡はハード上の制限からファイバースコープのものが多い（内視鏡操作部の基本的な構造を図5-2に示した）。

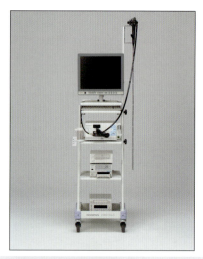

図 5-1　内視鏡システムの例
写真はオリンパス社製の動物用内視鏡。モニター、ビデオシステム、光源装置、記憶装置（ビデオ、カメラ）などで構成される。サクションもあった方がよい。

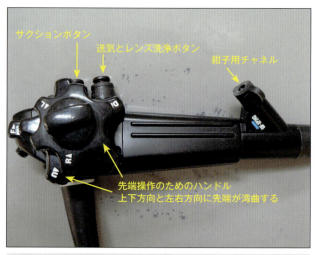

図 5-2　内視鏡操作部の写真
操作部にはスコープ先端を左右に湾曲させるハンドル、上下方向に湾曲させるハンドルがある。送気ボタンは消化管を膨らませて視野を確保するために用いる。レンズが食物残渣などで汚れた場合は、送気ボタンを押し込むことで先端部が水で洗浄される。その他、胃内洗浄などに用いるサクションボタンや鉗子を挿入するチャネルなどがある。

図 5-3　湾曲した内視鏡の先端部
消化管内視鏡では、図のように一方向にのみ大きく湾曲できるものが多い。この湾曲させた状態をJターンと呼び、噴門部の観察などで用いる。

- 操作部には内視鏡先端の方向を変えるための2つのハンドルが付いており、上下左右4方向に動かせるようになっている。この先端の湾曲可能な角度はスコープによって異なるが、一方向でのみ180°以上湾曲できるタイプが多い（図5-3）。この湾曲は噴門や胃角などの観察のときに用いる。
- 本体には、送気・送水用のボタンと吸引ボタンがついている（図5-2）。
- 操作部の前方には鉗子挿入口（チャネル）がある（図5-2）。ここから処置具を挿入したり薬剤や洗浄液を注入したりすることができる。

2 消化管内視鏡を選択する際のポイント

スコープの長さと太さは、内視鏡の適応症例や使いやすさを決める大きな要素である。犬や猫の内視鏡検査で要求される主な仕様は以下の通りである。

- 大型犬の上部消化管への挿入を考えた場合、1400mm程度の長さはあった方がよい（図5-4）。
- 細い内視鏡の方が、猫の幽門などへの挿入が容易である。
- しかし、太い内視鏡や短い内視鏡の方が取り扱いは容易である。
- 内視鏡で使用できる生検鉗子などの処置具の種類は、鉗子チャネルのサイズによって決まる。太い内視鏡では鉗子チャネルも大きいので、さまざまな処置具を使用できる（図5-5）。
- 内視鏡検査において生検は重要である。生検鉗子も鉗子チャネルのサイズに合わせて複数の大きさのものが準備されている。大きな生検鉗子ほど得られる生検試料が大きく診断精度が高くなる。
- 伴侶動物の消化管内視を主な目的とする場合、一般には太さ6〜8.8mm程度、鉗子孔2.0〜2.8mmのスコープが選ばれることが多い。
- 将来の拡張性（使用しているシステムセンターで使用できるスコープの種類）についても考慮すること。

図5-4　大型犬への消化管内視鏡挿入
ヒト用の上部内視鏡スコープは100cmの長さのものが多いが、100cmだと大型犬では十二指腸の観察が難しい場合がある。

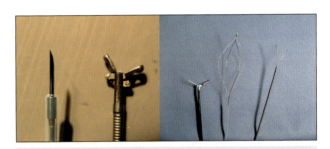

図5-5　内視鏡の処置具
使用できるスコープは内視鏡の太さにより規定されるので、実施したい処置を考えてスコープの購入を考えるとよいであろう。

3 麻酔と動物の体位

動物の内視鏡検査では、ほとんどの症例で麻酔または鎮静処置が必要である。特に上部消化管の内視では動物の安全や内視鏡装置の安全（動物に噛まれる）も考慮し、吸入麻酔下で実施する。

■上部消化管内視鏡検査の準備

- 食道や胃に食物が残っていると内視鏡の視野が制限され、誤診や見落としを招きやすい。厳密な絶食が必要である。麻酔前処置として通常量のアトロピン（0.02〜0.05mg/kg, SC）を用いる。
- 麻酔導入に用いる薬剤は通常の手術時と同じでよい。
- 動物が不意に覚醒して内視鏡を噛んで傷つけることがないように、内視鏡検査用のバイトブロックを装着する。シリンジを加工して代用することもある。
- 麻酔時のモニターは通常の手術と同様でよいが、内視鏡操作時に内視鏡が気管チューブに接触することがあるので事故が起きないように注意する。
- 動物の体位は重要である。上部消化管の検査では、十二指腸の観察を容易にするため左横臥位で行うことが多い（図5-4参照）。しかし胃瘻チューブを設置する場合には、チューブを左側から出すため右横臥位にする。
- 術者のトレーニングと同時に助手の教育（生検材料の処理等）も事前に行っておくべきである。

診療のポイントとピットホール

内視鏡検査の禁忌、リスク

　上部内視鏡検査ではどのようなリスクがあるだろうか？　通常の麻酔が可能ならば、ほとんどの症例で内視鏡検査を実施できる。問題になるのは、消化管穿孔が疑われる場合である。内視鏡検査では送気して消化管を膨らませる。そのため穿孔がある場合には穿孔部から汚染された消化管内容物が体腔内へ漏れる可能性がある。同じ理由で消化管手術をした直後は内視鏡検査をさけるべきであろう。

　内視鏡検査では頻繁に生検を行うが、生検による穿孔や重大な出血が起きることはまれである。しかし、可能性として、出血や穿孔は起こりうるし、食道拡張術やポリープ切除などの処置を行う場合には、穿孔のリスクを頭に入れておくべきである。

　内視鏡検査で頻繁に起きる合併症として、内視鏡検査時の過送気に起因する徐脈や還流障害があげられる。検査中、術者は検査に集中しているので、過送気に気がつきにくい。麻酔医を依頼するなどして、過送気や生体モニターの異常に注意を払うべきである。

コラム⑬　上部消化管内視鏡検査の適応

上部消化管の検査はどのようなときに行うべきか？

■異物

　獣医療では消化管異物に頻繁に遭遇する。そのため、内視鏡で対応できる消化管異物の範囲を認識しておくことは大切である。異物の多くは胃内にある。胃を通過してしまって小腸内に入った異物の多くは、内視鏡では届かないことが多く摘出は困難である。小腸内の異物は単純X線、バリウム造影検査、超音波検査により位置を把握できることが多い。異物が小腸内にある場合には内視鏡検査を行わず、最初から開腹手術を考慮した方がよい。噴門を通せないほど大きな異物（例えば、テニスボール）は、常識的に内視鏡で取り出すことが極めて困難であり、鋭利な異物も摘出時に食道穿孔等のリスクがある。幽門に引っかかっている紐状異物も摘出が難しく、無理に引っ張れば消化管を穿孔させる可能性がある。

　開腹による異物の摘出は手技的にはそれほど困難ではない。内視鏡での摘出にこだわらず、安全確実な摘出方法を見極め判断することが重要である。

■炎症性胃腸炎

　下痢を主訴として来院する動物は多い。積極的に治療しなくても改善する症例が多いが、時に重篤な疾患をもつ症例も来院する。その代表的な疾患がリンパ球プラズマ細胞性腸炎に代表される炎症性腸炎である。重度の炎症性腸炎に対してはグルココルチコイドによる長期の治療が必要となる。ある程度の副作用も予測される治療なので、治療開始前に診断を確定させておくべきである。内視鏡検査をどのタイミングで実施するか判断が難しいが、通常の治療（例：除去食や副作用の少ない止瀉薬投与）に反応しない症例や、未治療でも、体重減少が著しい、血漿蛋白濃度が低い（蛋白漏出性腸症が疑われる）場合には、早期に内視鏡検査を実施した方がよい。

■原因不明の食欲不振、嘔吐

　食欲不振や嘔吐も頻繁に遭遇する主訴である。通常の治療で改善しない場合には内視鏡検査の対象になる。胃は超音波検査など他の検査法で異常を検出することが難しい部位である。他の検査で異常がみられないにもかかわらず、食欲不振が続く場合には、栄養状態の悪化で侵襲的な処置が厳しくならないうちに、早期に内視鏡検査を提案すべきであろう。内視鏡で検出される胃の疾患としては炎症性胃腸炎の他、胃の腫瘍（犬では腺癌、猫ではリンパ腫が多い）、胃潰瘍などがあげられる。胃の腫瘍では、開腹生検以外では内視鏡が唯一の診断手段になることも多い。また難治性、多発性の胃潰瘍は肥満細胞腫やガストリノーマなどに関連してみられることも多く、これらの疾患を疑う重要な所見となる。

4 内視鏡の基本的な操作

内視鏡スコープの基本操作としては、送気・送水ボタン、吸入ボタンの操作のほか、内視鏡を思った方向に進めるためにスコープを回転させる動き操作が必要になる（図 5-6）。また、生検に備え、助手に対しても生検鉗子の動かし方や試料の処理について訓練しておく。

■口腔からの挿入

- 録画装置を作動させることを忘れないようにする。
- 通常、麻酔のため気管内挿管を行っている。スコープの先端部分を普通に押し込んでいけば自然と食道に挿入される。
- 食道に挿入してもスコープ先端に食道粘膜が密着している場合には、視野は得られない。操作ハンドルを用いスコープ先端を軽く上下左右に振って視野が確保できる方向を探す。それで視野が得られなければ、送気することで内視鏡先端と粘膜の距離が得られ視野が確保できることが多い。送気しても視野が得られなければ、スコープを5mmほど引き抜いて視野の確保を試みる。
- 食道部では食道粘膜を観察しながら幽門までゆっくりとスコープを挿入していく（図 5-7）。途中、食道と心基底部が接触する付近で心拍動が観察される。
- 猫では特有のヒダが観察されるがこれは正常な所見である（図 5-8）。
- 食道の観察は、スコープを進入させながら行ってもよいが、いったんスコープ先端を噴門付近まで進めた後に送気しながらスコープをゆっくりと引き抜くと、視野はよく確保され、食道全体を観察することができる。この際、内視鏡挿入時につけた人為的な粘膜の傷を病変と見誤らないように注意する。

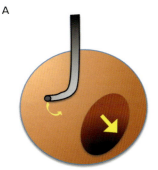 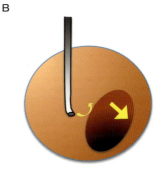 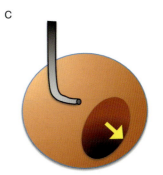

図 5-6 肘や手首を回転させることで、スコープの先端の方向を変える
Aの位置から肘関節と手首の関節を開いていくと、スコープの先端もそれに連れて回転する。Bの姿勢からさらに肘関節と手首を開くと、さらに先端を回転させることができる。スコープの先端を進ませたい方向を変えたい場合にはハンドルを使わなくても、この動きで方向を変えることができる。

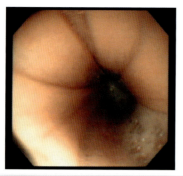
図5-7 犬の食道
食道に平行なヒダがみられる。

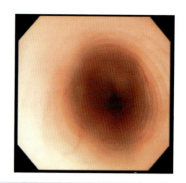
図5-8 猫の尾側食道
輪状のヒダ状構造がみられる。異常な所見ではない。

> **ワンポイント**
>
> 咽頭部からスコープを挿入し軟口蓋をすぎたところで先端部を鼻腔側へ180°反転させる（Jターン）と鼻腔を観察することができる（図5-9）。大型犬では口腔内のスペースが広いので、先端を反転させてから目視で軟口蓋背側へ挿入してもよい。軟口蓋近くの鼻腔腫瘍が疑われる症例では試みてもよいであろう。吻側鼻腔の腫瘍については細径内視鏡や硬性鏡が利用できる。
>
>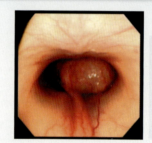
> 図5-9 グレート・デーンに発生した鼻腔腫瘍
> 軟口蓋経由で内視鏡で観察しているところ。生検も可能である。よく被嚢されている腫瘤だが、組織診断は軟骨肉腫であった。

■ **胃への挿入**

- 噴門部まで到達したらそのままスコープを軽く押し込むことで、多くの場合、胃内に到達することができる。挿入時の抵抗はほとんどない。
- もしスコープが引っかかるような感覚がある場合には、スコープの先端が噴門部で湾曲してしまっていることが多い。挿入しにくい場合、視野中央に噴門をきっちりとらえて挿入する（図5-10）。
- 噴門が堅く閉じていて挿入しにくいことはあまりないが、頸部食道を外から指で優しく圧迫した状態で送気ボタンを押す。すると食道に空気が溜まり、噴門が開く様子が内視鏡でみられるので、開いたタイミングを測ってスコープを胃内へ挿入する。

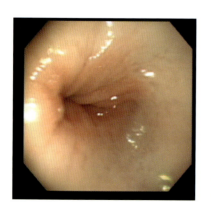
図5-10 犬の噴門
視野中央に噴門を捕らえ胃内へ挿入する。噴門をうまく通らない場合には、喉を外から指で軽く押さえて、空気が食道からもれにくくしてから送気すると噴門が開く。

内視鏡検査

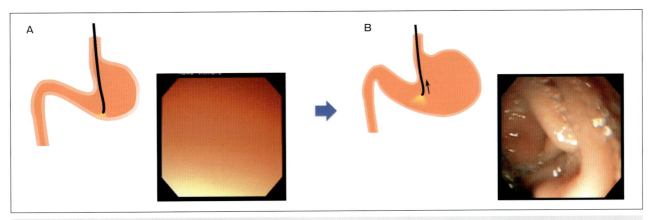

図 5-11　胃に挿入した直後の内視鏡の視野
内視鏡が胃内に入ってもすぐに粘膜を観察できるわけではない。内視鏡の先端が胃壁にくっついて"赤玉"状態となり、視野がとれないことが普通である（A）。胃内に入ったと思ったら、Bのように送気して胃を膨らませ、内視鏡を 0.5～1cm 引き抜くと視野が確保できるようになることが多い。（イラスト：山口大学／下川孝子先生）

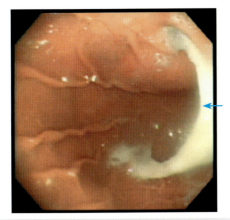

図 5-12　胃内の様子
胃のヒダによる死角がなくなる程度に膨らませる。写真では胃内に泡が残っており、胃潰瘍などの胃粘膜病変を見落とす可能性があるため、消泡剤等を胃内に投与して視野を確保すべきである。写真矢印の方向が幽門洞である。

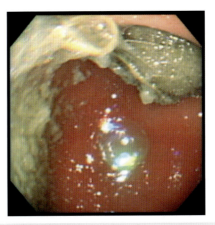

図 5-13　胃内の様子
この症例では、幽門洞にはまり込むように異物がみられる。その影響で、食物の残りや液体貯留がみられる。胃を観察するためにはまず洗浄する必要がある。

■胃内での位置確認と観察の準備

- 胃へ挿入された直後は、スコープ先端が胃粘膜に密着しているためほとんど視野がとれない（赤玉という図 5-11）。通常の状態では動物の胃内の空気は多くない。送気しても視野が得られなければスコープをゆっくりと引き戻す（5mm 単位）。スコープの先端をさまざまな方向に軽く湾曲させて視野が得られる方向を探してもよい。

- 広い視野を得るためには送気する必要がある。胃内に空気を入れすぎると動物の呼吸を圧迫することがある。送気の目安は大弯部の胃のヒダによる死角がなくなる程度である（図 5-12）。胃内に泡があり、視野を妨げる場合には、鉗子チャネルから水で 50 倍程度に希釈したジメチコンを投与し、サクションで吸引して洗浄するとよい。胃粘膜がきれいに露出したら、送水ボタンでレンズを洗浄し、胃の観察を開始する。

- 視野が確保できたら、スコープ先端の位置を把握する必要がある。胃内での位置の特定のためには胃の立体的な構造とランドマークとなる胃内の風景を覚えておくことが必須である（胃内のランドマークについては後述）。疾患のある動物では、絶食させても胃内に食物や水分などが残っていることがある（図 5-13）。胃内に残っているものが食物の場合、洗浄は難しいが、水溶物の場合には鉗子口などから注射器で水を注入し、サクションで吸い込み胃洗浄する。左横臥位では水が溜まっているほうが左側になるのでランドマークにもなる。

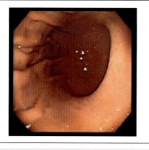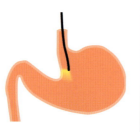

図 5-14　基本像 1
噴門から胃内に入って送気するとみられる像である。胃角と幽門洞が横穴として観察される。
(イラスト：山口大学／下川孝子先生)

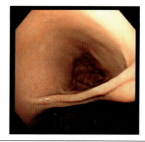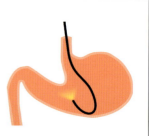

図 5-15　基本像 2
噴門から挿入した内視鏡を大弯まで推し進めJターンをかける。そこで、内視鏡を旋回させると、胃角によって区切られた幽門洞と胃体の 2 つの空間を観察することができる。図中上側が幽門洞である。
(イラスト：山口大学／下川孝子先生)

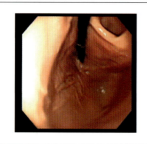

図 5-16　基本像 3
胃内に挿入したのちJターンをかけると、胃底とスコープ本体が噴門から進入している様子が観察できる。スコープの陰になっている胃の粘膜は死角である。スコープを旋回させて死角をなくすようにする。
(イラスト：山口大学／下川孝子先生)

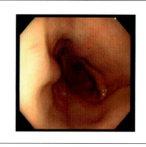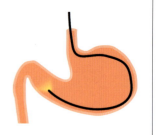

図 5-17　基本像 4
内視鏡を大弯に沿って進ませると、トンネル状の幽門洞と、その奥に幽門が観察される。
(イラスト：山口大学／下川孝子先生)

■胃粘膜の観察

　胃の観察では見落としなく観察することが重要である。そのために自分の位置を把握し、観察画面の基本となる像を順序よく観察することが必要である。胃の観察の基本像 4 つを以下に示した。

- **基本像 1**：噴門付近から観察される像であり、通常食道から挿入した後、送気してスコープを少し戻すと得られる。幽門洞が横穴としてとらえられる（図 5-14）。
- **基本像 2**：基本像 1 からスコープを前進させると大弯側の粘膜にぶつかる。大弯の中央付近まで進めてスコープ先端を上方向に 180°湾曲させると胃角が見える位置がある（図 5-15）。胃角付近の潰瘍などを見落とさないように観察する。
- **基本像 3**：スコープの湾曲をもどして、次にスコープを少し引き抜く。スコープの先端が大弯にぶつかる直前に先端部を 180°湾曲させて反転させると、噴門と進入しているスコープ自身を観察することができる（図 5-16）。この状態ではスコープを押し込むと噴門が遠くなり、スコープを引き抜くと噴門が近くなる。このままの状態でスコープをゆっくりと引き寄せて、噴門を間近に観察する。そこで内視鏡スコープを旋回させると死角なく噴門付近を観察できる。
- **基本像 4**：基本像 1 から大弯にそってスコープを進める。トレーニングを始めたばかりの頃は幽門洞への進入に手間取ることもある。幽門洞への"カーブ"がきついためであるが、スコープの先を大弯に当てて、そこからある程度湾曲させて、旋回させると幽門洞がみつかるだろう（図 5-17）。幽門洞へ進んで行く場合には、湾曲の角度を調整しながら、幽門洞をみながらゆっくり推し進める。猫や小型犬では、胃が小さくてスコープが大弯を回り込みにくい場合がある。そのような場合には、体外から内視鏡の先端部分を指や手のひらで軽く押してもらい、スコープ先端が大弯のカーブを曲がりやすいように補助することもある。

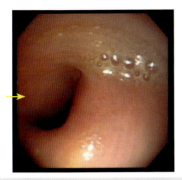

図 5-18　開いている幽門
この写真のように幽門が開いている場合には、内視鏡の挿入は比較的容易。消化管は幽門を通過すると右へ曲がっている。矢印で示した幽門左側からアプローチするとよい。

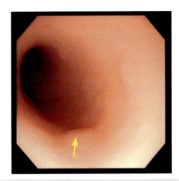

図 5-19　猫の十二指腸
十二指腸乳頭（矢印）が観察できる。病変と間違えないこと。

■幽門への挿入と十二指腸の観察
- 幽門から十二指腸への挿入には幽門の"協力"が必要である。幽門が開いている場合には、そのまま容易にスコープを挿入することができる（図5-18）。幽門が閉じている場合、幽門前で送気して幽門が開くのを待つか、麻酔をやや深くしてしばらく待つ。幽門へ挿入する際には、スコープ挿入時に過度の圧力を加えないよう注意する。
- 幽門通過後、十二指腸は画面右方向へ急カーブしている。スコープを幽門から進めたのち、湾曲部を軽く曲げて送気し視野を確保する。いったん十二指腸に挿入できたら、視野を確保しながら、ゆっくりとスコープを進めていき、十二指腸乳頭などを観察する（図5-19）。
- 十二指腸は胃や食道よりも傷つきやすい。しばしば内視鏡の通過の後が残る。この人為的な"外傷"と病変とを見誤らないように注意する。

■内視鏡の抜去
- 十二指腸から胃までスコープを戻す。
- 胃を膨満させていた空気を抜くために、スコープ先端が胃粘膜に接触しないポジションを探して、吸引ボタンを押して胃内の空気を抜く。
- 胃が通常の大きさになったら、胃や食道を観察しながらゆっくりとスコープを抜去する。
- 必要に応じて抗生物質やH2ブロッカーなどの投与を考慮する。

> **ワンポイント**
>
> **内視鏡を使った生検**
>
> 　内視鏡検査を実施する主な目的は、病理組織検査のために採材することである。内視鏡での肉眼的な所見があてにならないことが多い。肉眼的な観察は採材場所を決めるための参考と考え、肉眼的な病変がない場合でも1カ所につき複数の材料を採取するようにする。採取の方法はまず、
>
> ①チャネルに生検鉗子を入れ、内視鏡の画面に生検鉗子の先端がみえるようになるまで鉗子を進める。内視鏡の先端にターンをかけていると鉗子を入れられないことがある。いったんターンを解いて鉗子を進める。
>
> ②鉗子の先端を開き、開いたまま消化管壁とできるだけ垂直になるように壁に押し当てる。
>
> ③そのまま鉗子を閉じてゆるまないように力をいれて握る。
>
> ④勢いよく生検鉗子を引き抜く。
>
> ⑤そのまま生検鉗子をスコープから引き抜き、組織を採取する（**図5-20**）。
>
> ⑥注射針等で組織をはずし、スタンプするか、中性ホルマリンに入れる。スタンプした組織は、組織構造が崩れることがあり、その場合には病理組織診断が困難になる。組織診断のために別の組織を採取する。採取した組織はすぐに乾燥してしまうのでできるだけ素早く中性ホルマリンに入れる。濾紙にサンプルを載せてからホルマリンに入れることもある。材料の処理については、病理組織の担当者と事前に相談する。リンパ腫等の遺伝子検査を行う機会も増えてきた。その場合には生理食塩水に入れて保存する。

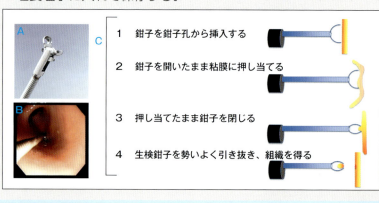

図5-20　内視鏡を使った生検
A：内視鏡の生検鉗子として広く使用されているタイプ。B：実際の生検の様子。生検鉗子が粘膜に押し当てられている。C：生検手順の模式図。1. 鉗子を挿入し、2. 鉗子を開いて組織を採取したい部分に押し当てる。3. 押し当てたまま鉗子を閉じ、4. 生検鉗子を閉じたまま躊躇なく引き抜く。得られた組織は乾燥しやすいので、素早く、スタンプしたり、ホルマリンに保存したりする。

■下部消化管の内視鏡検査

- 術前の浣腸は必須である。宿便している場合には内視鏡での観察がほとんどできない。排便可能な動物では、浣腸（ぬるま湯程度に温めた50%グリセリン）して排便を促してもよい。
- 肛門から挿入し、直腸、下行結腸、横行結腸、上行結腸の順に観察する。
- 盲腸付近では回腸口と呼ばれる構造（**図5-21**）がみられる。犬ではポリープや腫瘍と間違えないようにする。
- 上部消化管と同様に、肉眼的に異常がない場合でも生検を行うべきである。

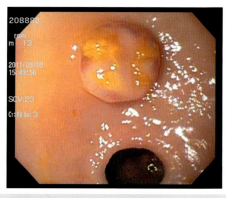

図5-21　犬の回盲弁付近の内視鏡像
肛門から内視鏡を挿入している。ポリープ状にみえるのは回盲弁で腫瘤と間違えないようにする。下にみえるのは盲腸への入り口である。（写真提供：東京農工大学／井手香織先生のご厚意により掲載）

内視鏡検査

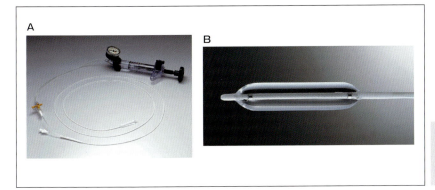

図5-23 食道拡張に用いるダイレーターと呼ばれる処置器具
Aのように適切な圧力を測定しながら拡張を行う。Bはダイレーターの先端部分。

図5-24 細径のファイバースコープで猫の鼻を観察しているところ
気管支鏡や膀胱鏡としても利用できる。鉗子孔があり生検も実施可能。

■食道拡張術
- 食道狭窄は嘔吐や異物による食道の瘢痕化やテトラサイクリン系薬剤の食道内での滞留（猫）に関連してみられることがある。
- 食道狭窄の治療としては、専用のダイレーター（図5-23）が使用されることが多い。

■その他
- 最近では細径内視鏡も利用できるようになっている。鼻腔、気管支、尿道、膀胱などへ利用できる（図5-24）。

> **ワンポイント**
>
> **内視鏡を使用したその他の処置**
>
> 胃瘻チューブの設置：消化管の吸収に問題がない症例では栄養摂取は経静脈（中心静脈栄養を含む）よりも経腸栄養を優先することが基本となる。経鼻カテーテルや咽喉頭カテーテルとならんで、胃瘻チューブは疾患動物における栄養補給手段として広く実施されるようになっている。胃瘻チューブは通常、内視鏡を利用して設置される（**図5-22**）。

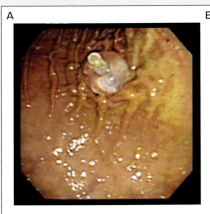 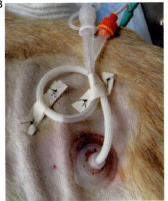

図5-22 内視鏡を使用した胃瘻チューブの設置
A：設置された胃瘻チューブ（バルーンがみえる）を胃内からみたところ。
B：設置した外観。この症例は巨大食道であった。胃瘻チューブはさまざまな疾患で利用される。内視鏡を使用した設置が一般的である。

索引

英字索引

- AS（心エコー）……………… 169
- ASD（心エコー）…………… 174
- Bモード法（超音波）……………… 141
- C1（頸椎、X線）……………… 127
- C2（頸椎、X線）……………… 127
- CR（computed radiography）…… 78
- CrCd ……………………………… 48
- CT画像診断の長所と短所 ……… 225
- CT値 …………………………… 222
- Diffusion（MRI）……………… 252
- DP（X線方向）………………… 48
- DV（X線方向）………………… 48
- EPSS（心エコー）……………… 155
- fat pad ………………………… 114
- FLAIR（Fluid-Attenuated Inversion Recovery）……………… 252
- FS（心エコー）………… 157, 160, 162
- Gd（MRI）……………………… 253
- Hounsfield Unit（CT）………… 222
- IP（イメージングプレート）……… 78
- LA/Ao比（心エコー）……… 156, 160
- LL（X線方向）………………… 48
- LM（X線方向）………………… 48
- mAs（X線）……………………… 8
- MD（僧帽弁形成不全）………… 175
- MPR像 ………………………… 222
- MR angiography（MRA）……… 253
- MRI造影剤 ……………………… 253
- Mモード法（超音波）……… 142, 155
- OCD（Osteochondritis）（X線、骨格）……………… 103
- OFA（X線）…………………… 106
- PDA（動脈管開存）………… 32, 170
- PennHIP（X線）……………… 106
- PS（肺動脈狭窄）……………… 168
- Raw data（CT）………………… 221
- RL（X線方向）………………… 48
- sail sign（X線）………………… 19
- SAMサイン（心エコー）……… 156
- stacked loop（X線）…………… 64
- STIR（MRI）…………………… 252
- T1強調画像（MRI）…………… 251
- T2強調画像（MRI）…………… 252
- TD（三尖弁形成不全）………… 176
- VD（X線方向）………………… 48
- VHS（X線）…………………… 28
- VSD（心室中隔欠損）…… 173, 175
- Window Level（WL）………… 223
- Windows Width（WW）……… 223

五十音索引

あ行

- アイゼンメンジャー……… 170, 173, 175
- アジソン病……………………… 37
- アストロサイトーマ…………… 261
- アスペルギルス症……………… 227
- 胃（X線）……………………… 56
- 胃（CT）……………………… 242
- 胃角……………………… 57, 278
- 胃拡張…………………………… 59
- 胃軸……………………………… 56
- 異所性尿管……………………… 85
- 胃内異物………………………… 58
- 犬糸状虫……………………… 166
- 胃捻転…………………………… 60
- 胃の腫瘍…………………… 61, 242
- 異物……………………………… 58
- イレウス…………………… 64, 65
- ウォブラー症候群…… 134, 246, 268
- 右室二腔症…………………… 176
- 右心室（X線）………………… 27
- 右心房（X線）………………… 27
- 右側傍胸骨短軸断面………… 150
- 右側傍胸骨長軸断面………… 148
- エアブロンコグラム…………… 41
- 栄養性上皮小体機能亢進症…… 123
- 栄養性二次性上皮小体機能亢進症 …………………… 110, 111
- 会陰ヘルニア…………………… 70
- 壊死性髄膜脳炎……………… 260
- 壊死性白質脳炎……………… 258
- エナメル上皮腫……………… 124
- エンドオン像……………… 43, 44
- 横隔膜ヘルニア………………… 16
- オリゴデンドログリオーマ（MRI）… 262

か行

- 外水頭症……………………… 257
- 回虫……………………………… 66
- 拡散強調画像………………… 252
- 拡張型心筋症…………… 34, 162
- 下行結腸………………………… 68
- 下垂体腫瘍………… 229, 230, 263
- 下垂体腺腫………………… 263, 264
- ガストログラフィン…………… 66
- 滑膜肉腫……………………… 120
- ガドリニウム（Gd、MRI造影）… 253
- カラードプラ法…………… 142, 157
- 肝癌…………………………… 101
- ガングリオン………………… 120
- 環軸亜脱臼…………………… 267
- 間質パターン……………… 43, 46
- 肝腫瘍………………… 76, 101, 236
- 関節液の貯留………………… 115
- 関節症…………………… 114, 117
- 関節造影……………………… 116
- 関節リウマチ………………… 117
- 感染性関節炎………………… 117
- 肝臓………………… 73, 177, 236
- 肝臓内シスト………………… 178
- 環椎…………………………… 127
- 環椎軸椎の脱臼／亜脱臼…… 129, 267
- 管電圧……………………………… 8
- ガントリ（CT）……………… 220
- 肝リピドーシス……………… 236
- キアリ…………………… 257, 267
- 気管…………………………… 3, 4, 5
- 気管虚脱………………… 6, 232
- 気管支炎……………………… 231
- 気管支拡張…………………… 233

索引

気管支虚脱 233
気管支肺炎 231
気管支パターン 39, 46
気管の腫瘍 7
気管リンパ節 20
気胸 232, 233
胸骨リンパ節 19, 232
胸水 19, 22
鏡像 145
巨大結腸症 70, 71
巨大食道 10, 232
切り詰め像 33
クチバシ像 61
クッシング病 82
くも膜嚢胞 254
グリオーマ 261
グリッド 38
クレードル（CT） 220
頸部腫瘍 230
血管のエンドオン像 43, 44
血管の輪切り 43
血管パターン 45
血腫 178
血栓 178
結腸 68
犬歯の感染 227
口腔腫瘍 126
後縦隔 18
甲状腺癌 5
拘束型心筋症 164
喉頭蓋 2
後頭骨形成不全 129
後腹壁への液体貯留 50
後方増強像（アーチファクト、超音波）
　　　 145
誤嚥性肺炎 42
股関節 104
股関節異形成・股関節形成不全
　　　 104, 244
股関節脱臼 107
骨吸収像 136
骨棘 116, 117
骨腫 121
骨腫瘍 111
骨症 121
骨髄炎 136
骨折 244, 245

骨転移 245
骨肉腫 46, 111, 112, 121, 244, 245
骨盤腔内の腫瘤 102
骨癒合 128
コルゲートサイン 67
コンソール（CT） 220
コンベックス型プローブ（超音波）
　　　 140

さ行

細菌性骨髄炎 111
再構成関数（CT） 221
サイドローブ（超音波） 144
臍ヘルニア 54
左心室内径短縮率 157
左心室の拡大 27
三尖弁形成不全 176
三尖弁閉鎖不全 26, 31, 160
歯牙腫 124
子宮（X線） 93
子宮蓄膿 93, 243
軸椎 127
歯原性嚢胞 125
耳垢腺癌 122
歯根膿瘍 123, 228
歯根の感染 228
膝蓋骨脱臼 116
耳道腺癌 227
耳道腺腫 227
耳道の腫瘍 122
歯突起 130
脂肪抑制画像 252
斜頸 227
シャドー（アーチファクト、超音波）
　　　 145
縦隔（X線） 18
縦隔気腫 21, 232, 233
重積 70
十二指腸 63
周波数（超音波） 141
腫瘍（胃） 242
ジョイントマウス 116
上衣腫 262
消化管造影 65
小肝症 75
上行結腸 68
小心臓症 37

小腸（X線） 62
小脳形成不全 257
上皮小体機能亢進症 123
食道（X線） 9
食道腫瘍 234
食道裂孔ヘルニア 12, 17
シルエットサイン（X線） 16, 17
腎（CT） 240
心陰影 26
心基底部腫瘤 166
真菌感染 111
神経膠腫 261
腎結石 84, 240
進行性脊髄軟化症 268
心室中隔欠損 26, 173, 175
腎臓 82, 240
心臓が小さい 37
心臓腫瘍 166
腎臓の腫大 100
腎（多発性転移） 241
心タンポナーデ 165
心嚢水 35, 165
心房中隔欠損 174
膵炎 50
膵臓（CT） 239
水頭症 229, 230
髄膜腫 229, 262, 264, 269
スクリーン（X線） 38
スライス厚（アーチファクト、超音波）
　　　 145
星細胞腫 261
精巣（X線） 98
精巣腫瘍 98
セイルサイン 19
脊髄空洞症 267
脊髄梗塞 268
脊髄腫瘍 269
脊髄造影 131
脊髄リンパ腫 269
セクタ型プローブ（超音波） 140
舌骨 2
線維軟骨塞栓症 268
前縦隔 18
前縦隔リンパ節 232
前十字靱帯断裂 115, 116
前庭疾患 227
前庭粘膜の過形成（胃） 61

索　引

先天性心疾患	168
前立腺（X線）	95
前立腺炎	96
前立腺過形成	96
前立腺癌	96, 97, 241
前立腺腫瘍	101
前立腺嚢胞	96
前立腺膿瘍	96
前立腺肥大	96
増感紙（X線）	38
僧帽弁形成不全（MD）	175
僧帽弁閉鎖不全	26, 30, 160, 175
鼠径ヘルニア	54

た行

退行性関節症	117
大腿骨頭壊死	109
大腸（X線）	68
大動脈	27
大動脈弓遺残	11
大動脈狭窄	26, 33, 169
ダイナミックCT	224
多重反射（超音波）	144
多発性骨髄腫	111, 113
胆管造影	238
胆管閉塞	238
胆石	77, 237
胆嚢造影剤	237
タンポナーデ（心臓）	165
肘関節の異形成	107
中耳炎	122
注腸バリウム	68, 69, 70
肘突起の癒合不全	107
腸骨下の腫瘤	101
腸重積	70
腸捻転	242
椎間板椎体炎	136
椎間板ヘルニア	132, 246, 247, 266
椎骨骨折	129
椎骨の異常	135
椎骨の腫瘍	137
椎体心計測	28
帝王切開	94
停留精巣	98
転移性骨腫瘍	244
転移性腫瘍	45
転移性腫瘍（脳）	265
頭蓋骨の腫瘍	121
動静脈瘻	177
頭部外傷	229, 256, 258
動脈管開存	26, 27, 32, 170
動脈相（CT）	224
特発性多発性関節炎	117

な行

内耳炎	122
内視鏡検査	273
内水頭症	257
内側鉤状突起の離断	108
軟口蓋	2
軟骨下のシスト形成	117
軟骨腫	120
肉芽腫性髄膜脳脊髄炎	261
二重造影（X線、膀胱）	91
二分脊椎	247
乳び胸	16, 235
尿管（X線）	85
尿管結石	87, 241
尿管閉塞	87
尿道（X線）	92
尿道結石	92
尿膜管遺残	90
妊娠	94
膿胸	19
脳腫瘍	261
脳転移	265
脳の外傷	258
脳ヘルニア	265

は行

肺炎	42, 231
肺高血圧症	45, 167
肺出血	42, 231
肺動脈	27
肺動脈狭窄	26, 33, 168
肺の腫瘍	46
肺性肥大性骨症	119
肺胞パターン	41, 46
肺門リンパ節	232
歯の腫瘍	124
馬尾症候群	135
パルスドプラ法	142, 159
汎骨炎	109
ハンセンI型（ヘルニア）	247
半側脊椎	128, 247
パンチアウト（X線、骨）	136
非イオン性造影剤	66
鼻咽頭ポリープ	123
皮下気腫	13
鼻腔腫瘍	125, 225, 226
脾腫	79
脾臓（X線）	79
脾臓腫瘍	238, 240
脾臓腫瘤	99
脾臓の捻転	80
肥大型心筋症	34, 163
肥大性骨異栄養症	109
肥大性骨症	111
左頭側傍肋骨短軸断面（心エコー）	154
左頭側傍肋骨長軸断面（心エコー）	154
左尾側傍肋骨長軸断面（心エコー）	152
肥満細胞腫	101
ひも状異物	65
びらん性関節炎（猫）	119
ファロー四徴	27, 175
フィラリア症	33, 166, 232
腹腔内ガス	52
腹腔内出血	235
腹腔内臓器	55
腹腔内遊離ガス	235
副腎	81, 239
副腎腫瘍	81, 240
腹水	49, 235
腹部腫瘤	99
腹部臓器	55
ブラ	47, 232, 234
フラットパネルディテクター（X線）	78
フレームレート（超音波）	141
ブレブ	47, 232
ブレンデ（X線）	38
平衡相（CT）	224
ヘリカルCT	220
変形性脊椎症	137
変性性脊髄症	269
扁平上皮癌	227
弁膜症（心臓）	160
膀胱（X線）	88
膀胱結石	89, 143, 240
膀胱造影	90, 91
膀胱内のガス	89

索 引

膀胱の二重造影 ……………………… 91
膀胱の陽性造影 ……………………… 90, 91
膀胱破裂 ……………………………… 90
乏突起神経膠腫 ……………………… 262
骨（CT） ……………………………… 244
骨の硬化像（X線） ………………… 116

ま行

マイクロチップ ……………………… 132
マルチスライスCT …………………… 220
右大動脈弓遺残 ……………………… 11
脈絡叢の腫瘍 ………………………… 262
ミラー現象 …………………………… 145
メラノーマ …………………………… 254

盲腸 …………………………………… 68
モザイクパターン …………………… 184, 157
門脈相 ………………………………… 224

や行

幽門筋の肥大 ………………………… 61
幽門の通過障害 ……………………… 61
遊離ガス（X線） …………………… 52
葉間裂（X線、胸部） ……………… 22
幼齢動物 ……………………………… 49
ヨード系イオン性造影剤（消化管） … 66

ら行

卵巣 …………………………………… 95, 243

卵巣腫瘍 ……………………………… 95
リウマチ因子 ………………………… 119
離断性骨軟骨症 ……………………… 103, 109
リニア型プローブ（超音波） ……… 140
硫酸バリウム ………………………… 65
流速レンジ …………………………… 148, 157
リンパ管造影 ………………………… 16
リンパ腫 ……………………………… 263, 264
レッグペルテス病 …………………… 109
連続波ドプラ法 ……………………… 159
漏斗胸 ………………………………… 14
肋軟骨結合部 ………………………… 14
肋骨腫瘍 ……………………………… 13

監修・著者

桃井　康行
Yasuyuki Momoi
（獣医師、博士（獣医学））

鹿児島大学共同獣医学部獣医学科
臨床獣医学講座画像診断学分野　教授

著書：
小動物の治療薬（文永堂出版）
どうぶつ病院 臨床検査（ファームプレス）

著者

三浦　直樹
Naoki Miura
（獣医師、博士（獣医学））

鹿児島大学共同獣医学部獣医学科
臨床獣医学講座画像診断学分野　准教授

犬と猫の　画像診断ブック
～X線・超音波・CT・MRI・内視鏡検査の基本～

2015年2月18日　第1版第1刷発行

定　価	本体価格 18,000円＋税
監　修	桃井康行Ⓒ Yasuyuki Momoi, 2015
著　者	桃井康行・三浦直樹
イラスト	下川孝子
発行者	金山宗一
発　行	株式会社ファームプレス
	〒169-0075 東京都新宿区高田馬場2-4-11　KSEビル2F
	TEL 03-5292-2723　FAX 03-5292-2726

（無断複写・転載を禁ずる）
落丁・乱丁本は、送料弊社負担にてお取り替えいたします。
ISBN 978-4-86382-057-9　C3047